森 重文 編集代表

ライブラリ数理科学のための数学とその展開 AL1

モーデル・ファルティングスの定理

ディオファントス幾何からの完全証明

森脇 淳・川口 周・生駒 英晃 共著

サイエンス社

編者のことば

近年，諸科学において数学は記述言語という役割ばかりか研究の中での数学的手法の活用に期待が集まっている．このように，数学は人類最古の学問の一つでありながら，外部との相互作用も加わって現在も激しく変化し続けている学問である．既知の理論を整備・拡張して一般化する仕事がある一方，新しい概念を見出し視点を変えることにより数学を予想もしなかった方向に導く仕事が現れる．数学はこういった営為の繰り返しによって今日まで発展してきた．数学には，体系の整備に向かう動きと体系の外を目指す動きの二つがあり，これらが同時に働くことで学問としての活力が保たれている．

この数学テキストのライブラリは，基礎編と展開編の二つからなっている．基礎編では学部段階の数学の体系的な扱いを意識して，主題を重要な項目から取り上げている．展開編では，大学院生から研究者を対象に現代の数学のさまざまなトピックについて自由に解説することを企図している．各著者の方々には，それぞれの見解に基づいて主題の数学について個性豊かな記述を与えていただくことをお願いしている．ライブラリ全体が現代数学を俯瞰することは意図しておらず，むしろ，数学テキストの範囲に留まらず，数学のダイナミックな動きを伝え，学習者・研究者に新鮮で個性的な刺激を与えることを期待している．本ライブラリの展開編の企画に際しては，数学を大きく4つの分野に分けて森脇淳（代数），中島啓（幾何），岡本久（解析），山田道夫（応用数理）が編集を担当し森重文が全体を監修した．数学を学ぶ読者や数学にヒントを探す読者に有用なライブラリとなれば望外の幸せである．

編者を代表して

森　重文

まえがき

本書は 1996 年に京都大学理学部において学部 4 年生および修士課程の大学院生向けに森脇が行った講義のノートがもとになっている．本書の出版にあたっては，森脇，川口，生駒の 3 人で，講義ノートにあった間違いを修正し，2 倍程度の分量へと拡充した．本書を読むための予備知識として，学部 3 年次ぐらいまでに習う数学の内容に加えて，代数幾何学についてはある程度の内容を仮定している．代数的整数論についてもなじみがあると望ましいが，必要な事項については本書でも概ね説明している．本書の読み方のヒントを与えておく．ディオファントス幾何についてもある程度知識があってモーデル-ファルティングスの定理の証明だけ読みたいという人は，第 4 章から読み始め，必要に応じて第 3 章を読めばいいと思う．ディオファントス幾何をあまり知らない人は，とりあえず第 1 章と第 2 章を代数幾何と代数的整数論の本を参照しつつ読み，つづいて第 4 章に移り，必要に応じて第 3 章を参照すればいいと思う．

モーデル-ファルティングスの定理の先には，次の大きな課題としてラング予想が控えている．本書の読者の中から，さらなる神秘の扉を開く者が現れることを期待したい．

2017 年 1 月

森脇　淳
川口　周
生駒英晃

目　次

記　法

N 1. $\mathbb{Z}, \mathbb{Q}, \mathbb{R}, \mathbb{C}$ はそれぞれ，整数の全体, 有理数の全体, 実数の全体, 複素数の全体を表す．$\mathbb{Z}_{\geq 0}$ は非負整数の全体を表す．$\mathbb{Q}_{\geq 0}, \mathbb{R}_{\geq 0}$ も同様である．

N 2. 環は単位元をもつ可換環とし，体は可換体とする．A を環とするとき，$A^{\times}$ は A の単元の全体を表す．$M(m,n;A)$ は環 A の元を成分とする $m\times n$ 行列の全体を表す．$\mathrm{GL}(n,A)$ は環 A の元を成分とする $n\times n$ 行列で行列式が $A^{\times}$ の元であるもの全体を表す．

N 3. 整数 a,b について，$b=ca$ となる整数 c が存在するときに，$a\,|\,b$ と表す．また，整数 $a_1,\ldots,a_n$ に対して，$a_1\mathbb{Z}+\cdots+a_n\mathbb{Z}=d\mathbb{Z}$ となる非負の整数 d を $a_1,\ldots,a_n$ の最大公約数とよび，$\mathrm{GCD}(a_1,\ldots,a_n)$ で表す．

N 4. 整域の元を係数とする多項式の次数について，0 という多項式の次数は $-\infty$ と約束する．このとき，

$$\deg(f+g)\leq\max\{\deg(f),\deg(g)\},\qquad \deg(fg)=\deg(f)+\deg(g)$$

が成り立つ．

N 5. f を $X_1,\ldots,X_n$ を変数とする多項式とする．$X_1,\ldots,X_n$ から異なる変数 $X_{i_1},\ldots,X_{i_e}$ を選んで，f の $X_{i_1},\ldots,X_{i_e}$ に関する次数を $\deg_{(X_{i_1},\ldots,X_{i_e})}(f)$ で表す．簡単のため，$\deg_{(X_i)}(f)$ を $\deg_{X_i}(f)$ または $\deg_i(f)$ で略す．

N 6. $X_1,\ldots,X_n,Y_1,\ldots,Y_m$ を変数とする多項式 f を考える．

$$\deg_{(X_1,\ldots,X_n)}(f)\leq a \quad かつ \quad \deg_{(Y_1,\ldots,Y_m)}(f)\leq b$$

となる多項式を両次数が高々 (a,b) の多項式とよぶ．また，f が

$$X_1^{a_1}\cdots X_n^{a_n}Y_1^{b_1}\cdots Y_m^{b_m}\qquad (a_1+\cdots+a_n=a,\ b_1+\cdots+b_m=b)$$

となる単項式の線形結合で表せる多項式のとき，f を両次数が (a,b) の両斉次多項式とよぶ．両次数が (a,b) の両斉次多項式は，新しい変数 λ と μ に対して，

$$f(\lambda X_1,\dots,\lambda X_n,\mu Y_1,\dots,\mu Y_m)=\lambda^a\mu^b f(X_1,\dots,X_n,Y_1,\dots,Y_m)$$

が成り立つことで特徴付けられる．

$$\deg_{(X_1,\dots,X_n)}(f)=a \quad \text{かつ} \quad \deg_{(Y_1,\dots,Y_m)}(f)=b$$

となる斉次多項式は必ずしも両次数が (a,b) の両斉次多項式にならないことに注意すること．例えば，$f=X+Y$ とおくと，f は $\deg_X(f)=\deg_Y(f)=1$ となる斉次多項式であるが，両次数が $(1,1)$ の両斉次多項式ではない．

N 7. X を体 F 上の代数的スキーム (algebraic scheme)，すなわち F 上有限型のスキームとする．X の点 x に対して，x での剰余体を $\kappa(x)$ で表す．F 代数 R に対して，代数的スキーム X の R 値点全体を

$$X(R)=\{\ F \text{ 上の射 } \mathrm{Spec}(R)\to X\}$$

で表す．$X(F)$ の元を X の F 上の有理点，または，F 有理点とよぶ．X が既約かつ被約であるとき，X を代数多様体 (algebraic variety) とよぶ．

N 8. 1 次元の代数多様体を代数曲線または曲線とよび，2 次元の代数多様体を代数曲面または曲面とよぶ．

N 9. 代数多様体上のカルティエ因子 D と D' について，ある 0 でない有理関数 ϕ が存在して，$D-D'$ が ϕ から定まる主因子 (ϕ) に等しいとき，D と D' は線形同値であるといい，$D\sim D'$ と表す．

N 10. 代数多様体 X 上の直線束の同型類全体がテンソル積によってなす群を X のピカール群 (Picard group) といい，記号 $\mathrm{Pic}(X)$ で表す．$\mathrm{Pic}(X)$ の単位元は $\mathcal{O}_X$ の同型類であり，L の逆元は L^{-1} の同型類である．この群構造はアーベル群である．

N 11. 体 F 上の 2 つの射影空間 $X=\mathbb{P}^n$ と $Y=\mathbb{P}^m$ を考え，$Z=X\times Y$ とおく．$p_1:Z\to X$ と $p_2:Z\to Y$ は自然な射影とする．$(a,b)\in\mathbb{Z}\times\mathbb{Z}$ に

対して，$\mathcal{O}_Z(a,b) = p_1^*(\mathcal{O}_X(a)) \otimes p_2^*(\mathcal{O}_Y(b))$ と定めると，$\mathbb{Z} \times \mathbb{Z} \to \mathrm{Pic}(Z)$ $((a,b) \mapsto \mathcal{O}_Z(a,b))$ はアーベル群の同型であることがわかる（注意 2.19 を参照）．特に，Z 上の因子 D に対して，$\mathcal{O}_Z(D) \cong \mathcal{O}_Z(a,b)$ となる (a,b) が定まる．このとき D は両次数が (a,b) の因子であるという．$X = \mathrm{Proj}(F[X_0,\ldots,X_n])$，$Y = \mathrm{Proj}(F[Y_0,\ldots,Y_m])$ とおくと，a,b が非負のとき，$H^0(Z,\mathcal{O}_Z(a,b))$ の 0 でない元は自然に $X_0,\ldots,X_n$ と $Y_0,\ldots,Y_m$ についての両次数 (a,b) の両斉次多項式と同一視される．D が有効 (effective) な場合，a,b は非負であり，D は両次数 (a,b) の両斉次多項式によって定義される．

第 0 章
モーデル-ファルティングスの定理とは

不定方程式の整数解や有理数解を研究する分野であるディオファントス幾何は，古代アレクサンドリアの数学者ディオファントスにその名を由来する．数学の最も古い分野の一つであるとともに，現代の整数論，数論幾何学の中心分野の一つでもある．不定方程式は，整数解や有理数解という条件をはずせば代数多様体と対応し，ディオファントス幾何の研究には，20 世紀はじめ頃から代数幾何学的な手法が用いられるようになってきた．

Louis J. Mordell.
© 1970 MFO[1].
(Author: K. Jacobs)

1922 年にいわゆるモーデル-ヴェイユの定理（定理 2.40）の楕円曲線の場合を発表した論文 [11] の中で，モーデルは画期的な予想を立てた．ファルティングスが証明を与えるまでモーデル予想とよばれていたこの予想は，代数体上定義された種数が 2 以上の絶対既約代数曲線の有理点が有限個であることを主張するものであった．どれだけの根拠があったの

[1] MFO: Mathematisches Forschungsinstitut Oberwolfach gGmbH.

かわからないが，当時としては極めて大胆な予想であり，多くの数学者の興味を惹いてきた．ファルティングスの結果が出るまでは，部分的結果もあったが，モーデル予想は山頂の見えない未踏峰であった．そのこともあり，1983年に出版された論文[5]で，ファルティングスがモーデル予想を解決したときには，世紀の大予想が解決されたということで，マスコミも含めて大騒ぎとなった．数論幾何学の大道具を駆使して，モーデル予想のみならずシャファレビッチ予想とテイト予想も同時に解決するという離れ業であった．その業績を称えられ，1986年にファルティングスはフィールズ賞を受賞した．

モーデル予想は，その一方で，種数というキーワードさえ除けば，大学1年生にも理解できる予想でもある．$f(X,Y)$ を代数体 K（例えば，有理数体 $\mathbb{Q}$）を係数とする2変数多項式とし，以下を仮定する．

(1) $f(X,Y)$ は複素係数の多項式として既約である．すなわち，$f(X,Y) = g(X,Y)h(X,Y)$ と2つの複素係数の多項式の積に分解したとすると，$g(X,Y)$, $h(X,Y)$ のいずれかは定数になる．
(2) $f(X,Y)=0$ で定義される代数曲線 C は射影平面内に拡張しても非特異である．すなわち，$F(X,Y,1)=f(X,Y)$ となる既約な同次数の斉次多項式 F について

$$\begin{aligned} F(X,Y,Z) &= (\partial F/\partial X)(X,Y,Z) = (\partial F/\partial Y)(X,Y,Z) \\ &= (\partial F/\partial Z)(X,Y,Z) = 0 \end{aligned}$$

をみたす複素数解は $(0,0,0)$ のみである．

このとき，代数曲線 C の種数が2以上ということは，f の次数が4以上であることと同値になる．したがって，モーデル予想は，f の次数が4以上であれば，$f(a,b)=0$ となる $(a,b)\in K^2$ は有限個しか存在しないことを主張する．ここで，既約性の仮定は本質的である．というのは，任意の多項式 $h(X,Y)$ に対して，$f(X,Y)=Xh(X,Y)$ とおけば，$f(X,Y)=0$ は無数の解を有す

Gerd Faltings.
© 2005 MFO.
(Author: R. Schmid)

るからである．一方，非特異性の仮定は本質的でなく，種数という言葉を出さないために用いている．

例をみていこう．簡単のため K は有理数体 $\mathbb{Q}$ とする．$f(X,Y)=X^2+Y^2-1$ は仮定 (1) と (2) をみたし，$f(X,Y)=0$ の有理点（すなわち，$f(a,b)=0$ となる $(a,b)\in\mathbb{Q}^2$）は，

$$\left\{\left(\frac{1-t^2}{1+t^2},\frac{2t}{1+t^2}\right)\ \middle|\ t\in\mathbb{Q}\right\}\cup\{(-1,0)\}$$

と表せる．このことをみるには，$f(a,b)=0$ かつ $(a,b)\neq(-1,0)$ に対して，$(-1,0)$ と (a,b) を通る傾き t の直線 $Y=t(X+1)$ を考えて，$X^2+Y^2=1$ との交点を計算すればよい．この場合，有理点は無限個ある．一方，$f(X,Y)=X^2+Y^2+1$ は仮定 (1) と (2) をみたすが，有理点は存在しない．仮定 (1) と (2) をみたす 2 次式の場合，有理点は無限個存在するか，または存在しないかのどちらかであることがわかる．

3 次の場合はどうであろうか？　例えば，$f(X,Y)=X^3+Y^3-1$ は仮定 (1) と (2) をみたし，歴史的にはオイラーによるワイルズ-テイラーの定理（フェルマー予想）の $n=3$ の場合により，有理点は $(\pm1,0),(0,\pm1)$ のちょうど 4 点である．次に，3 次式 $f(X,Y)=Y^2-X^3-877X$ を考えてみよう．この $f(X,Y)$ が仮定 (1) と (2) をみたし，$(0,0)$ が有理点であることはすぐにみてとれる．実は，$f(X,Y)=Y^2-X^3-877X$ は無限個の有理点をもつのだが，$(0,0)$ の次に「簡単」な（正確に述べると，本書の第 2 章で扱う素朴な高さが最小の）有理点の x 座標は

$$\left(\frac{612776083187947368101}{7884153586068390021\,0}\right)^2$$

なのである．一般に，仮定 (1) と (2) をみたす 3 次式の場合，有理点全体にアーベル群の構造が入り，モーデル-ヴェイユの定理（定理 2.40）から，このアーベル群は有限生成である．したがって，仮定 (1) と (2) をみたす 3 次式の場合，有理点は無限個の場合もあるが，有限生成性という形で有限性をもっている．

4 次以上の場合はどうであろうか？　モーデル予想が主張することによれば，上記の仮定 (1) と (2) のもとで，有理点は有限個しか存在しないのであ

図 0.1　種数 2 の曲線.

る．ところで，X についての有理数係数の 4 次以上の多項式 $\phi(X)$ を用いて，$f(X,Y)=Y-\phi(X)$ とおくと $\{(a,\phi(a)) \mid a \in \mathbb{Q}\}$ はすべて C の有理点であり，曲線 C は（アファイン平面上で）非特異である．これはおかしいと思われるかもしれないが，実は曲線 C は射影平面の無限遠点 $(0:1:0)$ に特異点をもつため，仮定 (2) をみたしていないのである．

仮定 (1) と (2) をみたす d 次式が定める曲線の種数は $(d-1)(d-2)/2$ で与えられる．$d=1,2$ のときは種数が 0 であり，$d=3$ のときは種数が 1 であり，$d \geq 4$ のときは種数が 3 以上である．また，$f(X,Y)=Y-\phi(X)$ が定める曲線の種数は 0 になる．モーデルによる予想は，有理点の分布状況は種数によって決定するというきわめて明解な予想だったのである．しかも，種数は幾何学的には曲線の穴の数という位相的な不変量であるので，モーデルによる予想は位相的不変量が有理点を制御するという革新的なものでもあった．その一般性と革新性から，20 世紀中に解かれる予想であるとは思われていなかった．ファルティングスによるモーデル予想の解決は 20 世紀の数学の金字塔の一つである．それ以降，モーデル予想は，ファルティングスの定理とよばれるようになった．しかしながら，ファルティングスの定理とよんでよいファルティングスによる結果は数多く存在するので，本書ではモーデル予想を証明したファルティングスの定理をモーデル-ファルティングスの定理とよぶことにする．

ファルティングスがモーデル予想の証明を与えたことによって，心理的な重しが取り除かれたのか，古典的なディオファントス幾何にしたがった比較的初等的な証明がヴォイタとボンビエリにより考案された（[2], [16]）．本書では，このヴォイタとボンビエリのアイデアにしたがって，モーデル-ファルティングスの定理の完全な証明を与える．そのために必要な最低限のディオファントス幾何の予備知識を解説することで，ディオファントス幾何入門としての役割も果たせるように構成している．本書をめくると気が付くと思うが，内容と関連する多くの数学者が登場する．彼らは数学の近代化に多大な貢献のあった数学者である．ディオファントス幾何からモーデル-ファルティングスの定理に至る道は，ヨーロッパにおける数学の近代化の王道であるといっても過言ではない．

最後にその後の発展について書いておく．代数体上定義されたアーベル多様体の部分多様体 X が，正の次元の部分アーベル多様体の平行移動を含まないならば，X の有理点は有限個であることが，ファルティングスにより証明された（[6]）．種数 2 以上の非特異な射影曲線は，アーベル多様体の特別な場合であるヤコビ多様体の部分多様体とみなせ，正の次元の部分アーベル多様体の平行移動を含まない．したがって，このファルティングスの結果は，モーデル-ファルティングスの定理を一般化したものである．この方面の研究で次の大きな課題はラング予想だろう．すなわち，代数体上定義された非特異な射影多様体 X が双曲多様体であれば，X の有理点は有限個しかないという予想である．種数 2 以上の非特異な射影曲線は双曲多様体なので，ラング予想はモーデル予想（モーデル-ファルティングスの定理）を高次元化した予想である．今まで知られているモーデル予想（モーデル-ファルティングスの定理）の証明は，双曲性を直接的に用いたものではない．例えば，本書で扱っている証明も，双曲性という幾何学的性質ではなく，種数 g が 2 以上であることから導き出せる結論（例えば，$g > \sqrt{g}$，標準束の豊富性，ヤコビ多様体への埋め込み）を用いている．したがって，直接証明には，新しいアイデアが必要となる．新しいアイデアの創出という未知の数学に挑戦する人が，本書を読み終えた読者の中から現れることを期待したい．

第 1 章
代数体と整数環

本章では，代数的整数論から，代数体の整数環のイデアルについて基本的な事柄を説明する．これらの事柄は，第 2 章で高さの理論を展開するために用いる．一部は証明を省略しているが，詳しくは [14] などの文献を参照してほしい．

1.1 有限次分離拡大のトレースとノルム

F を体，L を F 上の分離的な有限次拡大体とする．$n = [L : F]$ とおく．次節以降への準備として，L の元の F 上のトレースとノルムを定義することから始めよう．

$x \in L$ とする．x の F 上の**トレース** (trace) $\mathrm{Tr}_{L/F}(x)$ と**ノルム** (norm) $\mathrm{Norm}_{L/F}(x)$ を，x をかけることによって得られる F 上の線形写像

$$L \to L, \quad \alpha \mapsto x\alpha \tag{1.1}$$

のトレースと行列式としてそれぞれ定義する．すなわち，$\alpha_1, \ldots, \alpha_n \in L$ を L の F ベクトル空間としての基底とし，$x\alpha_j = \sum_{i=1}^{n} c_{ij}\alpha_i$ $(c_{ij} \in F)$ とおけば，$\mathrm{Tr}_{L/F}(x) = \sum_{i=1}^{n} c_{ii}$，$\mathrm{Norm}_{L/F}(x) = \det(c_{ij})$ である．

トレースとノルムには同値な別の定め方がある．Ω を F を含む代数閉体とし，

$$\mathrm{Hom}_F(L,\Omega)=\{\sigma \mid \sigma : L \hookrightarrow \Omega \text{ は } \sigma|_F=\mathrm{id}_F \text{ となる体の埋め込み }\} \quad (1.2)$$

とおく．このとき，$\#(\mathrm{Hom}_F(L,\Omega))=[L:F]$ が成り立つ．実際，L/F は分離的な有限次拡大体であるから，$L=F(\theta)$ となる θ が存在する．θ の F 上の共役元を $\theta_1,\ldots,\theta_n$ とおけば，θ を θ_i にうつす F の元を動かさない体の埋め込み $\sigma_i : L \hookrightarrow \Omega$ が存在し，

$$\mathrm{Hom}_F(L,\Omega)=\{\sigma_1,\ldots,\sigma_n\}$$

となる．このとき，次が成り立つ．

補題 1.1. $x \in L$ に対し，

$$\mathrm{Tr}_{L/F}(x)=\sum_{\sigma\in\mathrm{Hom}_F(L,\Omega)}\sigma(x), \quad \mathrm{Norm}_{L/F}(x)=\prod_{\sigma\in\mathrm{Hom}_F(L,\Omega)}\sigma(x)$$

が成り立つ．

証明: F に x を添加した体 $F(x)$ を考え，$[F(x):F]=m$, $[L:F(x)]=d$ とおく．このとき，$n=md$ である．$\{1,x,\ldots,x^{m-1}\}$ は $F(x)$ の F 上の基底である．また，L の $F(x)$ 上の基底 $\{\beta_1,\ldots,\beta_d\}$ をとれば，$\{\beta_i x^j\}_{1\le i\le d, 0\le j\le m-1}$ が L の F 上の基底になる．x の F 上の最小多項式を

$$X^m - c_1X^{m-1}+\cdots+(-1)^m c_m \qquad (c_1,\ldots,c_m\in F) \qquad (1.3)$$

とおく．このとき，x をかけることによって得られる F 上の線形写像 $F(x)\to F(x)$, $\alpha\mapsto x\alpha$ の基底 $1,x,\ldots,x^{m-1}$ に関する表現行列 G は，

$$G=\begin{pmatrix} 0 & 0 & \cdots & 0 & (-1)^{m-1}c_m \\ 1 & 0 & \cdots & 0 & (-1)^{m-2}c_{m-1} \\ 0 & 1 & \cdots & 0 & (-1)^{m-3}c_{m-2} \\ \vdots & \vdots & \ddots & \vdots & \vdots \\ 0 & 0 & \cdots & 1 & c_1 \end{pmatrix}\in M(m,m;F)$$

となる．よって，F 上の線形写像 (1.1) の基底

$$\beta_1,\,\beta_1x,\,\ldots,\,\beta_1x^{m-1},\,\ldots,\,\beta_d,\,\beta_dx,\,\ldots,\,\beta_dx^{m-1}$$

に関する表現行列は，

$$\begin{pmatrix} G & O & \cdots & O \\ O & G & \cdots & O \\ \vdots & \vdots & \ddots & \vdots \\ O & O & \cdots & G \end{pmatrix} \in M(md, md; F)$$

である．これから，$\mathrm{Tr}_{L/F}(x) = dc_1$, $\mathrm{Norm}_{L/F}(x) = c_m^d$ となる．

一方，x の F 上の共役を $x_1, \ldots, x_m$ とすれば，$x_1, \ldots, x_m$ は 式 (1.3) の根全体であり，根と係数の関係から，$\sum_{k=1}^m x_k = c_1$, $\prod_{k=1}^m x_k = c_m$ である．

$\tau \in \mathrm{Hom}_F(F(x), \Omega)$ に対して，

$$\mathrm{Hom}_F(L, \Omega)_\tau = \{\sigma \in \mathrm{Hom}_F(L, \Omega) \mid \sigma|_{F(x)} = \tau\}$$

とおく．このとき，$\#(\mathrm{Hom}_F(L, \Omega)_\tau) = [L : F(x)] = d$ であるので，

$$\begin{aligned} \sum_{\sigma \in \mathrm{Hom}_F(L,\Omega)} \sigma(x) &= d \sum_{\tau \in \mathrm{Hom}_F(F(x),\Omega)} \tau(x) = d \sum_{k=1}^m x_k = dc_1 \\ &= \mathrm{Tr}_{L/F}(x), \\ \prod_{\sigma \in \mathrm{Hom}_F(L,\Omega)} \sigma(x) &= \left(\prod_{\tau \in \mathrm{Hom}_F(F(x),\Omega)} \tau(x) \right)^d = \left(\prod_{k=1}^m x_k \right)^d = c_m^d \\ &= \mathrm{Norm}_{L/F}(x) \end{aligned}$$

となる． □

A と B を，それぞれの商体が，F と L となる整閉整域とする．$A \subseteq B$ かつ B は A 上整であると仮定する．例えば，B が A 加群として有限生成であれば，B は A 上整になる．トレースとノルムの定義と，補題 1.1 を比較することにより，次がわかる．

補題 1.2. $x \in B$ ならば，$\mathrm{Tr}_{L/F}(x), \mathrm{Norm}_{L/F}(x) \in A$ である．さらに $x \neq 0$ のとき，$\mathrm{Norm}_{L/F}(x)/x \in B$ である．

証明: $\mathrm{Hom}_F(L, \Omega) = \{\sigma_1, \ldots, \sigma_n\}$ とおく．トレースとノルムの定義から，

$\mathrm{Tr}_{L/F}(x), \mathrm{Norm}_{L/F}(x) \in F$ である．仮定から x は A 上整であるから，$\sigma_i(x)$ も A 上整である．よって，補題 1.1 から，$\mathrm{Tr}_{L/F}(x), \mathrm{Norm}_{L/F}(x)$ はいずれも A 上整な元になる．A は F の中で整閉であるから，$\mathrm{Tr}_{L/F}(x), \mathrm{Norm}_{L/F}(x) \in A$ である．

最後の主張を考える．補題 1.1 において，σ_1 は包含写像と仮定する．このとき，$\mathrm{Norm}_{L/F}(x)/x = \sigma_2(x)\cdots\sigma_n(x)$ である．$\sigma_i(x)$ は A 上整であるので，$\sigma_2(x)\cdots\sigma_n(x)$ も A 上整である．一方 $\mathrm{Norm}_{L/F}(x)/x \in L$ であり，B は整閉整域であるので，$\mathrm{Norm}_{L/F}(x)/x \in B$ を得る．　□

L を F 上のベクトル空間とみて，トレースから定まる F 上の対称双線形形式 $(\ ,\ )_{\mathrm{Tr}_{L/F}}$ を，

$$(\ ,\ )_{\mathrm{Tr}_{L/F}} : L \times L \to F, \quad (x, y) \mapsto \mathrm{Tr}_{L/F}(xy) \tag{1.4}$$

で定め，**トレース形式** (trace form) とよぶ．さらに，$\alpha_1, \ldots, \alpha_n \in L$ に対して，そのグラム行列 $\big((\alpha_i, \alpha_j)_{\mathrm{Tr}_{L/F}}\big)$ の行列式

$$D(\alpha_1, \ldots, \alpha_n) = \det((\alpha_i, \alpha_j)_{\mathrm{Tr}_{L/F}}) \tag{1.5}$$

を $\alpha_1, \ldots, \alpha_n$ の**判別式** (discriminant) とよぶ．補題 1.1 より，$\mathrm{Hom}_F(L, \Omega) = \{\sigma_1, \ldots, \sigma_n\}$ とおくとき，$\mathrm{Tr}_{L/F}(\alpha_i\alpha_j) = \sum_{k=1}^{n} \sigma_k(\alpha_i)\sigma_k(\alpha_j)$ である．よって，$\Delta = (\sigma_i(\alpha_j))$ とおくと，

$$D(\alpha_1, \ldots, \alpha_n) = \det(\mathrm{Tr}_{L/F}(\alpha_i\alpha_j)) = \det({}^t\Delta \cdot \Delta) = \det(\Delta)^2 \tag{1.6}$$

とも表せる．

補題 1.3. トレース形式 $(\ ,\ )_{\mathrm{Tr}_{L/F}}$ は非退化である．したがって，$\alpha_1, \ldots, \alpha_n \in L$ に対して，$\{\alpha_1, \ldots, \alpha_n\}$ が F 上の基底をなすことと，$D(\alpha_1, \ldots, \alpha_n) \neq 0$ であることは同値である．

証明: $(\ ,\ )_{\mathrm{Tr}_{L/F}}$ が非退化であるとは，$x \in L$ が任意の $y \in L$ に対して $(x, y)_{\mathrm{Tr}_{L/F}} = 0$ ならば $x = 0$ となることである．非退化性は，L の F 上のある基底に関するグラム行列が正則行列であることと同値である．

$L = F(\theta)$ となる θ をとって，L の F 上の基底として $\{1, \theta, \ldots, \theta^{n-1}\}$ を

とろう．$\sigma_1(\theta)=\theta_1,\ldots,\sigma_n(\theta)=\theta_n$ とおく．このとき，式 (1.6) から，

$$D(1,\theta,\ldots,\theta^{n-1})=\left(\det(\theta_i^{j-1})\right)^2=\left(\prod_{1\le i<j\le n}(\theta_i-\theta_j)\right)^2\neq 0$$

となる．よって，$(\ ,\ )_{\mathrm{Tr}_{L/F}}$ は非退化である．

L の F 上のある基底に関するグラム行列が正則であることと，F 上の任意の基底に関するグラム行列が正則であることは同値であるから，後半の主張は前半の主張からしたがう． □

1.2 代数的整数と判別式

有理数体 $\mathbb{Q}$ の有限次拡大体を**代数体** (algebraic number field) という．本書では，代数体を主に K で表す．

K を代数体とする．$x\in K$ が**代数的整数** (algebraic integer) であるとは，ある正の整数 m と，整数 $a_1,\ldots,a_m$ が存在して，

$$x^m+a_1x^{m-1}+\cdots+a_m=0$$

となることである．K に含まれる代数的整数全体のなす集合を O_K で表し，K の**整数環** (ring of integers) とよぶ．すなわち，代数的整数とは $\mathbb{Z}$ 上整な元のことであり，O_K は $\mathbb{Z}$ の K における整閉包である．

一般に，B が A の拡大環のとき，B の元で A 上整なもの全体 $\widetilde{A}$ は B の部分環をなすから（例えば, [10, 定理 9.1] を参照），$A=\mathbb{Z}, B=K$ のときを考えて，O_K は（整数環という言葉の通り）環である．

本節では，前節のトレース形式を用いて，O_K が階数が n の 自由 $\mathbb{Z}$ 加群であることを示そう．

まずトレースとノルムについて，前節で示したことを，$K/\mathbb{Q}$ の場合にまとめておく．まず，K の元 x に対して，トレース $\mathrm{Tr}_{K/\mathbb{Q}}(x)$ とノルム $\mathrm{Norm}_{K/\mathbb{Q}}(x)$ は $\mathbb{Q}$ の元である．記号 $K(\mathbb{C})$ で K の $\mathbb{C}$ **値点**全体を表す．つまり，

$$K(\mathbb{C})=\{\sigma\mid\sigma:K\hookrightarrow\mathbb{C}\ \text{は体の埋め込み}\}\tag{1.7}$$

とする（前節の書き方だと，$K(\mathbb{C}) = \mathrm{Hom}_{\mathbb{Q}}(K, \mathbb{C})$）．このとき，$\#(K(\mathbb{C})) = [K : \mathbb{Q}]$ であり，$x \in K$ に対し，

$$\mathrm{Tr}_{K/\mathbb{Q}}(x) = \sum_{\sigma \in K(\mathbb{C})} \sigma(x), \quad \mathrm{Norm}_{K/\mathbb{Q}}(x) = \prod_{\sigma \in K(\mathbb{C})} \sigma(x)$$

が成り立つ（補題 1.1）．また，x が O_K の元のときには，$\mathrm{Tr}_{K/\mathbb{Q}}(x)$ と $\mathrm{Norm}_{K/\mathbb{Q}}(x)$ は $\mathbb{Z}$ の元となる（補題 1.2）．

命題 1.4. K は代数体で，$[K : \mathbb{Q}] = n$ とする．このとき，K の整数環 O_K は階数が n の 自由 $\mathbb{Z}$ 加群である．

証明: K を $\mathbb{Q}$ 上のベクトル空間とみたときの基底 $\{\alpha_1, \ldots, \alpha_n\}$ をとる．整数 $m \neq 0$ を，$m\alpha_1, \ldots, m\alpha_n \in O_K$ となるようにとる．α_i を $m\alpha_i$ に置き換えることで，$\alpha_1, \ldots, \alpha_n \in O_K$ としてよい．

基底 $\{\alpha_1, \ldots, \alpha_n\}$ の $(\ ,\ )_{\mathrm{Tr}_{K/\mathbb{Q}}}$ に関する双対基底を $\{\beta_1, \ldots, \beta_n\}$ とおく．任意の $x \in O_K$ に対して，$x = (x, \alpha_1)_{\mathrm{Tr}_{K/\mathbb{Q}}}\beta_1 + \cdots + (x, \alpha_n)_{\mathrm{Tr}_{K/\mathbb{Q}}}\beta_n$ である．ここで，補題 1.2 から $(x, \alpha_i)_{\mathrm{Tr}_{K/\mathbb{Q}}} = \mathrm{Tr}_{K/\mathbb{Q}}(x\alpha_i) \in \mathbb{Z}$ である．よって，

$$O_K \subseteq \mathbb{Z}\beta_1 + \cdots + \mathbb{Z}\beta_n$$

が得られた．つまり，O_K は 自由 $\mathbb{Z}$ 加群 $\mathbb{Z}\beta_1 + \cdots + \mathbb{Z}\beta_n$ の部分 $\mathbb{Z}$ 加群である．

$\mathbb{Z}$ は単項イデアル整域だから，O_K も自由 $\mathbb{Z}$ 加群になる．O_K の 自由 $\mathbb{Z}$ 加群としての自由基底 $\{\omega_1, \ldots, \omega_r\}$ をとれば，$\{\omega_1, \ldots, \omega_r\}$ は K を $\mathbb{Q}$ 上のベクトル空間とみたときの基底になるから，$r = [K : \mathbb{Q}] = n$ である．以上により，O_K は階数が n の 自由 $\mathbb{Z}$ 加群である．□

O_K の 自由 $\mathbb{Z}$ 加群としての自由基底 $\{\omega_1, \ldots, \omega_n\}$ を O_K の**整数底** (integral basis) という．O_K の整数底 $\omega_1, \ldots, \omega_n$ の判別式 $D(\omega_1, \ldots, \omega_n)$（式 (1.5) を参照）を

$$D_{K/\mathbb{Q}} = D(\omega_1, \ldots, \omega_n)$$

で表し，K の $\mathbb{Q}$ 上の**判別式** (discriminant) という．

$D_{K/\mathbb{Q}}$ は整数底の取り方によらないことに注意しておく．実際，$\{\omega'_1, \ldots, \omega'_n\}$ を O_K の別の自由基底とする．$\omega'_j = \sum_{i=1}^{n} a_{ij}\omega_i$ とおき，$A = (a_{ij})$ と定める

と，$A \in \mathrm{GL}(n, \mathbb{Z})$ で，$\left((\omega'_i, \omega'_j)_{\mathrm{Tr}_{K/\mathbb{Q}}}\right) = {}^t A \left((\omega_i, \omega_j)_{\mathrm{Tr}_{K/\mathbb{Q}}}\right) A$ となる．よって，

$$D(\omega'_1, \ldots, \omega'_n) = \det\left((\omega'_i, \omega'_j)_{\mathrm{Tr}_{K/\mathbb{Q}}}\right) = \det\left((\omega_i, \omega_j)_{\mathrm{Tr}_{K/\mathbb{Q}}}\right) = D(\omega_1, \ldots, \omega_n)$$

である．

1.3 整数環のイデアル

K を代数体とし，O_K を K の整数環とする．$[K : \mathbb{Q}] = n$ とおく．O_K は K における $\mathbb{Z}$ の整閉包として定義されたので，O_K は K の中で整閉である．命題 1.4 より，O_K は階数が n の 自由 $\mathbb{Z}$ 加群であるから，特に，O_K は $\mathbb{Z}$ 加群としてネーター加群になる．O_K のイデアルは $\mathbb{Z}$ 加群でもあるので，O_K のイデアルの任意の昇鎖列はとまることがわかり，O_K はネーター環になる．

一般に，B が A 上整な拡大環のとき，$P_1 \subseteq P_2$ が B の素イデアルで $P_1 \cap A = P_2 \cap A$ ならば $P_1 = P_2$ となる（例えば, [10, 定理 9.3] を参照）．特に，$A = \mathbb{Z}, B = O_K$ のときを考えて，O_K の 0 でない素イデアルは極大イデアルであることがわかる．

体でない整域 A が (1) 商体の中で整閉で (2) 0 でない素イデアルは極大イデアルであり (3) ネーター環であるとき，A を**デデキント整域** (Dedekind domain) という．上で述べたことより，O_K はデデキント整域である．

デデキント整域における素イデアル分解の存在と一意性より（例えば, [10, 定理 11.6], [14, 第 I 章, 定理 (3.3)] を参照），次の定理が成り立つ．

Richard Dedekind

定理 1.5（素イデアル分解）．I を O_K のイデアルで，$I \neq (0), I \neq O_K$ であるものとする．このとき，O_K の 0 でない素イデアル $P_1, \ldots, P_s$ が存在して，

$$I = P_1 \cdots P_s$$

と分解される．さらに，分解は一意的である（ただし，$P_1, \ldots, P_s$ の順番の入れ替えを除く）．

$I \neq (0)$ を O_K のイデアルとする．I の素イデアル分解に表れる素イデアルのうち同じものをまとめることにより，O_K の相異なる 0 でない素イデアル $P_1, \ldots, P_r$ と正の整数 $e_1, \ldots, e_r$ が存在して，

$$I = P_1^{e_1} \cdots P_r^{e_r} \tag{1.8}$$

と表されることがわかる．ただし，$I = O_K$ のときは，$r = 0$ とみなす．さらに，式 (1.8) の表示は $P_1, \ldots, P_r$ の順番の違いを除いて一意的である．

O_K のイデアルの素イデアル分解は，K の分数イデアルとよばれるものについても拡張される．ここで，K の O_K 部分加群 $I \neq \{0\}$ が K の**分数イデアル** (fractional ideal) であるとは，O_K の 0 でないある元 x が存在して，$xI \subseteq O_K$ となるときにいう．

I, J を K の分数イデアルとするとき，I と J の積が

$$IJ = \left\{ \sum_{\text{有限和}} a_i b_i \;\middle|\; a_i \in I, b_i \in J \right\}$$

で定義できる．また，K の分数イデアル I に対し，

$$I^{-1} = \{x \in K \mid xI \subseteq O_K\}$$

と定める．

O_K のイデアルの素イデアル分解の存在と一意性を用いると次が示せる．

定理 1.6. K を代数体とし，O_K を K の整数環とする．

(1) K の分数イデアル全体の集合は上の積に関してアーベル群になる．単位元は O_K である．分数イデアル I の逆元は上の I^{-1} である．

(2) I を分数イデアルとする．このとき，O_K の相異なる 0 でない素イデアル $P_1, \ldots, P_r$ と整数 $e_1, \ldots, e_r$ が存在して，$I = P_1^{e_1} \cdots P_r^{e_r}$ と一意的に分解される．

一般に環 A が**離散付値環** (discrete valuation ring) であるとは，A は体でない単項イデアル整域であって，A は唯一の極大イデアルをもつときにいう[1)].

A の極大イデアルの生成元を t をとる．この t を A の局所パラメターとよぶ．このとき，$\bigcap_{n>0}(t^n)=(0)$ である[2)]．したがって，A の任意の 0 でない元 x に対して，$x\in(t^a)$ かつ $x\notin(t^{a+1})$ となる非負整数 a が定まる．$x=ut^a$ とおけば，$u\notin(t)$ であるから，$u\in A^\times$ である．一般に，A の商体の任意の元 $x\neq 0$ は，

$$x=t^a\cdot u,\quad (u\in A^\times, a\in\mathbb{Z}) \tag{1.9}$$

と一意的に表されることがわかる．この a を $\mathrm{ord}_A(x)$ と表し，$\mathrm{ord}_A(\cdot)$ を A の離散付値とよぶ.

補題 1.7. O_K を代数体 K の整数環とし，P を O_K の 0 でない素イデアルとする．このとき，O_K の P による局所化 $(O_K)_P$ は離散付値環である.

証明: $(O_K)_P$ は $P(O_K)_P$ を唯一の極大イデアルにもつ整域であり，$P(O_K)_P\neq(0)$ であるから，$(O_K)_P$ は体ではない．よって，$(O_K)_P$ の任意のイデアルが単項イデアルであることをみればよい.

O_K における素イデアル分解の存在（定理 1.5）より，$(O_K)_P$ のイデアルは，$P^e(O_K)_P$（e は非負整数）の形をしている．まず，$P(O_K)_P$ が単項イデアルであることをみよう．そのために $t\in P(O_K)_P$, $t\notin P^2(O_K)_P$ となる元 t をとる．すると，イデアル (t) は上に述べたことより，$P^e(O_K)_P$ の形をしているが，t の取り方より $(t)=P(O_K)_P$ となる．したがって，$P(O_K)_P$ は単項イデアルである．さらに，$P^e(O_K)_P=(t^e)$ となるので，$(O_K)_P$ の任意のイデアルが単項イデアルになる． □

本節の最後に，第2章で用いる補題を示そう．O_K の 0 でない素イデアル P に対して，$P\cap\mathbb{Z}=(p)$（p は素数）とおく．O_K は階数が $[K:\mathbb{Q}]$ の自由 $\mathbb{Z}$ 加群であるから，O_K/P は $\mathbb{Z}/(p)$ 上の高々 $[K:\mathbb{Q}]$ 次の代数拡大体になる．よっ

[1)] 離散付値環の同値な定義の仕方はいろいろあるが，本書では上を離散付値環の定義とする．詳しくは，[10, 第 4 章] などを参照されたい.

[2)] 実際，$I=\bigcap_{n>0}(t^n)$ とおけば，仮定より I は単項イデアルなので $I=(s)$ となる $s\in A$ が存在する．$tI=I$ だから $a\in A$ が存在して，$s=tas$ となる．これより $s=0$ がしたがう.

て，O_K/P は有限体で，$\#(O_K/P)$ は有限である．

補題 1.8. K を代数体，O_K を K の整数環，$I \neq (0)$ を O_K のイデアルとする．$I = P_1^{e_1} \cdots P_r^{e_r}$ を I の素イデアル分解とすると，

$$\#\left(O_K/I\right) = \prod_{i=1}^{r} \#\left(O_K/P_i\right)^{e_i}$$

である．

証明: t_i を $P_i(O_K)_{P_i}$ の生成元とする．中国剰余定理より，

$$O_K/I \cong \bigoplus_{i=1}^{r} O_K/P_i^{e_i} = \bigoplus_{i=1}^{r} (O_K/P_i^{e_i})_{P_i} = \bigoplus_{i=1}^{r} (O_K)_{P_i}/t_i^{e_i}(O_K)_{P_i}$$

を得る．$(O_K)_{P_i}/t_i(O_K)_{P_i} \cong O_K/P_i$ であり，$(O_K)_{P_i}$ 加群の準同型

$$(O_K)_{P_i}/t_i(O_K)_{P_i} \xrightarrow{\times t_i^k} t_i^k(O_K)_{P_i}/t_i^{k+1}(O_K)_{P_i}$$

は同型であるので，

$$\begin{aligned}\#\left(O_K/I\right) &= \prod_{i=1}^{r} \#\left((O_K)_{P_i}/t_i^{e_i}(O_K)_{P_i}\right) \\ &= \prod_{i=1}^{r} \#\left((O_K)_{P_i}/t_i(O_K)_{P_i}\right)^{e_i} = \prod_{i=1}^{r} \#\left(O_K/P_i\right)^{e_i}\end{aligned}$$

である． □

1.4　格子とミンコフスキーの凸体定理

本節では，実計量ベクトル空間の格子を定義し，ミンコフスキーの凸体定理（定理 1.9）を証明する．これらの結果を，次節において，代数体から得られる実計量ベクトル空間と整数環のイデアルから得られる格子に適用して，整数環の性質を導く．

V を n 次元実ベクトル空間とする．M が V の**格子** (lattice) であるとは，V の一次独立なベクトル $e_1, \ldots, e_n$ が存在して，

$$M = \mathbb{Z}e_1 + \cdots + \mathbb{Z}e_n$$

と表されるときにいう．このとき，M は階数 n の自由 $\mathbb{Z}$ 加群であり，$\{e_1, \ldots, e_n\}$ は M の自由基底をなす．

Hermann Minkowski

V には**内積** (inner product)（すなわち，正定値な対称双線形形式）

$$\langle\ ,\ \rangle : V \times V \to \mathbb{R}$$

が備わっているとする．このとき，M の自由基底 $\{e_1, \ldots, e_n\}$ に対して，

$$\sqrt{\det(\langle e_i, e_j \rangle)}$$

を考える．この値は M の自由基底の取り方によらない．実際，$\{e'_1, \ldots, e'_n\}$ を M の別の自由基底とする．$e'_j = \sum_{i=1}^{n} a_{ij} e_i$ とおき，$A = (a_{ij})$ と定めると，$A \in \mathrm{GL}(n, \mathbb{Z})$ で，

$$(\langle e'_i, e'_j \rangle) = {}^t A \, (\langle e_i, e_j \rangle) \, A$$

である．したがって，$\det(\langle e_i, e_j \rangle) = \det(\langle e'_i, e'_j \rangle)$ が成り立つ．そこで，この値 $\sqrt{\det(\langle e_i, e_j \rangle)}$ を

$$\mathrm{vol}(M, \langle\ ,\ \rangle) \tag{1.10}$$

と書き，M の $\langle\ ,\ \rangle$ についての**体積** (volume) とよぶ．

V の正規直交基底 $\{u_1, \ldots, u_n\}$ をとる．この基底によって，V を実ベクトル空間 $\mathbb{R}^n$ と同一視し，$\mathbb{R}^n$ の標準的なルベーグ測度を用いて，V にルベーグ測度を入れる．V のルベーグ測度は，$u_1, \ldots, u_n$ の作る超立方体

$$\Pi_0 = \{ s_1 u_1 + \cdots + s_n u_n \mid 0 \le s_1 < 1, \ldots, 0 \le s_n < 1 \}$$

の体積が 1 となるような測度である．このとき，$e_1, \ldots, e_n$ の作る平行 $2n$ 面体

$$\Pi = \{ s_1 e_1 + \cdots + s_n e_n \mid 0 \le s_1 < 1, \ldots, 0 \le s_n < 1 \} \tag{1.11}$$

の体積が，$\mathrm{vol}(M, \langle\ ,\ \rangle)$ に他ならない．

以下で，ミンコフスキーの凸体定理 (Minkowski's convex body theorem)

を証明しよう．V の部分集合 S が**凸体** (convex body) であるとは，任意の $x, y \in S$ と $0 \leq t \leq 1$ に対して，$tx + (1-t)y \in S$ が成り立つときにいう．S が**原点対称** (centrally symmetric) であるとは，任意の $x \in S$ に対して，$-x \in S$ が成り立つときにいう．

定理 1.9（ミンコフスキーの凸体定理）**.** V を n 次元実計量ベクトル空間とする．M を V の格子とし，S を V の原点対称な凸体とする．$\mathrm{vol}(S) > 2^n \mathrm{vol}(M, \langle\,,\,\rangle)$ ならば，M の 0 でない元 x が存在して，$x \in S$ となる．

証明: M の自由 $\mathbb{Z}$ 加群としての自由基底 $\{e_1, \ldots, e_n\}$ をとり，Π を 式 (1.11) で定める．

M の異なる点 x_1, x_2 が存在して，

$$\left(\frac{1}{2}S + x_1\right) \cap \left(\frac{1}{2}S + x_2\right) \neq \emptyset$$

であることを示せば十分である．実際，$s_1, s_2 \in S$ が $\frac{1}{2}s_1 + x_1 = \frac{1}{2}s_2 + x_2$ をみたしたとすれば，$\frac{1}{2}s_1 + \frac{1}{2}(-s_2) = x_2 - x_1$ となる．S は原点対称な凸体であるから左辺は S の元であり，右辺は M の 0 でない元である．

そこで，M の異なる任意の 2 点 x_1, x_2 に対して，$\left(\frac{1}{2}S + x_1\right) \cap \left(\frac{1}{2}S + x_2\right) = \emptyset$ と仮定しよう．このとき，

$$\frac{1}{2^n}\mathrm{vol}(S) = \mathrm{vol}\left(\frac{1}{2}S\right) = \mathrm{vol}\left(\frac{1}{2}S \cap \coprod_{x \in M} (\Pi + x)\right)$$

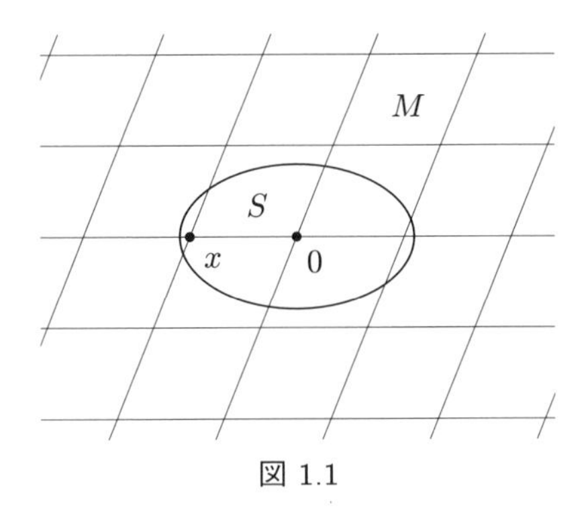

図 1.1

$$= \sum_{x \in M} \mathrm{vol}\left(\frac{1}{2}S \cap (\Pi + x)\right) = \sum_{x \in M} \mathrm{vol}\left(\left(\frac{1}{2}S - x\right) \cap \Pi\right)$$

$$= \mathrm{vol}\left(\coprod_{x \in M} \left(\frac{1}{2}S - x\right) \cap \Pi\right) \leq \mathrm{vol}(\Pi) = \mathrm{vol}(M, \langle\, , \rangle)$$

となり，仮定に矛盾する．よって，結論を得る． □

後で用いる次の補題を考えよう．

補題 1.10. V を n 次元実計量ベクトル空間とする．M を V の格子とする．$x_1, \dots, x_n$ は M の元で，$\{x_1, \dots, x_n\}$ が V の基底をなすとする．このとき，

$$\sqrt{\det(\langle x_i, x_j \rangle)} = \#\left(\frac{M}{\mathbb{Z}x_1 + \cdots + \mathbb{Z}x_n}\right) \mathrm{vol}(M, \langle\ ,\ \rangle)$$

が成り立つ．

証明: $\{e_1, \dots, e_n\}$ を M の自由基底とし，$x_j = \sum_{i=1}^n b_{ij} e_i$，$B = (b_{ij}) \in M(n, n; \mathbb{Z})$ とおく．このとき，

$$(\langle x_i, x_j \rangle) = {}^t B \left(\langle e_i, e_j \rangle\right) B$$

を得る．$\sqrt{\det(\langle e_i, e_j \rangle)} = \mathrm{vol}(M, \langle\ ,\ \rangle)$ だから，

$$\#\left(\frac{M}{\mathbb{Z}x_1 + \cdots + \mathbb{Z}x_n}\right) = |\det B|$$

を示せば十分である．単因子論より，ある $P, Q \in \mathrm{GL}(n, \mathbb{Z})$ と $c_1, \dots, c_n \in \mathbb{Z}$ が存在して，

$$PBQ = \begin{pmatrix} c_1 & & 0 \\ & \ddots & \\ 0 & & c_n \end{pmatrix}$$

が成り立つ．f_P, f_B, f_Q を P, B, Q で $e_1, \dots, e_n$ に関して定義される M の $\mathbb{Z}$ 加群としての自己準同型写像とする．このとき，

$$\frac{M}{\mathbb{Z}x_1 + \cdots + \mathbb{Z}x_n} = \mathrm{Coker}(M \xrightarrow{f_B} M)$$

である．f_P と f_Q は，自由 $\mathbb{Z}$ 加群の同型であるので，

$$\#\left(\frac{M}{\mathbb{Z}x_1+\cdots+\mathbb{Z}x_n}\right)=\#\left(\mathrm{Coker}(M\xrightarrow{f_B}M)\right)$$
$$=\#\left(\mathrm{Coker}(M\xrightarrow{f_Q}M\xrightarrow{f_B}M\xrightarrow{f_P}M)\right)$$
$$=|c_1\cdots c_n|=|\det B|$$

を得る．よって，補題が示せた．□

1.5　ミンコフスキーの判別式定理

K を $[K:\mathbb{Q}]=n$ となる代数体とする．K の元 x,y に対し，

$$\langle x,y\rangle_K=\sum_{\sigma\in K(\mathbb{C})}\sigma(x)\bar{\sigma}(y)$$

とおく．ここで，$\bar{\sigma}(y)=\overline{\sigma(y)}$ である．複素共役は $K(\mathbb{C})$ の置換として作用するから，$\overline{\langle x,y\rangle_K}=\sum_{\sigma\in K(\mathbb{C})}\bar{\sigma}(x)\sigma(y)=\langle x,y\rangle_K$ である．よって，$\langle x,y\rangle_K\in\mathbb{R}$ になる．同じ理由で $\langle y,x\rangle_K=\langle x,y\rangle_K$ となるから，$\langle\ ,\ \rangle_K$ は対称である．以上により，K を $\mathbb{Q}$ 上のベクトル空間とみたとき，

$$\langle\ ,\ \rangle_K:K\times K\to\mathbb{R}$$

は $\mathbb{Q}$ 上の対称双線形写像を与える．さて，

$$V=K\otimes_{\mathbb{Q}}\mathbb{R}\tag{1.12}$$

とおく．$[K:\mathbb{Q}]=n$ だから，V は $\mathbb{R}$ 上の n 次元ベクトル空間である．線形性によって，$\langle\ ,\ \rangle_K$ を $V\times V$ 上の $\mathbb{R}$ 上の対称双線形形式に拡張する．

命題 1.11. $\langle\ ,\ \rangle_K$ は V の内積（すなわち，$\mathbb{R}$ 上の正定値な対称双線形形式）を定める．

証明: $\langle\ ,\ \rangle_K$ が正定値であることをみればよい．$K(\mathbb{C})=\{\sigma_1,\ldots,\sigma_n\}$ とおく．また，K の $\mathbb{Q}$ 上の基底 $\alpha_1,\ldots,\alpha_n$ を固定し，$\Delta=(\sigma_i(\alpha_j))$ とおく．

$x\in V$ に対して，

$$x = x_1\alpha_1 + \cdots + x_n\alpha_n \quad (x_1, \ldots, x_n \in \mathbb{R})$$

と表す．このとき，

$$\langle x, x\rangle_K = \sum_{\sigma\in K(\mathbb{C})}\sum_{i=1}^{n}\sum_{j=1}^{n} x_i x_j \sigma(\alpha_i)\bar{\sigma}(\alpha_j) = {}^t(\Delta x)\overline{(\Delta x)} = |\Delta x|^2 \geq 0$$

となる．

一方，式 (1.6) から $D(\alpha_1, \ldots, \alpha_n) = \det(\Delta)^2$ であり，補題 1.3 から $D(\alpha_1, \ldots, \alpha_n) \neq 0$ である．よって，$\det(\Delta) \neq 0$ となり，Δ は正則行列である．したがって，$\langle x, x\rangle_K = 0$ ならば，$x = 0$ となる．

以上により，$\langle\ ,\ \rangle_K$ が正定値であることがいえたので，$\langle\ ,\ \rangle_K$ は V の内積を与える． □

自然な単射写像

$$K \to V = K \otimes_{\mathbb{Q}} \mathbb{R}, \quad x \mapsto x \otimes 1$$

によって，K を V の部分集合とみなす．

補題 1.12. I を O_K の 0 でないイデアルとする．このとき，I は V の格子を定める．さらに，

$$\mathrm{vol}(I, \langle\ ,\ \rangle_K) = \#(O_K/I)\sqrt{|D_{K/\mathbb{Q}}|}$$

が成り立つ．特に，$\mathrm{vol}(O_K, \langle\ ,\ \rangle_K) = \sqrt{|D_{K/\mathbb{Q}}|}$ となる．

証明: $K(\mathbb{C}) = \{\sigma_1, \cdots, \sigma_n\}$ とおく．

最初に，$I = O_K$ の場合を証明する．$\{\omega_1, \ldots, \omega_n\}$ を O_K の整数底とする．$\{\omega_1, \ldots, \omega_n\}$ は K の $\mathbb{Q}$ 上のベクトル空間としての基底でもあるから，V の $\mathbb{R}$ 上のベクトル空間としての基底でもある．よって，O_K は V の格子を定める．$\langle\omega_i, \omega_j\rangle_K = \sum_{k=1}^{n}\sigma_k(\omega_i)\cdot\bar{\sigma}_k(\omega_j)$ である．よって，$\Delta = (\sigma_i(\omega_j))$ とおくと，

$$(\langle\omega_i, \omega_j\rangle_K) = {}^t\Delta\cdot\overline{\Delta}$$

である．一方，式 (1.6) より，$D_{K/\mathbb{Q}} = (\det\Delta)^2$ であるから，

$$\mathrm{vol}(O_K, \langle\ ,\ \rangle_K) = \sqrt{\det(\langle\omega_i, \omega_j\rangle_K)} = |\det\Delta| = \sqrt{|D_{K/\mathbb{Q}}|}$$

となる.

次に I が一般の 0 でないイデアルの場合を示す. 補題 1.8 とその直前に述べたことに注意すれば, $\#(O_K/I)$ は有限である. よって, I は階数 n の自由 $\mathbb{Z}$ 加群であり, その自由基底 $\{\alpha_1, \ldots, \alpha_n\}$ をとれば, $\{\alpha_1, \ldots, \alpha_n\}$ は, V の $\mathbb{R}$ 上のベクトル空間としての基底である. したがって, I は V の格子を定める. このとき, 補題 1.10 より,

$$\mathrm{vol}(I, \langle\,,\,\rangle_K) = \#\,(O_K/I)\,\mathrm{vol}(O_K, \langle\,,\,\rangle_K) = \#\,(O_K/I)\,\sqrt{|D_{K/\mathbb{Q}}|}$$

である. □

本節の後半では, ミンコフスキーの凸体定理を式 (1.12) の V に適用して, ミンコフスキーの判別式定理 (Minkowski's discriminant theorem) を証明する. この定理は, 第 2 章でエルミート-ミンコフスキーの定理（定理 2.36）を証明するときに用いる.

定理 1.13（ミンコフスキーの判別式定理）. K を $[K:\mathbb{Q}] = n$ である代数体, K の $\mathbb{C}$ への実でない埋め込みの個数を $2r_2$ とする. このとき,

$$|D_{K/\mathbb{Q}}| \geq \left(\frac{\pi}{4}\right)^{2r_2} \frac{n^{2n}}{(n!)^2}$$

が成り立つ.

定理 1.13 の証明の前に, いくつか準備をする.

$K(\mathbb{C})$ の元 $\sigma : K \to \mathbb{C}$ のうち像が $\mathbb{R}$ に入っているものを

$$\rho_1, \ldots, \rho_{r_1} : K \to \mathbb{R}$$

とおく. 残りを

$$\sigma_1, \bar{\sigma}_1, \ldots, \sigma_{r_2}, \bar{\sigma}_{r_2} : K \to \mathbb{C}$$

と表す. このとき,

$$K(\mathbb{C}) = \{\rho_1, \ldots, \rho_{r_1}, \sigma_1, \bar{\sigma}_1, \ldots, \sigma_{r_2}, \bar{\sigma}_{r_2}\}$$

であり, $n = r_1 + 2r_2$ である.

$\mathbb{Q}$ 上の線形写像 $f : K \to \mathbb{R}^n$ を, $x \in K$ に対して,

$$f(x)=\Big(\rho_1(x),\ldots,\rho_{r_1}(x),\sqrt{2}\,\mathrm{Re}(\sigma_1(x)),\sqrt{2}\,\mathrm{Im}(\sigma_1(x)),\ldots,\\ \sqrt{2}\,\mathrm{Re}(\sigma_{r_2}(x)),\sqrt{2}\,\mathrm{Im}(\sigma_{r_2}(x))\Big) \tag{1.13}$$

とおくことで定義する．f は $V=K\otimes_{\mathbb{Q}}\mathbb{R}$ から $\mathbb{R}^n$ への $\mathbb{R}$ 上のベクトル空間としての同型写像を導く[3]．$x,y\in K$ に対して，

$$\begin{aligned}\langle x,y\rangle_K &= \sum_{\sigma\in K(\mathbb{C})}\sigma(x)\bar{\sigma}(y)\\ &= \sum_{i=1}^{r_1}\rho_i(x)\rho_i(y)+\sum_{j=1}^{r_2}\sigma_j(x)\overline{\sigma_j(y)}+\sum_{j=1}^{r_2}\overline{\sigma_j(x)}\sigma_j(y)\end{aligned}$$

であるから，V の内積 $\langle\ ,\ \rangle_K$ と同型 $f:V\to\mathbb{R}^n$ によって定まる $\mathbb{R}^n$ の内積，すなわち，$\langle x,y\rangle_K=\langle f(x),f(y)\rangle$ によって定まる $\mathbb{R}^n$ 上の内積 $\langle\ ,\ \rangle$ は，

$$\begin{aligned}&\langle(a_1,\ldots,a_{r_1},b_1,c_1,\ldots,b_{r_2},c_{r_2}),(a'_1,\ldots,a'_{r_1},b'_1,c'_1,\ldots,b'_{r_2},c'_{r_2})\rangle\\ &\qquad=\sum_{i=1}^{r_1}a_ia'_i+\sum_{j=1}^{r_2}(b_jb'_j+c_jc'_j)\end{aligned}$$

である．すなわち，$\langle\ ,\ \rangle$ は $\mathbb{R}^n$ の標準内積である．$\mathbb{R}^n$ には，標準内積に関する正規直交基底の作る超立方体の体積が 1 であるように通常のルベーグ測度を入れておく．

次は単純計算で確かめられる．

補題 1.14. 正の実数 t に対して，$\mathbb{R}^n$ の部分集合 T_t を

$$T_t=\left\{(a_1,\ldots,a_{r_1},b_1,c_1,\ldots,b_{r_2},c_{r_2})\in\mathbb{R}^n \;\middle|\; \sum_{i=1}^{r_1}|a_i|+\sum_{j=1}^{r_2}\sqrt{2(b_j^2+c_j^2)}\le t\right\}$$

で定める．このとき，

$$\mathrm{vol}(T_t)=\frac{2^{r_1}\pi^{r_2}}{n!}t^n$$

である．

---

[3] このことは，以下のようにして確かめられる．K の $\mathbb{Q}$ 上の基底 $\alpha_1,\ldots,\alpha_n$ に対して，$f(\alpha_1),\ldots,f(\alpha_n)$ が $\mathbb{R}$ 上一次独立であればよい．そこで，$\lambda_1 f(\alpha_1)+\cdots+\lambda_n f(\alpha_n)=0$ $(\lambda_1,\ldots,\lambda_n\in\mathbb{R})$ と仮定する．この式から，任意の $\sigma\in K(\mathbb{C})$ に対して，$\lambda_1\sigma(\alpha_1)+\cdots+\lambda_n\sigma(\alpha_n)=0$ となることわかる．したがって，命題 1.11 の行列 Δ が正則な行列であることから，$\lambda_1=\cdots=\lambda_n=0$ となる．

証明: 一般に，非負整数 k, l に対して，

$$D(k,l)(t) = \left\{ (a_1, \ldots, a_k, s_1, \ldots, s_l) \in \mathbb{R}^{k+l} \;\middle|\; \begin{array}{l} a_i \geq 0,\ s_j \geq 0\ (\forall i, j), \\ \sum_{i=1}^k a_i + \sum_{j=1}^l s_j \leq t \end{array} \right\}$$

とおき，

$$I(k,l)(t) = \int_{D(k,l)(t)} s_1 \cdots s_l da_1 \cdots da_k ds_1 \cdots ds_l$$

と定める．このとき，$I(k,l)(t) = t^{k+2l} I(k,l)(1)$ である．

$b_j = \frac{1}{\sqrt{2}} s_j \cos(\theta_j), c_j = \frac{1}{\sqrt{2}} s_j \sin(\theta_j)$ $(s_j \geq 0, \theta_j \in [0, 2\pi])$ と変数変換すれば，

$$\begin{aligned} \mathrm{vol}(T_t) &= \int_{\substack{\sum_{i=1}^{r_1} |a_i| + \sum_{j=1}^{r_2} s_j \leq t \\ 0 \leq \theta_1 \leq 2\pi, \ldots, 0 \leq \theta_{r_2} \leq 2\pi}} \frac{1}{2^{r_2}} s_1 \cdots s_{r_2} da_1 \cdots da_{r_1} ds_1 \cdots ds_{r_2} d\theta_1 \cdots d\theta_{r_2} \\ &= \pi^{r_2} \int_{\sum_{i=1}^{r_1} |a_i| + \sum_{j=1}^{r_2} s_j \leq t} s_1 \cdots s_{r_2} da_1 \cdots da_{r_1} ds_1 \cdots ds_{r_2} \\ &= 2^{r_1} \pi^{r_2} I(r_1, r_2)(t) = 2^{r_1} \pi^{r_2} t^n I(r_1, r_2)(1) \end{aligned} \tag{1.14}$$

となる．

そこで，$I(k,l)(1)$ を計算しよう．

$$\begin{aligned} I(k,l)(1) &= \int_0^1 I(k-1,l)(1-a_1)\, da_1 \\ &= \int_0^1 (1-a_1)^{(k-1)+2l} I(k-1,l)(1)\, da_1 = \frac{1}{k+2l} I(k-1,l)(1) \end{aligned}$$

なので，帰納的に $I(k,l)(1) = \frac{(2l)!}{(k+2l)!} I(0,l)(1)$ となる．次に，

$$\begin{aligned} I(0,l)(1) &= \int_0^1 s_1 I(0,l-1)(1-s_1)\, ds_1 \\ &= \int_0^1 s_1 (1-s_1)^{2(l-1)} I(0,l-1)(1)\, ds_1 = \frac{1}{(2l)(2l-1)} I(0,l-1)(1) \end{aligned}$$

なので，帰納的に $I(0,l)(1) = 1/(2l)!$ がわかる．したがって，$I(k,l)(1) = 1/(k+2l)!$ となり，式 (1.14) と合わせて結果を得る．□

定理 1.13 の証明: 正の実数 t に対して，V の部分集合 S_t を $S_t = f^{-1}(T_t)$ で定める．S_t は原点対称な凸体である．$f : V \to \mathbb{R}^n$ が距離同型になるように $\mathbb{R}^n$ の内積を定めたので，

$$\mathrm{vol}(S_t) = \frac{2^{r_1}\pi^{r_2}}{n!}t^n$$

である．

補題 1.12 より $\mathrm{vol}(O_K, \langle\ ,\ \rangle_K) = \sqrt{|D_{K/\mathbb{Q}}|}$ である．そこで，任意の正の数 ϵ に対して，t を

$$\frac{2^{r_1}\pi^{r_2}}{n!}t^n = 2^n\sqrt{|D_{K/\mathbb{Q}}|} + \epsilon$$

をみたすように定める．このとき，ミンコフスキーの凸体定理（定理 1.9）より，O_K の 0 でない元 α で $\alpha \in S_t$ となるものが存在する．

S_t の定義より $\alpha \in S_t$ は $\sum_{\sigma\in K(\mathbb{C})}|\sigma(\alpha)| < t$ を意味する．また，$\alpha \in O_K$ より $N_{K/\mathbb{Q}}(\alpha) \in \mathbb{Z}$ である．したがって，相加相乗平均の関係より，

$$\begin{aligned} 1 \le |N_{K/\mathbb{Q}}(\alpha)| &= \prod_{\sigma\in K(\mathbb{C})}|\sigma(\alpha)| \le \left(\frac{1}{n}\sum_{\sigma\in K(\mathbb{C})}|\sigma(\alpha)|\right)^n \\ &< \frac{t^n}{n^n} = \frac{1}{n^n}\frac{n!}{2^{r_1}\pi^{r_2}}\left(2^n\sqrt{|D_{K/\mathbb{Q}}|} + \epsilon\right). \end{aligned}$$

ここで，ϵ は任意の正の数だったので，結論を得る． □

注意 1.15.

$$f(n) = \left(\frac{\pi}{4}\right)^n \frac{n^{2n}}{(n!)^2}$$

とおく．$2r_2 \le n$, $\pi/4 < 1$ より，$|D_{K/\mathbb{Q}}| \ge f(n)$ である．

$$\frac{f(n+1)}{f(n)} = \left(\frac{\pi}{4}\right)\left(1+\frac{1}{n}\right)^{2n} \ge \pi > 1$$

なので，$f(n) \ge \pi^n/4$ となる．これから，$K \ne \mathbb{Q}$ ならば $|D_{K/\mathbb{Q}}| > 1$ となることがわかる．また，

$$n \le \frac{\log(4|D_{K/\mathbb{Q}}|)}{\log(\pi)}$$

となり，拡大次数 $n = [K:\mathbb{Q}]$ は判別式 $|D_{K/\mathbb{Q}}|$ のみによる定数でおさえられることがわかる．

1.6 拡大体と分岐指数

K を代数体とし，O_K を K の整数環とする．K' を K の有限次拡大体

とし，$O_{K'}$ を K' の整数環とする．P を O_K の 0 でない素イデアルとし，$PO_{K'} = P_1'^{e_1} \cdots P_r'^{e_r}$ を，$PO_{K'}$ の素イデアル分解とする．f_i を P と P_i' の間の剰余体の拡大次数，すなわち，$f_i = [O_{K'}/P_i' : O_K/P]$ とする．e_i を拡大体 K'/K の P_i' における**分岐指数** (ramification index)，f_i を拡大体 K'/K の P_i' における**剰余次数** (residue degree) とよぶ．

$e_i = 1$ のとき P_i' は K 上 **不分岐** (unramified) であるという．$e_i \geq 2$ のとき P_i' は K 上 **分岐** (ramified) するという．P が**不分岐** (unramified) であるとは，$P_1', \ldots, P_r'$ がいずれも不分岐のとき（すなわち，$e_1 = \cdots = e_r = 1$ が成り立つとき）にいう．

補題 1.16. $[K' : K] = e_1 f_1 + \cdots + e_r f_r$ が成り立つ．

証明: $(O_K)_P$ は単項イデアル整域であるから，$(O_{K'})_P$ は $(O_K)_P$ 加群として階数が $[K' : K]$ の自由加群である．よって，

$$\begin{aligned}\dim_{O_K/P} O_{K'}/PO_{K'} &= \dim_{O_K/P} (O_{K'})_P/P(O_{K'})_P \\ &= \dim_{O_K/P} ((O_K)_P/P(O_K)_P) \otimes_{(O_K)_P} (O_{K'})_P \\ &= [K' : K]\end{aligned}$$

である．したがって $a = \#(O_K/P)$ とすると，$[K' : K] = \log_a \#(O_{K'}/PO_{K'})$ である．ゆえに，補題 1.8 を用いて，

$$[K' : K] = \log_a \#(O_{K'}/PO_{K'}) = \sum_{i=1}^{r} e_i \log_a \#(O_{K'}/P_i') = \sum_{i=1}^{r} e_i f_i$$

を得る． □

本節の後半では，判別式と素イデアルの分岐・不分岐との関係を述べる．

式 (1.4) のように，$(\, , \,)_{\mathrm{Tr}_{K/\mathbb{Q}}} : K \times K \to \mathbb{Q}$ をトレース形式とし，分数イデアル $\mathcal{M}$ を

$$\mathcal{M} = \{x \in K \mid \text{任意の } y \in O_K \text{ に対して，} (x, y)_{\mathrm{Tr}_{K/\mathbb{Q}}} \in \mathbb{Z}\}$$

で定義する．O_K の整数底 $\{\omega_1, \ldots, \omega_n\}$ をとって，トレース形式 $(\, , \,)_{\mathrm{Tr}_{K/\mathbb{Q}}}$ に関する双対底を $\{\beta_1, \ldots, \beta_n\}$ とすれば，$\mathcal{M} = \mathbb{Z}\beta_1 + \cdots + \mathbb{Z}\beta_n$ である．

$\mathcal{D}_K = \mathcal{M}^{-1}$ とおいて，$\mathcal{D}_K$ を K の**共役差積** (difference) とよぶ．$O_K \subseteq \mathcal{M}$ であるから，$\mathcal{D}_K \subseteq O_K$ となる．したがって，$\mathcal{D}_K$ は O_K のイデアルである．$\#(O_K/\mathcal{D}_K) = |D_{K/\mathbb{Q}}|$ も容易に確かめられる[4)]．

$\alpha \in O_K$ に対して，$f(X) \in \mathbb{Z}[X]$ を α の $\mathbb{Q}$ 上の最小多項式とする．$f(X)$ は最高次の係数が 1 の多項式である．ここで，

$$\delta_{K/\mathbb{Q}}(\alpha) = \begin{cases} f'(\alpha) & (K = \mathbb{Q}(\alpha) \text{ のとき}) \\ 0 & (K \neq \mathbb{Q}(\alpha) \text{ のとき}) \end{cases}$$

とおく．

共役差積と素数の分岐・不分岐に関する定理を述べよう．

補題 1.17. K を代数体，O_K を K の整数環とする．

(1) $\mathcal{D}_K$ は $\{\delta_{K/\mathbb{Q}}(\alpha)\}_{\alpha \in O_K}$ で生成されるイデアルである．

(2) O_K の 0 でない素イデアル P に対して，P が $\mathbb{Q}$ 上分岐することと，P が $\mathcal{D}_K$ の素イデアル分解に表れることは同値である．

(3) $p \in \mathbb{Z}$ を素数とし，$pO_K = P_1^{e_1} \cdots P_r^{e_r}$ とおく．このとき，

$$\mathrm{ord}_{P_i}(\mathcal{D}_K) \leq e_i - 1 + \mathrm{ord}_{P_i}(e_i)$$

が成立する[5)]．

補題 1.17 の証明は, [14, 第 III 章, 定理 (2.5), (2.6)] などを参照してほしい．

---

4)実際，$\#(O_K/\mathcal{D}_K) = \#(\mathcal{M}/O_K)$ なので，$\#(\mathcal{M}/O_K) = |D_{K/\mathbb{Q}}|$ を示せばよい．$\omega_j = \sum_{l=1}^{n} c_{lj}\beta_l$ $(c_{lj} \in \mathbb{Z})$ とおくと，単因子論より $\#(\mathcal{M}/O_K) = |\det(c_{lj})|$ である．一方，$(\omega_i, \omega_j)_{\mathrm{Tr}_{K/\mathbb{Q}}} = \sum_{l=1}^{n} c_{lj}(\omega_i, \beta_l)_{\mathrm{Tr}_{K/\mathbb{Q}}} = c_{ij}$ であるから，$|\det(c_{ij})| = |\det((\omega_i, \omega_j)_{\mathrm{Tr}_{K/\mathbb{Q}}})| = |D_{K/\mathbb{Q}}|$ となる．以上をまとめて，$\#(O_K/\mathcal{D}_K) = |D_{K/\mathbb{Q}}|$ を得る．

5) K の分数イデアル I と O_K の 0 でない素イデアル P に対して，$\mathrm{ord}_P(I)$ を以下のように定める．I の P での局所化 I_P は，ある整数 a が存在して，$I_P = t_P^a (O_K)_P$ と書ける．ここで t_P は $(O_K)_P$ の局所パラメターである．この a を $\mathrm{ord}_P(I)$ で表す．$\mathrm{ord}_{P_i}(e_i)$ は O_K のイデアル e_iO_K に対する $\mathrm{ord}_{P_i}(e_iO_K)$ として定める．(1.9) の記法では，$\mathrm{ord}_{P_i}(e_i) = \mathrm{ord}_{(O_K)_P}(e_i)$ である．

定理 1.18. K を代数体，O_K を K の整数環，$D_{K/\mathbb{Q}}$ を K の $\mathbb{Q}$ 上の判別式とする．今，S を $\mathbb{Z}$ の素数からなる有限集合で，O_K は，$\mathbb{Z}$ 上 S の外で不分岐で，$n = [K : \mathbb{Q}]$ であるとする． このとき，

$$|D_{K/\mathbb{Q}}| \le \prod_{p \in S} p^{n-1+n\log_p(n)}$$

が成立する．

証明: $p \in S$ とし，$pO_K = P_1^{e_1} \cdots P_r^{e_r}$ を pO_K の O_K での素イデアル分解とする．$f_i = [O_K/P_i : \mathbb{Z}/p\mathbb{Z}]$ を，拡大体 $K/\mathbb{Q}$ の P_i における剰余次数とする．このとき，$\mathrm{ord}_{P_i}(e_i) = e_i \,\mathrm{ord}_p(e_i)$ であるので，補題 1.17 の (3) を用いて，

$$\begin{aligned}\log_p\left(\#\left((O_K)_p/(\mathcal{D}_K)_p\right)\right) &= \sum_i \mathrm{ord}_{P_i}(\mathcal{D}_K) f_i \\ &\le \sum_i (e_i - 1 + e_i \,\mathrm{ord}_p(e_i)) f_i\end{aligned}$$

となる．ここで，$p^{\mathrm{ord}_p(e_i)} \le e_i \le n$ であるので，$\mathrm{ord}_p(e_i) \le \log_p(n)$ である．よって，補題 1.16 の $\sum_i e_i f_i = n$ を用いて，

$$\begin{aligned}\log_p\left(\#\left((O_K)_p/(\mathcal{D}_K)_p\right)\right) &\le \sum_i (e_i - 1 + e_i \log_p(n)) f_i \\ &= n - r + n\log_p(n) \le n - 1 + n\log_p(n)\end{aligned}$$

となる．したがって，$\#(O_K/\mathcal{D}_K) = \prod_{p \in S} \#\left((O_K)_p/(\mathcal{D}_K)_p\right)$ であるので，定理が証明できた． □

第 2 章
有理点の高さの理論

本章では，ディオファントス幾何の基本的道具である有理点の高さの理論についての解説をする．特に，ノースコットの定理と最終節で証明するモーデル-ヴェイユの定理は，ディオファントス幾何の最も基本的な定理である．

2.1　代数体の絶対値

本節では，代数体の絶対値について述べる．F を体とする．写像 $|\cdot| : F \to \mathbb{R}$ が，次の条件をみたすとき F の**絶対値** (absolute value) または**乗法的付値** (multiplicative valuation) という．

(1) 任意の $x \in F$ に対し，$|x| \geq 0$ であり，$|x| = 0$ と $x = 0$ は同値である．
(2) 任意の $x, y \in F$ に対し，$|xy| = |x||y|$ が成り立つ．
(3) 任意の $x, y \in F$ に対し，三角不等式 $|x + y| \leq |x| + |y|$ が成り立つ．

条件 (3) の代わりに，強い三角不等式

(4) 任意の $x, y \in F$ に対し，$|x + y| \leq \max\{|x|, |y|\}$

をみたすとき，絶対値 $|\cdot|$ は**非アルキメデス的** (non-Archimedean) であるといい，そうでないとき，**アルキメデス的** (Archimedean) であるという．

任意の体は,

$$|x| = \begin{cases} 1 & (x \neq 0 \text{ のとき}) \\ 0 & (x = 0 \text{ のとき}) \end{cases}$$

で定まる 非アルキメデス的な絶対値をもつ. これを自明な絶対値という.

$|\cdot|_1$, $|\cdot|_2$ を 2 つの絶対値とする. ある正の数 c が存在して, $|\cdot|_1 = |\cdot|_2^c$ となるとき, $|\cdot|_1$ と $|\cdot|_2$ は同値な絶対値であるという.

$\mathbb{Q}$ の非アルキメデス的な絶対値の例を挙げよう. $p \in \mathbb{Z}$ を素数とする. $\mathbb{Q}$ の 0 でない元 x に対して,

$$x = p^a \frac{n}{m} \qquad (m, n \text{ は } p \text{ で割り切れない整数})$$

と表し, $|x|_p = p^{-a}$ と定める. また, $|0|_p = 0$ と定める. このとき, $|\cdot|_p$ は $\mathbb{Q}$ の非アルキメデス的な絶対値になる.

また, $\mathbb{Q}$ の通常の絶対値

$$|x| = \begin{cases} x & (x \geq 0 \text{ のとき}) \\ -x & (x < 0 \text{ のとき}) \end{cases}$$

は $\mathbb{Q}$ のアルキメデス的な絶対値である.

さて, K を代数体とする. $\mathbb{Q}$ の非アルキメデス的な絶対値の構成と同様に, K の非アルキメデス的な絶対値を構成しよう. O_K を K の整数環とする. さらに, P を O_K の 0 でない素イデアルとする. 補題 1.7 より, O_K の P での局所化は離散的付値環であるので, ある $t_P \in (O_K)_P$ が存在して, $P(O_K)_P = t_P(O_K)_P$ となる. したがって, 式 (1.9) でも述べたように, 任意の 0 でない $x \in K$ に対して, ある整数 a と $u \in (O_K)_P^\times$ が存在して $x = t_P^a \cdot u$ となる. 整数 a を $\mathrm{ord}_P(x)$ で表す ((1.9) の記法では, $\mathrm{ord}_P(x) = \mathrm{ord}_{(O_K)_P}(x)$). そこで,

$$|x|_P = \#\,(O_K/P)^{-\,\mathrm{ord}_P(x)}$$

とおくと, これは非アルキメデス的な絶対値となる. この絶対値を P での**正規化された絶対値** (normalized absolute value) とよぶ.

今度は, $\mathbb{Q}$ のアルキメデス的な絶対値の構成と同様に, K のアルキメデス的な絶対値を構成しよう. 式 (1.7) で述べたように, K の $\mathbb{C}$ 値点全体の集合を

$$K(\mathbb{C}) = \{\sigma \mid \sigma : K \hookrightarrow \mathbb{C} \text{ は体の埋め込み }\}$$

とおけば，$\#(K(\mathbb{C})) = [K : \mathbb{Q}]$ である．各 $\sigma \in K(\mathbb{C})$ に対して，$|x|_\sigma$ を $\sigma(x)$ の複素数としての絶対値，つまり，

$$|x|_\sigma = \sqrt{\sigma(x)\overline{\sigma(x)}}$$

とすると，K のアルキメデス的な絶対値となる．

代数体 K の自明でない絶対値は，同値な絶対値の差を除くと上の例で挙げたもので尽きる．すなわち次の，オストロフスキーの定理 (Ostrowski's theorem) が成立する．

定理 2.1. 代数体 K の自明でない絶対値は，O_K の 0 でない素イデアル P から定まる $|\cdot|_P$ か，K の $\mathbb{C}$ への体の埋め込み σ から定まる $|\cdot|_\sigma$ のいずれかと同値である．

定理 2.1 は以下では使わないので，証明は省略する（証明は，例えば, [14, 第 II 章, 定理 (4.2)] を参照）．

K を代数体，O_K を K の整数環とし，$\mathrm{Spec}(O_K)$ で O_K の素イデアル全体のなす集合を表す．以下，

$$M_K = (\mathrm{Spec}(O_K) \setminus \{(0)\}) \amalg K(\mathbb{C})$$

とおき，$v \in M_K$ に対して，

$$|\cdot|_v = \begin{cases} |\cdot|_P & (v = P \in \mathrm{Spec}(O_K) \setminus \{(0)\} \text{ のとき}) \\ |\cdot|_\sigma & (v = \sigma \in K(\mathbb{C}) \text{ のとき}) \end{cases}$$

と定める．以下，M_K の元を K の**素点** (place) とよぶ．素点 v は対応する絶対値 $|\cdot|_v$ がアルキメデス的，非アルキメデス的であるとき，それぞれアルキメデス的，非アルキメデス的であるという．アルキメデス的素点は無限素点，非アルキメデス的素点は有限素点 ともよばれることがあり，無限素点全体を M_K^∞， 有限素点全体を M_K^{fin} と表す．

注意 2.2. $\sigma \in K(\mathbb{C})$ は $\sigma(K) \not\subset \mathbb{R}$ をみたすとする．このとき，$\bar{\sigma}(x) = \overline{\sigma(x)}$ と定めると $\bar{\sigma} \in K(\mathbb{C})$ となる．このとき，対応する絶対値は $|\cdot|_\sigma = |\cdot|_{\bar{\sigma}}$ となるが，記法の便利さのため，素点としてはこれらを区別することにする．

2.2 積 公 式

本節では，いわゆる積公式 (product formula) を証明する．これは，コンパクトなリーマン面の有理型関数の主因子の次数が 0 になるということの数論的な類似であり，次節で射影空間の点の高さを定義するときに必要となる公式である．

定理 2.3 (積公式)．任意の $x \in K \setminus \{0\}$ に対して，$\prod_{v \in M_K} |x|_v = 1$ が成立する．

証明: $x \in K \setminus \{0\}$ に対して，$x = x_1/x_2$ となる $x_1, x_2 \in O_K \setminus \{0\}$ が存在することに注意すれば，$x \in O_K \setminus \{0\}$ と仮定して証明すれば十分である．

$x, y \in K$ に対して，$\langle x, y \rangle_K = \sum_{\sigma \in K(\mathbb{C})} \sigma(x)\overline{\sigma}(y)$ とおくと，命題 1.11 でみたように，$\langle\ ,\ \rangle_K$ は $\mathbb{R}$ 上のベクトル空間 $V = K \otimes_{\mathbb{Q}} \mathbb{R}$ の内積に拡張する．さらに，補題 1.12 より O_K は V の格子である．

$n = [K : \mathbb{Q}]$ とおく．$\{\omega_1, \ldots, \omega_n\}$ を O_K の整数底とする．このとき，$\{x\omega_1, \ldots, x\omega_n\}$ は，V の基底である．したがって，補題 1.10 により，

$$\sqrt{\det(\langle x\omega_i, x\omega_j \rangle_K)} = \mathrm{vol}(O_K, \langle\ ,\ \rangle_K)\,\#\left(\frac{O_K}{\mathbb{Z}x\omega_1 + \cdots + \mathbb{Z}x\omega_n}\right)$$

を得る．ここで，$\mathbb{Z}x\omega_1 + \cdots + \mathbb{Z}x\omega_n = xO_K$ であるから，

$$\sqrt{\det(\langle x\omega_i, x\omega_j \rangle_K)} = \mathrm{vol}(O_K, \langle\ ,\ \rangle_K)\,\#\,(O_K/xO_K)$$

が導かれる．したがって，次の 2 つの式を示せば十分である．

$$\det(\langle x\omega_i, x\omega_j \rangle_K) = \mathrm{vol}(O_K, \langle\ ,\ \rangle_K)^2 \cdot \prod_{\sigma \in K(\mathbb{C})} |x|_\sigma^2. \tag{2.1}$$

$$\#\,(O_K/xO_K) \cdot \prod_{P \in \mathrm{Spec}(O_K) \setminus \{(0)\}} |x|_P = 1. \tag{2.2}$$

まず，式 (2.1) を示そう．$K(\mathbb{C}) = \{\sigma_1, \ldots, \sigma_n\}$ とおく．このとき，

$$\langle x\omega_i, x\omega_j\rangle_K = \sum_{k=1}^{n} \sigma_k(x\omega_i)\cdot\bar{\sigma}_k(x\omega_j) = \sum_{k=1}^{n} |x|_{\sigma_k}^2 \sigma_k(\omega_i)\cdot\bar{\sigma}_k(\omega_j)$$

である．ゆえに，$\Delta = (\sigma_i(\omega_j))$ とおくと，

$$(\langle x\omega_i, x\omega_j\rangle_K) = {}^t\Delta \begin{pmatrix} |x|_{\sigma_1}^2 & & 0 \\ & \ddots & \\ 0 & & |x|_{\sigma_n}^2 \end{pmatrix} \overline{\Delta}$$

である．$\mathrm{vol}(O_K, \langle\ ,\ \rangle_K)^2 = |\det(\Delta)|^2$ だから（補題 1.12 参照），式 (2.1) が示せた．

式 (2.2) は補題 1.8 の帰結である．というのは，$xO_K = P_1^{e_1}\cdots P_r^{e_r}$ を xO_K の素イデアル分解とすると，

$$\mathrm{ord}_P(x) = \begin{cases} e_i & (P = P_i \text{ のとき}) \\ 0 & (P \notin \{P_1, \ldots, P_r\} \text{ のとき}) \end{cases}$$

であるからである． □

注意 2.4. 積公式（定理 2.3）は積の形より，log をとった

$$\sum_{v\in M_K} \log(|x|_v) = 0$$

という形で利用されることが多い．この形で表すと，積公式が，コンパクトなリーマン面の有理型関数の主因子の次数が 0 になることの類似であることが理解できる．

2.3 ベクトルと射影空間の点の高さ

本節では，ベクトルと射影空間の点の高さを定義し，その簡単な性質を調べる．K を代数体とし，$x = (x_1, \ldots, x_n) \in K^n$ とする．$x \neq 0$ のとき，x の高さ（height; 正確には x の対数的高さ）を

$$h_K(x) = \frac{1}{[K:\mathbb{Q}]} \sum_{v\in M_K} \log\left(\max_{1\le i\le n}\{|x_i|_v\}\right)$$

で定義する．さらに，類似物として，

$$h_K^+(x) = \frac{1}{[K:\mathbb{Q}]} \sum_{v \in M_K} \log^+ \left(\max_{1 \le i \le n} \{|x_i|_v\} \right)$$

を定義しておく．ここで，$\log^+ : [0, \infty) \to \mathbb{R}$ は，

$$\log^+(a) = \begin{cases} 0 & (a < 1 \text{ のとき}) \\ \log(a) & (a \ge 1 \text{ のとき}) \end{cases}$$

で定義される連続関数である．$\log^+$ の性質として，$a, b \ge 0$ のとき，

$$\log^+(ab) \le \log^+(a) + \log^+(b)$$

が成り立つことを注意しておく．さらに，h_K^+ の注意として，h_K^+ は成分がすべて 0 であるベクトルに対しても定義されており，$h_K^+(0, \ldots, 0) = 0$ である．もう一つ，h_K と h_K^+ には，

$$h_K^+(x_1, \ldots, x_n) = h_K(1, x_1, \ldots, x_n)$$

という関係があり，これは幾何学的にはアファイン空間の点の高さを射影空間の点の高さとしてみるという意味がある．話を進める上での高さの基本的性質として次がある．

命題 2.5. (1) K' を K の有限次拡大体とする．x を 0 でない K^n のベクトルとする．このとき，x の K^n のベクトルとしての高さと K'^n のベクトルとしての高さは一致する．つまり，$h_K(x) = h_{K'}(x)$ である．

(2) h_K はスカラー倍について不変である．つまり，0 でない K の元 a と 0 でないベクトル $x \in K^n$ について，$h_K(ax) = h_K(x)$ である．

(3) 0 でないベクトル $x \in K^n$ について，$h_K(x) \ge 0$ である．

(4) $a \in K \setminus \{0\}$ と $n \in \mathbb{Z}$ について，$h_K^+(a^n) = |n| h_K^+(a)$ である．

(5) $x = (x_1, \ldots, x_n) \in O_K^n \setminus \{0\}$ のとき，

$$h_K(x) \le \sum_{\sigma \in K(\mathbb{C})} \log \left(\max_{1 \le i \le n} \{|x_i|_\sigma\} \right)$$

である．

命題 2.5 の (1) により，$x \in \overline{\mathbb{Q}}^n \setminus \{0\}$ に対して，$x \in K^n$ となる代数体 K をとると，$h_K(x)$ は K の取り方によらない．そこで，以下では，体への参照をはずして x の高さを $h(x)$ と表すことにする．つまり，高さ関数

$$h : \overline{\mathbb{Q}}^n \setminus \{0\} \to \mathbb{R}$$

が決まったわけである．さらに，(2) から，$x \in \mathbb{P}^{n-1}(\overline{\mathbb{Q}})$ に対して，x の斉次座標の代表元の取り方によらず $h(x)$ が定まることわかる．$h(x)$ を射影空間の点 x の**高さ** (height) という．したがって，h は射影空間 $\mathbb{P}^{n-1}$ の高さ関数

$$h : \mathbb{P}^{n-1}(\overline{\mathbb{Q}}) \to \mathbb{R}$$

を定めることがわかる．

命題 2.5 の証明: $x \in K$ とする．P を O_K の素イデアルとして，$PO_{K'} = {P'_1}^{e_1} \cdots {P'_r}^{e_r}$ を $PO_{K'}$ の素イデアル分解とする．$a = \mathrm{ord}_P(x)$ とおくと，$\mathrm{ord}_{P'_i}(x) = ae_i$ である．ゆえに，$f_i = [O_{K'}/P'_i : O_K/P]$ とすると，

$$\begin{aligned}
|x|_{P'_1} \cdots |x|_{P'_r} &= \#(O_{K'}/P'_1)^{-\mathrm{ord}_{P'_1}(x)} \cdots \#(O_{K'}/P'_r)^{-\mathrm{ord}_{P'_r}(x)} \\
&= \#(O_K/P)^{-f_1 \mathrm{ord}_{P'_1}(x) - \cdots - f_r \mathrm{ord}_{P'_r}(x)} \\
&= \#(O_K/P)^{-(e_1 f_1 + \cdots + e_r f_r)a}
\end{aligned}$$

となり，補題 1.16 より，

$$|x|_{P'_1} \cdots |x|_{P'_r} = |x|_P^{[K':K]} \tag{2.3}$$

を得る．一方，$\sigma \in K(\mathbb{C})$ に対して，

$$K'(\mathbb{C})_\sigma = \{\sigma' \in K'(\mathbb{C}) \mid \sigma'|_K = \sigma\}$$

とおく．このとき，$\#(K'(\mathbb{C})_\sigma) = [K' : K]$ であるので，

$$\prod_{\sigma' \in K'(\mathbb{C})_\sigma} |x|_{\sigma'} = |x|_\sigma^{[K':K]} \tag{2.4}$$

を得る．(1) は，式 (2.3) と式 (2.4) の帰結である．

次に (2) について考えよう．高さの定義により，

$$h_K(ax) = \frac{1}{[K:\mathbb{Q}]}\sum_v \log(|a|_v) + h_K(x)$$

である．一方，積公式（定理 2.3）より，

$$\sum_v \log(|a|_v) = 0$$

である．よって (2) を得る．

(3) $x = (x_1, \ldots, x_n)$ とおくと，x は 0 でないので，ある i について $x_i \neq 0$ である．$y_j = x_j/x_i$ $(j = 1, \ldots, n)$，$y = (y_1, \ldots, y_n)$ とおく．このとき，$y_i = 1$ であり，$x = x_i y$ となる．よって，(2) より，$h_K(x) = h_K(y)$ である．一方，$y_i = 1$ であるので，$\max_{1\le j\le n}\{|y_j|_v\} \ge 1$ となる．ゆえに，(3) を得る．

(4) $n \ge 0$ の場合は $\log^+(\alpha^n) = n\log^+(\alpha)$ $(\alpha > 0)$ であるので，自明である．$n < 0$ と仮定する．このとき，(2) と $n \ge 0$ の場合を用いて，

$$\begin{aligned} h_K^+(a^n) &= h_K(1, a^n) = h_K(a^n(a^{-n}, 1)) = h_K(a^{-n}, 1) \\ &= h_K^+(a^{-n}) = (-n)h_K^+(a) = |n|h_K^+(a) \end{aligned}$$

であり，(4) が示せた．

(5) $a \in O_K$ のとき．v が非アルキメデス的であれば $|a|_v \le 1$ となる．したがって (5) がしたがう． □

ここで，後で必要となる幾つかの高さの性質を示しておこう．

命題 2.6. (1) ベクトル $x = (x_i) \in \overline{\mathbb{Q}}^n \setminus \{0\}$ と $y = (y_j) \in \overline{\mathbb{Q}}^m \setminus \{0\}$ に対して，$x \otimes y \in \overline{\mathbb{Q}}^{nm} \setminus \{0\}$ を成分が $x_i y_j$ であるベクトルとする．すなわち，$x \otimes y = (x_i y_j)_{1\le i\le n, 1\le j\le m}$ である．このとき，$h(x\otimes y) = h(x) + h(y)$ となる．特に，$h(x^{\otimes m}) = mh(x)$ である．

(2) $\phi : \overline{\mathbb{Q}}^n \to \overline{\mathbb{Q}}^m$ を $\overline{\mathbb{Q}}$ 上の線形写像とする．このとき，ϕ のみによる定数 C が存在して，$\phi(x) \neq 0$ となる任意の $x \in \overline{\mathbb{Q}}^n \setminus \{0\}$ に対して，

$$h(\phi(x)) \le h(x) + C$$

が成立する．

(3) $\phi : \overline{\mathbb{Q}}^n \to \overline{\mathbb{Q}}^n$ を $\overline{\mathbb{Q}}$ 上の同型な線形写像とする．このとき，ϕ のみによる定数 C が存在して，任意の $x \in \overline{\mathbb{Q}}^n \setminus \{0\}$ に対して，

$$|h(x) - h(\phi(x))| \leq C$$

が成立する．

証明: (1) $x_i, y_j \in K$ となる代数体 K をとる．$v \in M_K$ に対して，

$$\max_{i,j}\{|x_i y_j|_v\} = \max_i\{|x_i|_v\} \max_j\{|y_j|_v\}$$

であるので，(1) が成り立つ．

(2) 標準基底に関する ϕ の表現行列を $(a_{ij}) \in M(m, n; \overline{\mathbb{Q}})$ とする．$\phi(x) \neq 0$ であるので，$(a_{ij}) \neq 0$ である．$C = h((a_{ij})) + \log(n)$ とおき，

$$h(\phi(x)) \leq h(x) + C$$

がすべての $x \in \overline{\mathbb{Q}}^n$ で成立することをみる．このために，$a_{ij} \in K$，$x \in K^n$ となる代数体 K をとる．$x = {}^t(x_1, \ldots, x_n)$ とおくと，$\phi(x)$ の i 成分は，$\sum_k a_{ik} x_k$ である．ここで，

$$\left|\sum_k a_{ik} x_k\right|_v \leq \begin{cases} \max_{i,j}\{|a_{ij}|_v\} \max_i\{|x_i|_v\} & (v \in M_K^{\mathrm{fin}} \text{ のとき}) \\ n \max_{i,j}\{|a_{ij}|_v\} \max_i\{|x_i|_v\} & (v \in M_K^{\infty} \text{ のとき}) \end{cases}$$

である．したがって，$h(\phi(x)) \leq h(x) + C$ を得る．

(3) ϕ の逆写像 ϕ^{-1} の表現行列を $(b_{ij}) \in \mathrm{GL}(n, \overline{\mathbb{Q}})$ とし，$C' = h((b_{ij})) + \log(n)$ とおけば，(2) より，

$$h(\phi^{-1}(x)) \leq h(x) + C'$$

がすべての $x \in \overline{\mathbb{Q}}^n$ で成立する．ここで，x の代わりに $\phi(x)$ を用いると

$$h(x) \leq h(\phi(x)) + C'$$

となる．ゆえに (2) の C を $\max\{C, C'\}$ で置き直して，$|h(x) - h(\phi(x))| \leq C$ を得る． □

命題 2.6 の (3) は重要な意味をもっている．高さの定義からもわかるように，座標の取り方によっている．別のいい方をすれば，高さは座標変換で不変ではない．これは，この節で与えた高さの定義が（初等的だが）あまりいいものではないことを示唆しており，実際，**素朴な高さ** (naive height) ともよばれている．もっと良い高さの定義を考えることは数論幾何の重要なテーマの一つである．あとの節で，アーベル多様体上ではネロン-テイトの高さとよばれる自然な高さが定義されることを示す．いずれにせよ素朴な高さは座標変換で不変ではないが，座標変換した場合，差は高々有界関数であることを命題 2.6 の (3) は示している．

2.4　直線束に付随した高さ関数

本節では，前節の高さ関数をさらに一般化して，直線束に付随した高さ関数を定義する．前節でも注意したように素朴な高さが座標変換で不変でないことが，直線束に付随した高さ関数が有界関数を法にして一意的に定まるという曖昧さに影を落としている．

$\mathbb{P}^n$ の $\overline{\mathbb{Q}}$ 上の線形部分空間 Δ を中心とする射影を復習しておく．内在的な定義もあるのだが，ここでは，直接的な定義を与える．$0 \leq m < n$ となる整数 m を与え，次元 $n-m-1$ である $\mathbb{P}^n(\overline{\mathbb{Q}})$ の線形部分空間 Δ を一つ固定す

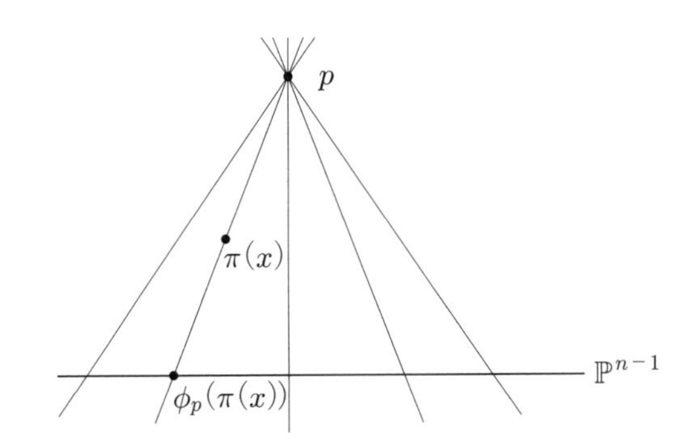

図 2.1　$\phi_p : \mathbb{P}^n(\overline{\mathbb{Q}}) \setminus \{p\} \to \mathbb{P}^{n-1}(\overline{\mathbb{Q}})$（$\Delta$ が 1 点 p のとき）．

る．$\pi : \overline{\mathbb{Q}}^{n+1} \setminus \{0\} \to \mathbb{P}^n(\overline{\mathbb{Q}})$ を自然な写像とし，$\overline{\mathbb{Q}}^{n+1}$ の基底 $\omega_0, \ldots, \omega_n$ で，$\omega_{m+1}, \ldots, \omega_n$ が $\overline{\mathbb{Q}}^{n+1}$ の線形部分空間 $\pi^{-1}(\Delta) \cup \{0\}$ の基底を与えるようなものをとる．また，$\omega_0^\vee, \ldots, \omega_n^\vee$ を $\omega_0, \ldots, \omega_n$ の双対基底とする．このとき，

$$\Delta = \{\pi(x) \mid x \in \overline{\mathbb{Q}}^{n+1} \setminus \{0\},\ \omega_0^\vee(x) = \cdots = \omega_m^\vee(x) = 0\}$$

であることに注意する．さて，Δ を中心とする射影

$$\phi_\Delta : \mathbb{P}^n(\mathbb{Q}) \setminus \Delta \to \mathbb{P}^m(\overline{\mathbb{Q}})$$

は，$x \in \overline{\mathbb{Q}}^{n+1} \setminus (\pi^{-1}(\Delta) \cup \{0\})$ に対して，

$$\phi_\Delta(\pi(x)) = (\omega_0^\vee(x) : \cdots : \omega_m^\vee(x)) \tag{2.5}$$

で定義される．$\omega_0, \ldots, \omega_n$ の取り方は Δ によって一意的に定まらないので，Δ を中心とする射影 ϕ_Δ は $\omega_0, \ldots, \omega_n$ の選び方による．これが直接的定義の欠点である．詳しくは論じないが内在的定義についても触れておく．$\mathbb{P}^n(\overline{\mathbb{Q}})$ の Δ を含む次元が $n-m$ である線形部分空間全体を $\mathbb{P}^n(\overline{\mathbb{Q}})_\Delta$ で表す．このとき，$\phi_\Delta : \mathbb{P}^n(\overline{\mathbb{Q}}) \to \mathbb{P}^n(\overline{\mathbb{Q}})_\Delta$ は，$x \in \mathbb{P}^n(\overline{\mathbb{Q}}) \setminus \Delta$ に対して，x を通る $\mathbb{P}^n(\overline{\mathbb{Q}})_\Delta$ の元を対応させることで定義される．しかしながら，$\mathbb{P}^n(\overline{\mathbb{Q}})_\Delta$ が $\mathbb{P}^m(\overline{\mathbb{Q}})$ と同型であることを示すためには，基底 $\omega_0. \ldots, \omega_n$ が必要になる．

補題 2.7. X を $\mathbb{P}^n$ に埋め込まれた $\overline{\mathbb{Q}}$ 上の射影代数多様体とする．$X(\overline{\mathbb{Q}})$ と交わらない $\mathbb{P}^n(\overline{\mathbb{Q}})$ の線形部分空間 Δ を中心とした射影 $\phi_\Delta : \mathbb{P}^n(\overline{\mathbb{Q}}) \setminus \Delta \to \mathbb{P}^m(\overline{\mathbb{Q}})$ が導く射 $X(\overline{\mathbb{Q}}) \to \mathbb{P}^m(\overline{\mathbb{Q}})$ を ϕ とする．このとき，ある定数 C が存在して，

$$|h(x) - h(\phi(x))| \leq C$$

がすべての $x \in X(\overline{\mathbb{Q}})$ で成立する．

証明: 命題 2.6 の (3) を用いることにより，座標変換を施して，$\overline{\mathbb{Q}}^{n+1}$ の基底 $\omega_0, \ldots, \omega_n$ は標準基底 $e_1, \ldots, e_{n+1}$ であると仮定してよい．このとき ϕ_Δ は $(x_0 : \cdots : x_n) \mapsto (x_0 : \ldots : x_m)$ で与えられる．$\psi_t : \mathbb{P}^t(\overline{\mathbb{Q}}) \dashrightarrow \mathbb{P}^{t-1}(\overline{\mathbb{Q}})$ を $\psi_t(x_0 : \cdots : x_t) = (x_0 : \cdots : x_{t-1})$ で定めると $\phi_\Delta = \psi_{m+1} \circ \cdots \circ \psi_n$ である．したがって，与えられている射影は，$P = (0 : \cdots : 0 : 1)$ を中心とした射影，すなわち，

$$(x_0 : \cdots : x_n) \mapsto (x_0 : \cdots : x_{n-1})$$

によって定まる射影について考えれば十分である．

負でない整数の列 $I = (i_0, \ldots, i_n)$ に対して，$\boldsymbol{X}^I = X_0^{i_0} \cdots X_n^{i_n}$，$|I| = i_0 + \cdots + i_n$ と表すことにする．$P \notin X$ であるので X の定義方程式の中に $F(0, \ldots, 0, 1) \neq 0$ となる同次多項式が存在する．F の次数を d とすると，F は定数倍を調整して

$$F = X_n^d - \sum_{\substack{|I|=d, \\ I \neq (0,\ldots,0,d)}} a_I \boldsymbol{X}^I$$

と書ける．ここで，$C = h^+((a_I)) + \log\left(\binom{n+d}{n} - 1\right)$ とおき，

$$h\left((x^I)_{|I|=d}\right) \leq h\left((x^I)_{\substack{|I|=d, \\ I \neq (0,\ldots,0,d)}}\right) + C$$

がすべての $x \in X(\overline{\mathbb{Q}})$ で成立することを示そう．ただし，$x = (x_0 : \cdots : x_n) \in X(\overline{\mathbb{Q}}) \subset \mathbb{P}^n(\overline{\mathbb{Q}})$ に対して，$x^I = x_0^{i_0} \cdots x_n^{i_n}$ である．このために，ある代数体 K をとって，$a_I \in K$，$x \in X(K)$ として調べれば十分である．$x_n^d = \sum_{I \neq (0,\ldots,0,d)} a_I x^I$ であるので，

$$|x_n^d|_v \leq \begin{cases} \max_{I \neq (0,\ldots,0,d)}\{|a_I|_v\} \\ \qquad\qquad \times \max_{I \neq (0,\ldots,0,d)}\{|x^I|_v\}, \quad (v \in M_K^{\mathrm{fin}} \text{ のとき}) \\ \\ \left(\binom{n+d}{n} - 1\right) \max_{I \neq (0,\ldots,0,d)}\{|a_I|_v\} \\ \qquad\qquad \times \max_{I \neq (0,\ldots,0,d)}\{|x^I|_v\}, \quad (v \in M_K^{\infty} \text{ のとき}) \end{cases}$$

が成り立つ．したがって，

$$h\left((x^I)_{|I|=d}\right) \leq h\left((x^I)_{\substack{|I|=d, \\ I \neq (0,\ldots,0,d)}}\right) + C$$

がわかり，不等式が示せた．

一方，

$$h\left((x^I)_{|I|=d}\right) = h(x^{\otimes d})$$

であり，$x' = (x_0 : \cdots : x_{n-1})$ とおくと

$$h\left((x^I)_{\substack{|I|=d,\\ I\neq(0,\ldots,0,d)}}\right) = h(x^{\otimes d-1} \otimes x')$$

である．ゆえに，命題 2.6 の (1) より，$dh(x) \le (d-1)h(x) + h(x') + C$，すなわち，$h(x) \le h(x') + C$ を得る．$h(x') \le h(x)$ は自明であるので補題が示せた． □

X を $\overline{\mathbb{Q}}$ 上の射影多様体とし，$\phi : X \to \mathbb{P}^m$ を $\overline{\mathbb{Q}}$ 上の射とする．$x \in X(\overline{\mathbb{Q}})$ に対して，$h_\phi(x) = h(\phi(x))$ と定義し，x の ϕ **に関する高さ**とよぶ．このとき，次が成立する．

命題 2.8. 2 つの $\overline{\mathbb{Q}}$ 上の射 $\phi_1 : X \to \mathbb{P}^{m_1}$ と $\phi_2 : X \to \mathbb{P}^{m_2}$ を考える．もし $\phi_1^*(\mathcal{O}_{\mathbb{P}^{m_1}}(1)) \cong \phi_2^*(\mathcal{O}_{\mathbb{P}^{m_2}}(1))$ なら，ある定数 C が存在して

$$|h_{\phi_1}(x) - h_{\phi_2}(x)| \le C$$

がすべての $x \in X(\overline{\mathbb{Q}})$ で成立する．

証明: $L = \phi_1^*(\mathcal{O}_{\mathbb{P}^{m_1}}(1))$ とおく．$\{t_0, \ldots, t_m\}$ を $H^0(X, L)$ の基底とし，$\phi = (t_0 : \cdots : t_m)$ とおく．このとき，ある定数 C_1 が存在して，すべての $x \in X(\overline{\mathbb{Q}})$ について，

$$|h_\phi(x) - h_{\phi_1}(x)| \le C_1 \tag{2.6}$$

を確かめれば十分である．実際このとき，ある定数 C_2 が存在して，すべての $x \in X(\overline{\mathbb{Q}})$ について，$|h_\phi(x) - h_{\phi_2}(x)| \le C_2$ となるので，$C = C_1 + C_2$ とおけば，三角不等式より結論を得るからである．

$\mathbb{P}^{m_1}$ の座標系を $(X_0 : \cdots : X_{m_1})$ とし，$s_i = \phi_1^*(X_i)$ とおく．s_i は $H^0(X, L)$ の元である．必要ならば s_i を並び替えて，$\{s_0, \ldots, s_r\}$ は一次独立で，$s_{r+1}, \ldots, s_{m_1}$ は $\{s_0, \ldots, s_r\}$ の一次結合で書けるとしてよい．$\phi_1' = (s_0, \ldots, s_r) : X \to \mathbb{P}^r$ とおく．このとき，$h(\phi_1'(x)) \le h(\phi_1(x))$ であり，命題 2.6 の (2) から，ある定数 C' が存在して，$h(\phi_1(x)) \le h(\phi_1'(x)) + C'$ となる．よって，すべての $x \in X(\overline{\mathbb{Q}})$ について，$|h_{\phi_1'}(x) - h_{\phi_1}(x)| \le C'$ である．

$\{s_0, \ldots, s_r\}$ を延長して $\{s_0, \ldots, s_m\}$ が $H^0(X, L)$ の基底となるようにす

る．$\phi' = (s_0 : \cdots : s_m) : X \to \mathbb{P}^m$ とおく．ϕ'_1 は ϕ' と $(X_0 : \cdots : X_m) \mapsto (X_0 : \cdots : X_{m_1})$ で定義される射影の合成である．よって，$\phi'(X)$ について補題 2.7 を使って，ある定数 C'' が存在して，すべての $x \in X(\overline{\mathbb{Q}})$ について，$|h_{\phi'_1}(x) - h_{\phi'}(x)| \leq C''$ になる．

$\{s_0, \ldots, s_m\}$ と $\{t_0, \ldots, t_m\}$ はいずれも $H^0(X, L)$ の基底であるから，命題 2.6 の (3) から，$|h_{\phi'_1}(x) - h_{\phi'}(x)| \leq C'''$ となる．$C_1 = C' + C'' + C'''$ とおけば，式 (2.6) が成り立つので，結論を得る．□

X を $\overline{\mathbb{Q}}$ 上の射影多様体とする．$X(\overline{\mathbb{Q}})$ 上の実数値関数全体を $\mathrm{Func}(X)$ で表し，$X(\overline{\mathbb{Q}})$ 上の実数値有界関数全体を $B(X)$ で表すことにする．以下では，$\mathrm{Func}(X)$ の 2 つの関数 $h_1, h_2 \in \mathrm{Func}(X)$ に対して，$h_1 - h_2 \in B(X)$ のとき，

$$h_1 = h_2 + O(1)$$

と表すことにする．すなわち，h_1, h_2 に依存する定数 C が存在して，すべての $x \in X(\overline{\mathbb{Q}})$ に対して，$|h_1(x) - h_2(x)| \leq C$ となるとき，$h_1 = h_2 + O(1)$ と表す．

定理 2.9. 各直線束 L に対して，次をみたすような $h_L \in \mathrm{Func}(X)$ が $B(X)$ を法として一意的に定まる．

(1) $h_{L_1 \otimes L_2} = h_{L_1} + h_{L_2} + O(1)$ が任意の直線束 L_1, L_2 で成立する．
(2) $f : X \to Y$ が射影多様体の間の射とすると，$h_{f^*(L)} = h_L \circ f + O(1)$ である．
(3) $\phi : X \to \mathbb{P}^n$ が射のとき，$h_{\phi^*(\mathcal{O}_{\mathbb{P}^n}(1))} = h_\phi + O(1)$ である．

h_L を**直線束 L に付随した高さ関数**とよぶ．

証明: 5 つのステップに分けて証明しよう．

ステップ 1: まず最初は，L が大域切断で生成されているときを考える．完備線形系 $|L|$ が導く

$$\phi_{|L|} : X \to \mathbb{P}(H^0(X, L))$$

を考える．このとき，$h_L = h_{\phi_{|L|}}$ とおく．これは，命題 2.8 より条件 (3) をみたす．

ステップ 2: L_1, L_2, L が大域切断で生成されているときに条件 (1), (2) を調べよう．$H^0(X, L_1)$ の基底を $\{s_i\}$, $H^0(X, L_2)$ の基底を $\{t_j\}$ とする．このとき，$\{s_i \otimes t_j\}$ は，射 $\phi : X \to \mathbb{P}^N$ で $\phi^*(\mathcal{O}_{\mathbb{P}^N}(1)) = L_1 \otimes L_2$ となるものを定める．さらに，命題 2.6 の (1) より，$h_\phi = h_{L_1} + h_{L_2} + O(1)$ である．一方，命題 2.8 より $h_\phi = h_{L_1 \otimes L_2} + O(1)$ である．よって (1) がわかった．

$\phi' : Y \to \mathbb{P}^m$ を $|L|$ が定める射とする．このとき，$f^*(\phi'^*(\mathcal{O}_{\mathbb{P}^m}(1))) = f^*(L)$ であるので，命題 2.8 より

$$h_{f^*(L)} = h_{\phi'} \circ f + O(1) = h_L \circ f + O(1)$$

を得る．

ステップ 3: 次に，L が一般の場合を考えよう．A を X 上の豊富な直線束とすると，豊富性の定義 [7, 153 ページの定義] によって，$L \otimes A^n$ は n が十分大きいときに大域切断で生成される．よって十分に大きい n に対して $L_1 = L \otimes A^n$, $L_2 = A^n$ とおけば，L_1, L_2 はともに大域切断で生成され，$L = L_1 \otimes L_2^{-1}$ と書ける．ここで，$h_L = h_{L_1} - h_{L_2}$ と定義したいのだが，これが L_1, L_2 の取り方によらないことを示しておかなければならない．そこで，M_1, M_2 を大域切断で生成される直線束で，$L = M_1 \otimes M_2^{-1}$ となるものとする．このとき，$L_1 \otimes M_2 = M_1 \otimes L_2$ であるので，ステップ 2 で調べたように $h_{L_1} + h_{M_2} = h_{M_1} + h_{L_2} + O(1)$ がわかる．これは，$B(X)$ を法として $h_L = h_{L_1} - h_{L_2}$ が適切に定義されていることを示している．

ステップ 4: 一般の直線束に対して，条件 (1), (2) を調べよう．大域切断で生成される直線束 A, A', B, B' を用意して，$L_1 = A \otimes A'^{-1}, L_2 = B \otimes B'^{-1}$ と表す．このとき，$B(X)$ を法として

$$\begin{aligned} h_{L_1 \otimes L_2} &= h_{(A \otimes B) \otimes (A' \otimes B')^{-1}} = h_{A \otimes B} - h_{A' \otimes B'} \\ &= (h_A + h_B) - (h_{A'} + h_{B'}) = (h_A - h_{A'}) + (h_B - h_{B'}) \\ &= h_{L_1} + h_{L_2} \end{aligned}$$

となる．また大域切断で生成される直線束 C, C' を用意して，$L = C \otimes C'^{-1}$ と表す．このとき，$B(X)$ を法として

$$h_{f^*(L)} = h_{f^*(C) \otimes f^*(C')^{-1}} = h_{f^*(C)} - h_{f^*(C')}$$

$$= h_C \circ f - h_{C'} \circ f = h_L \circ f$$

となる.

ステップ 5: 最後に一意性であるがこれはステップ 1, 3 の構成をみれば明らかである. 実際, L が大域切断で生成されているときは, $\phi_{|L|}$ を $|L|$ の定める射とすると, (3) より $B(X)$ を法として h_L は $h_{\phi_{|L|}}$ に等しい. L が一般の直線束のときは, 大域切断で生成される直線束 L_1, L_2 を $L = L_1 \otimes L_2^{-1}$ となるようにとると, h_L は (1) より $B(X)$ を法として, $h_{L_1} - h_{L_2}$ に等しい. □

命題 2.10 (高さの有界性). X を $\overline{\mathbb{Q}}$ 上の射影多様体とし, L を X 上の直線束とする. B をイデアル層

$$\mathrm{Image}(H^0(X, L) \otimes L^{-1} \to \mathcal{O}_X)$$

の定める X のザリスキー閉集合とする. このとき, ある定数 C が存在して, $h_L(x) \geq C$ がすべての $x \in (X \setminus B)(\overline{\mathbb{Q}})$ で成立する.

証明: s を $H^0(X, L)$ の 0 でない元とする. まず, 次のことを示そう.

主張 1. ある定数 C' が存在して, $x \in X(\overline{\mathbb{Q}})$ が $s(x) \neq 0$ をみたせば, $h_L(x) \geq C'$ となる.

証明: まず, 大域切断で生成される直線束 L_1, L_2 をとってきて, $L = L_1 \otimes L_2^{-1}$ と書く. $\{s_1, \ldots, s_n\}$ を $H^0(X, L_2)$ の基底とする. このとき, $\{ss_i\}$ は一次独立な $H^0(X, L_1)$ の元である. 元 $t_{n+1}, \ldots, t_N$ を加えて, $\{ss_1, \ldots, ss_n, t_{n+1}, \ldots, t_N\}$ が $H^0(X, L_1)$ の基底となるようにとる. このとき, もし $s(x) \neq 0$ ならば, $B(X)$ を法として

$$\begin{aligned}
h_L(x) &= h_{L_1}(x) - h_{L_2}(x) \\
&= h(s(x)s_1(x), \ldots, s(x)s_n(x), t_{n+1}(x), \ldots, t_N(x)) \\
&\qquad\qquad\qquad - h(s_1(x), \ldots, s_n(x)) \\
&\geq h(s(x)s_1(x), \ldots, s(x)s_n(x)) - h(s_1(x), \ldots, s_n(x)) \\
&= h(s_1(x), \ldots, s_n(x)) - h(s_1(x), \ldots, s_n(x)) = 0
\end{aligned}$$

となり, 主張が証明できた. □

命題 2.10 の証明にもどろう．$\{s_1, \ldots, s_n\}$ を $H^0(X, L)$ の基底とする．前の主張より，ある定数 C_i が存在して，$x \in X(\overline{\mathbb{Q}})$ で $s_i(x) \neq 0$ ならば，$h_L(x) \geq C_i$ となる．

$$C = \min\{C_1, \ldots, C_n\}$$

とおく．$B = \{x \in X \mid s_1(x) = \cdots = s_n(x) = 0\}$ であるので，$x \notin B$ ならば $h_L(x) \geq C$ が成り立つ．□

2.5 ノースコットの有限性定理

本節では，有理点の有限性を示すための重要な判定法となるノースコットの定理を証明する．

まずいくつかの補題から始めよう．

補題 2.11. $x \in \overline{\mathbb{Q}}$ とし，x の $\mathbb{Q}$ 上の共役を $x_1, \ldots, x_n$ とする．このとき，$h^+(x_i) = h^+(x)$ である．

証明: $x \in K$ となる代数体 K をとる．命題 2.5 より，$h^+(x)$ は K の取り方に依存しないので，$K/\mathbb{Q}$ はガロア拡大としてもよい．このとき，$\tau \in \mathrm{Gal}(K/\mathbb{Q})$ が存在して，$x_i = \tau(x)$ となる．$p \in \mathbb{Z}$ を素数とし，$\{P_1, \ldots, P_r\}$ を p の上にある O_K の素イデアルとする．このとき，τ は $\{P_1, \ldots, P_r\}$ の置換を引き起こす（例えば, [14, 第 I 章, 命題 (9.1)] 参照）．同様に，τ は $K(\mathbb{C})$ の置換を引き起こす．したがって，$h^+(\tau(x)) = h^+(x)$ となる．□

補題 2.12. $y_1, \ldots, y_n \in \overline{\mathbb{Q}}$ とする．このとき，次が成り立つ．

(1) $h^+\left(\prod_{i=1}^n y_i\right) \leq \sum_{i=1}^n h^+(y_i)$.
(2) $h^+\left(\sum_{i=1}^n y_i\right) \leq h(1 : y_1 : \cdots : y_n) + \log(n)$.
(3) $h(1 : y_1 : \cdots : y_n) \leq \sum_{i=1}^n h^+(y_i)$.

証明: $y_1, \ldots, y_n \in K$ となる有限次拡大体 K をとる．任意の $v \in M_K$ に対し，

$$\max\left\{1, \left|\prod_{i=1}^n y_i\right|_v\right\} \leq \prod_{i=1}^n \max\{1, |y_i|_v\}$$

が成り立つので，log をとって v について和をとれば，(1) の不等式を得る．

(2) は，

$$\max\left\{1, \left|\sum_{i=1}^{n} y_i\right|_v\right\} \leq \begin{cases} \max\{1, |y_1|_v, \ldots, |y_n|_v\} & (v \in M_K^{\mathrm{fin}} \text{ のとき}) \\ n\max\{1, |y_1|_v, \ldots, |y_n|_v\} & (v \in M_K^{\infty} \text{ のとき}) \end{cases}$$

からしたがう．

(3) は，$\max\{1, |y_1|_v, \cdots, |y_n|_v\} \leq \prod_{i=1}^{n} \max\{1, |y_i|_v\}$ が成り立つので，log をとって v について和をとればよい．　□

次に，1 次元の場合のノースコットの定理にあたる次の補題を示す．

補題 2.13. 任意の数 $d \geq 1$，$M \geq 0$ に対して，集合

$$\left\{x \in \overline{\mathbb{Q}} \mid h^+(x) \leq M, \quad [\mathbb{Q}(x) : \mathbb{Q}] \leq d\right\}$$

は有限集合である．

証明: まず，$d = 1$ のときを考える．これは，$x \in \mathbb{Q}$ を意味する．そこで，$x = p/q$，$p, q \in \mathbb{Z}$，$\mathrm{GCD}(p, q) = 1$ と表す．このとき，$h^+(x) = h(p, q) = \log(\max\{|p|, |q|\})$ である．よって，$|p| \leq e^M$, $|q| \leq e^M$ であるので結論を得る．

一般の場合を考えよう．$x \in \overline{\mathbb{Q}}$ に対して，x の $\mathbb{Q}$ 上の最小多項式を $P(T)$ とおき，$P(T)$ の根を $x_1, \ldots, x_n$ とおく．$x_1 = x$ ととっておく．

$$P(T) = (T - x_1) \cdots (T - x_n) = \sum_{i=0}^{n} (-1)^i s_i T^{n-i}$$

とおく．ここで，$s_i = \sum_{1 \leq j_1 < \cdots < j_i \leq n} x_{j_1} \cdots x_{j_i}$ は $x_1, \ldots, x_n$ の基本対称式である．

補題 2.11 と補題 2.12 により，

$$\begin{aligned} h^+(s_i) &\leq \sum_{1 \leq j_1 < \cdots < j_i \leq n} h^+\left(x_{j_1} \cdots x_{j_i}\right) + \log\binom{n}{i} \\ &\leq \sum_{1 \leq j_1 < \cdots < j_i \leq n} \left(h^+(x_{j_1}) + \cdots + h^+(x_{j_i})\right) + \log\binom{n}{i} \\ &\leq i\binom{n}{i} h^+(x) + \log\binom{n}{i} \leq n2^n h^+(x) + n\log(2) \end{aligned}$$

となる.

今, $x \in \overline{\mathbb{Q}}$ が $h^+(x) \leq M$, $[\mathbb{Q}(x):\mathbb{Q}] \leq d$ をみたすとすると, $n \leq d$ なので, $h^+(s_i) \leq d\log(2) + d2^d M$ を得る. s_i は有理数だから, $d=1$ のときの場合から, s_i は有限個の可能性しかなく, P の次数は d 以下なので, P は有限個の可能性のみである. よって, その根 x も有限個のみである. □

この補題により次のノースコットの定理 (Northcott's theorem) が示せる. 定理を示す前に, 射影空間の点 $x \in \mathbb{P}^n(\overline{\mathbb{Q}})$ の**定義体** (field of definition) $\mathbb{Q}(x)$ を定義しよう. x の斉次座標として, $x = (x_0 : \cdots : x_n)$ をとる. $x_i \neq 0$ となる i をとり,

$$\mathbb{Q}(x) = \mathbb{Q}(x_0/x_i, \ldots, x_n/x_i)$$

とおく. $\mathbb{Q}(x_0/x_i, \ldots, x_n/x_i)$ は x の斉次座標の取り方によらない. また, $x_j \neq 0$ とすると, $x_k/x_j = x_k/x_i(x_j/x_i)^{-1}$ であるから, $\mathbb{Q}(x_0/x_i, \ldots, x_n/x_i) = \mathbb{Q}(x_0/x_j, \ldots, x_n/x_j)$ となる. よって, $\mathbb{Q}(x)$ は x のみによって定まる. これを x の定義体という.

定理 2.14 (ノースコットの定理). X を $\overline{\mathbb{Q}}$ 上定義された射影多様体, L を X 上の豊富な直線束とする. 任意の数 $d \geq 1$, $M \geq 0$ に対して, 集合

$$\left\{x \in X(\overline{\mathbb{Q}}) \mid h_L(x) \leq M, \quad [\mathbb{Q}(x):\mathbb{Q}] \leq d\right\}$$

は有限集合である.

証明: m を十分大きくとって, L を L^m と置き換えることにより, L を非常に豊富としてよい. このとき, X は $|L|$ によって射影空間に埋め込まれるので, X は射影空間 $\mathbb{P}^n$ としてよい. つまり,

$$\left\{x = (x_0, \ldots, x_n) \in \mathbb{P}^n(\overline{\mathbb{Q}}) \mid h(x) \leq M, \quad [\mathbb{Q}(x):\mathbb{Q}] \leq d\right\}$$

が有限集合であればよい. そこで,

$$U_i = \left\{x = (x_0, \ldots, x_n) \in \mathbb{P}^n(\overline{\mathbb{Q}}) \mid h(x) \leq M, \quad [\mathbb{Q}(x):\mathbb{Q}] \leq d, \quad x_i \neq 0\right\}$$

とおくと, 前の集合が有限集合であるためには U_i がすべての i について有限集合であればよい. 簡単のため, U_0 が有限集合であることを示す. 他の場合も

同様である．$y_i = x_i/x_0$ とおく．このとき，

$$h(x) = h(1 : y_1 : \cdots : y_n) \geq h^+(y_i), \qquad \mathbb{Q}(y_i) \subseteq \mathbb{Q}(x)$$

がすべての i で成り立つ．よって，補題 2.13 により，y_i は有限個のみである．つまり，x も有限個のみである．□

ノースコットの定理の応用として，次の補題を示そう．(1) はクロネッカーの定理 (Kronecker's theorem) とよばれる．

補題 2.15. K を代数体とし，素朴な高さ関数 $h : \mathbb{P}^n(K) \to \mathbb{R}$ を考える．このとき，次が成立する．

(1) $x \in \mathbb{P}^n(K)$ に対して，$h(x) \geq 0$ であり，等号条件は，$x = (x_0, \ldots, x_n) \in \mathbb{P}^n(K)$ とおくと，ある $\lambda \in K^\times$ と 0 または 1 のべき根である y_i が存在して

$$(x_0, \ldots, x_n) = \lambda(y_0, \ldots, y_n)$$

となることである．

(2) $h(\mathbb{P}^n(K))$ は，$\mathbb{R}$ の中で離散的である．

証明: (1) 前半は，すでに命題 2.5 の (3) でみた．後半を考える．y_i が 0 または 1 のべき根ならば $h(x)$ の定義から，$h(x) = 0$ が成り立つ．そこで，$h(x) = 0$ と仮定する．このとき，各 i について

$$0 \leq h^+(y_i) \leq h^+(y_1, \ldots, y_n) = h(x) = 0$$

となり，$h^+(y_i) = 0$ を得る．ここで，$y_i \neq 0$ とし，G を y_i で生成される $K^\times$ の部分群とする．命題 2.5 の (4) より，$h^+(y_i^n) = |n| h^+(y_i) = 0$ であるので，ノースコットの定理より G は有限群である．よって，y_i は 1 のべき根である．つまり，(1) が示せた．

(2) これは，ノースコットの定理より明らかである．□

2.6 アーベル多様体の基礎事項

この節では本書で必要となるアーベル多様体の基礎事項を手短に説明する．

詳しくは [13] を参照されたい．F を標数 0 の体，$\overline{F}$ を F の代数的閉包とする．

X を F 上の代数多様体，すなわち F 上有限型の既約かつ被約なスキームとする．X が**絶対既約** (geometrically irreducible, absolutely irreducible) であるとは，$\overline{F}$ に体を拡大しても既約性が保たれるときにいう．このとき，F の（代数的とは限らない）任意の拡大体 E に対して，$X_E = X \times_{\mathrm{Spec}(F)} \mathrm{Spec}(E)$ は既約である．

以下，特に断らない限り，ファイバー積は基礎体上で考えている．

F 上の代数多様体 G が**群多様体** (group variety) であるとは，3 つの射

$$m_G : G \times G \to G, \quad i_G : G \to G, \quad e_G : \mathrm{Spec}(F) \to G$$

が存在し，次の 3 つの図式が可換となることである（これらはそれぞれ，単位元の性質，逆元の性質，結合法則に対応している）．

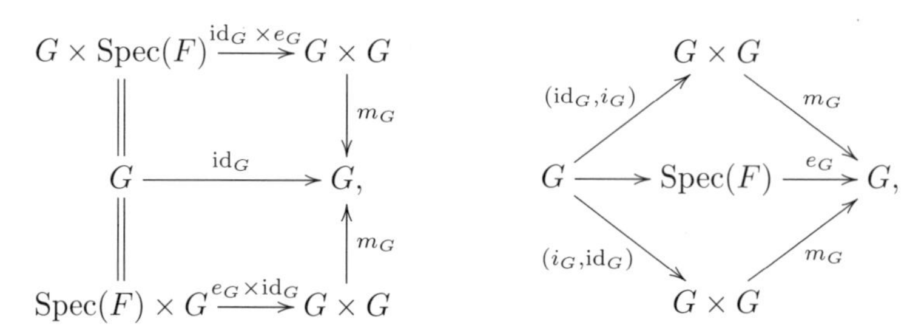

$$\begin{array}{ccc} G \times G \times G & \xrightarrow{\mathrm{id}_G \times m_G} & G \times G \\ \downarrow{\scriptstyle m_G \times \mathrm{id}_G} & & \downarrow{\scriptstyle m_G} \\ G \times G & \xrightarrow{m_G} & G. \end{array}$$

G, H を F 上の群多様体とする．F 上の射 $f : G \to H$ に対して図式

$$\begin{array}{ccc} G \times G & \xrightarrow{f \times f} & H \times H \\ \downarrow{\scriptstyle m_G} & & \downarrow{\scriptstyle m_H} \\ G & \xrightarrow{f} & H \end{array}$$

が可換となるとき，f を**準同型射** (homomorphism) とよぶ．準同型射 $f : G \to H$ に対して，f と e_H のファイバー積 $f^{-1}(e_H)$ を $\mathrm{Ker}(f)$ と書くと，$\mathrm{Ker}(f)$ は G の閉部分群多様体となる．

別のいい方をすれば，代数多様体 G が群多様体であるとは，各 F 代数 R に対して $G(R)$ が群をなし，F 代数の射 $R \to R'$ によって導かれる写像 $G(R) \to G(R')$ が準同型写像ということである．また群多様体 G, H に対して $f : G \to H$ が準同型射であるとは各 F 代数 R に対して $G(R) \to H(R)$ が準同型写像になるということである．

F 上絶対既約かつ射影的な群多様体 A を F 上の**アーベル多様体** (abelian variety) とよぶ．ここで，群多様体 G は自動的に非特異であることに注意する．実際，[7, 補題 III.10.5] より，G の空でない開部分多様体であって，F 上スムースなものがとれる．これより，$G(\overline{F})$ の元による平行移動を考えることで，$G_{\overline{F}}$ の閉点はすべて非特異点であることがわかる．さらに，下でみるようにアーベル多様体の群演算は自動的に可換となる．そこで，前もって m_A を $+$，i_A を $-$，e_A を 0 と書くことにする．基本となるのは次の補題である．

Niels Abel

補題 2.16 (剛性補題)．X, Y, Z を F 上の絶対既約な代数多様体，$f : X \times Y \to Z$ を F 上の射とし，X は F 上射影的と仮定する．ある $x_0 \in X(F)$ と $y_0 \in Y(F)$ が存在し，$\{x_0\} \times Y$ と $X \times \{y_0\}$ が f によってある 1 点 $z_0 \in Z(F)$ につぶれるならば，$X \times Y$ 全体も f によって z_0 につぶれる[1]．

証明: まず，S, T を F 上の代数多様体とし，S は F 上射影的，T はアファインと仮定する．このとき $u : S \to T$ を F 上の射とすると，u の像は 1 点である．実際，u は $u^* : H^0(T, \mathcal{O}_T) \to H^0(S, \mathcal{O}_S)$ から定まる射 $\mathrm{Spec}(H^0(S, \mathcal{O}_S)) \to T$ と自然な射 $S \to \mathrm{Spec}(H^0(S, \mathcal{O}_S))$ との合成射である．$H^0(S, \mathcal{O}_S)$ は F 上有限次元の整域であるから（例えば，[7, 定理 II.5.19] を参照），F の有限次拡大体であり，ゆえに u の像は T の閉点 1 点からなる．

---

[1] すなわち，$f : X \times Y \to Z$ の像は 1 点 $\{z_0\}$ ということである．

$p_2 : X \times Y \to Y$ を射影, U を z_0 のアファイン開近傍, $V = p_2(f^{-1}(Z \setminus U))$ とする. X の射影性より, p_2 は閉写像なので, V は Y のザリスキー閉集合である. さらに $y_0 \in (Y \setminus V)(F)$ より, $Y \setminus V$ は Y の空でない開集合である. $Y \setminus V$ の各閉点 y に対して, $X \times \{y\}$ は F 上射影的であり f によってアファイン多様体 U に移される. ゆえに, f は $X \times \{y\}$ 上定値写像であり, $f(X \times \{y\}) = \{f(x_0, y)\} = \{z_0\}$ が成り立つ. ザリスキー閉集合 $f^{-1}(z_0)$ は開集合 $X \times (Y \setminus V)$ を含み, $X \times Y$ は既約なので f の像は z_0 である. □

A と B を F 上のアーベル多様体 とし, $f : A \to B$ を $f(0) = 0$ をみたす射とすると, f は準同型射である. 実際, 射 $\phi : A \times A \to A$, $\phi(a_1, a_2) = f(a_1 + a_2) - f(a_2) - f(a_1)$, は $\phi(A \times \{0\}) = \phi(\{0\} \times A) = \{0\}$ をみたすので, 剛性補題より ϕ は 0 という射である. ゆえに, $f(a_1 + a_2) = f(a_1) + f(a_2)$, $a_1, a_2 \in A(\overline{F})$ が成り立つ.

定理 2.17. アーベル多様体 A の群演算は可換である.

証明: 逆元を与える射 $i_A : A \to A$ は $i_A(0) = 0$ により準同型射である. よって, $a_1, a_2 \in A(\overline{F})$ に対して

$$-(-a_1 - a_2) = a_2 + a_1 = a_1 + a_2$$

となり, A は可換な群多様体である. □

補題 2.18 (シーソーの定理). X, T を F 上絶対既約な代数多様体, L を $X \times T$ 上の直線束とし, X は F 上射影的と仮定する. このとき,

$$T_1 = \left\{ t \in T \;\middle|\; L|_{X \times \{t\}} \text{ は自明} \right\}$$

は T のザリスキー閉集合である. さらに, T_1 に被約部分スキームの構造を入れ, $p_2 : X \times T_1 \to T_1$ を射影とすると, ある T_1 上の直線束 M が存在して $L|_{X \times T_1} \cong p_2^* M$ が成り立つ.

証明: まず, 射影多様体 X 上の直線束 L が自明であるための必要十分条件は

$$\dim_F(H^0(X, L)) \geq 1 \quad \text{かつ} \quad \dim_F(H^0(X, L^{-1})) \geq 1$$

であることに注意する. 実際, $H^0(X, L)$ の 0 でない元は射 $u : \mathcal{O}_X \to L$ を定

め，$H^0(X, L^{-1})$ の 0 でない元は射 $v : L \to \mathcal{O}_X$ を定める．$v \circ u : \mathcal{O}_X \to \mathcal{O}_X$ は大域切断 1 を $H^0(X, \mathcal{O}_X)$ の 0 でない元に移す．$H^0(X, \mathcal{O}_X)$ は体なので，u, v はともに同型射となる．したがって，

$$T_1 = \left\{ t \in T \;\middle|\; \begin{array}{l} \dim_{\kappa(t)}(H^0(X \times \{t\}, L|_{X \times \{t\}})) \geq 1 \text{ かつ} \\ \dim_{\kappa(t)}(H^0(X \times \{t\}, L^{-1}|_{X \times \{t\}})) \geq 1 \end{array} \right\}$$

となるので，コホモロジーの次元の上半連続性（例えば，[7, 定理 III.12.8]）によって，右辺は T のザリスキー閉集合である．よって，前半の主張が示された．

$X \times T_1 \to T_1$ の各ファイバー $X \times \{t\}$ 上で L は自明であるから $\dim_{\kappa(t)} H^0(X \times \{t\}, L|_{X \times \{t\}}) = 1$ である．よって，グラウエルトの定理 [7, 系 III.12.9] より $M = p_{2*}L$ は T_1 上の直線束である．自然な射 $p_2^* M \to L$ は各ファイバー上で自然な射

$$H^0(X \times \{t\}, L|_{X \times \{t\}}) \otimes \mathcal{O}_{X \times \{t\}} \to L|_{X \times \{t\}}$$

に一致し，$L|_{X \times \{t\}}$ は自明なので $p_2^* M \cong L$ となる（例えば，[7, 命題 II.1.1] を参照）．□

この補題から特に，$X \times T$ 上の直線束 L, M に対して $L \otimes M^{-1} \in p_2^*(\mathrm{Pic}(T))$ となるための条件は

$$L|_{X \times \{t\}} \cong M|_{X \times \{t\}}$$

がすべての $t \in T$ で成り立つことである．これに加えてさらに，ある $x \in X(F)$ が存在して $L|_{\{x\} \times T} \cong M|_{\{x\} \times T}$ が成り立つならば，L と M は同型となる．実際，$L \otimes M^{-1} \cong p_2^* N$ となる T 上の直線束 N が存在し，$p_2^* N|_{\{x\} \times T}$ が自明より N も自明となるからである．

注意 2.19. $X = \mathbb{P}^n$, $Y = \mathbb{P}^m$, $Z = \mathbb{P}^n \times \mathbb{P}^m$ とし，$p_1 : Z \to X$, $p_2 : Z \to Y$ を自然な射影とするとき，準同型写像 $\iota : \mathbb{Z} \times \mathbb{Z} \to \mathrm{Pic}(Z)$ ($(a, b) \mapsto \mathcal{O}_Z(a, b) = p_1^* \mathcal{O}_X(a) \otimes p_2^* \mathcal{O}_Y(b)$) は同型を与える．実際，$\iota$ の単射性は $x_0 \in X(F)$, $y_0 \in Y(F)$ に対して $\deg(\mathcal{O}_Z(a, b)|_{X \times \{y_0\}}) = a$, $\deg(\mathcal{O}_Z(a, b)|_{\{x_0\} \times Y}) = b$ ゆえしたがう．次に Z 上の直線束 L が与えられたとき，Y の各点 y に対して $\deg(L|_{X \times \{y\}})$ は一定（例えば，[7, 定理 III.9.9] を参照）なので，この値を a とする．このとき $\deg(L|_{X \times \{y\}}) = \deg(p_1^* \mathcal{O}_X(a)|_{X \times \{y\}})$ すなわち $L|_{X \times \{y\}} \cong p_1^* \mathcal{O}_X(a)|_{X \times \{y\}}$ であるから，シーソーの定理（補題 2.18）より $L \cong p_1^* \mathcal{O}(a) \otimes p_2^* \mathcal{O}(b)$ となる整数 b がとれる（[7, 系 II.6.17] を参照）．

補題 2.20. 射影多様体 X 上の 2 つの閉点 x_0, x_1 に対して，x_0, x_1 を両方とも通る X 上の代数曲線 C が存在する．

証明: X の次元に関する帰納法で示す．$\dim X = 1$ または $x_0 = x_1$ のときは明らかである．$\dim X \geq 2$ とし，$\pi : \widetilde{X} \to X$ を 2 点 x_0, x_1 を中心とするブローアップとする．$\widetilde{X}$ を適当な $\mathbb{P}^N$ に埋め込み，N が最小となるようにする．一般の超平面 $H \subseteq \mathbb{P}^N$ に対して $\widetilde{Y} = \widetilde{X} \cap H$ は既約であり，$\pi^{-1}(x_i)$ には含まれない（[7, 定理 II.8.18, 注意 III.7.9.1] を参照）．さらに $\dim H + \dim \pi^{-1}(x_i) \geq N$ より $H \cap \pi^{-1}(x_i) \neq \emptyset$ である（例えば, [7, 定理 I.7.2] を参照）．$Y = \pi(\widetilde{Y}) \subseteq X$ とおけば，Y は X の $(\dim X - 1)$ 次元の部分多様体であり x_0 と x_1 を両方とも通る．帰納法の仮定により Y 内で x_0, x_1 を通る代数曲線 C がとれるので，主張は示された．　□

さて，定数項のない 2 次関数 $f(x) = ax^2 + bx$ は次の形の式をみたす：

$$f(x+y+z) = f(x+y) + f(y+z) + f(z+x) - f(x) - f(y) - f(z),$$
$$f(nx) = \frac{n(n+1)}{2} f(x) + \frac{n(n-1)}{2} f(-x).$$

このような性質が，アーベル多様体上の直線束に対しても成立することをみよう．この節の目標は次の定理である．

定理 2.21（立方定理 I）．X を F 上の射影多様体，A を F 上のアーベル多様体とし，X から A へ 3 つの F 上の射 f, g, h があるとする．このとき，任意の A 上の直線束 L に対して，

$$(f+g+h)^*(L) \otimes (f+g)^*(L^{-1}) \otimes (g+h)^*(L^{-1}) \otimes (h+f)^*(L^{-1}) \otimes f^*(L) \otimes g^*(L) \otimes h^*(L) \cong \mathcal{O}_X$$

が成立する．

定理 2.21 はもっと一般的な次の定理からの帰結である．

定理 2.22（立方定理 II）．X, Y, Z を F 上の絶対既約な代数多様体，$x_0 \in X(F)$, $y_0 \in Y(F)$, $z_0 \in Z(F)$，L を $X \times Y \times Z$ 上の直線束とする．X と Y は F 上射影的と仮定する．このとき，L が自明であるための必要十分条件は

$$L|_{\{x_0\}\times Y\times Z},\quad L|_{X\times\{y_0\}\times Z},\quad L|_{X\times Y\times\{z_0\}}$$

がすべて自明となることである．

定理 2.22 ⇒ 定理 2.21 の証明: $m_{123}: A\times A\times A\to A$ を $(a_1,a_2,a_3)\mapsto a_1+a_2+a_3$ で定まる射，$m_{ij}: A\times A\times A\to A$ を $(a_1,a_2,a_3)\mapsto a_i+a_j$ で定まる射，$p_i: A\times A\times A\to A$ を第 i 成分への射影とする．$A\times A\times A$ 上の直線束 M を

$$m_{123}^*(L)\otimes m_{12}^*(L^{-1})\otimes m_{23}^*(L^{-1})\otimes m_{31}^*(L^{-1})\otimes p_1^*(L)\otimes p_2^*(L)\otimes p_3^*(L)$$

と定めると，M は $\{0\}\times A\times A$，$A\times\{0\}\times A$，$A\times A\times\{0\}$ 上でそれぞれ自明なので，定理 2.22 より M は自明である．M を射 $(f,g,h): X\to A\times A\times A$ で引き戻したものが定理 2.21 の直線束に他ならない． □

定理 2.22 の証明: 必要性は明らかなので，十分性を示す．

証明を 3 つのステップに分ける．

ステップ 1: p_{13} で第 1 成分と第 3 成分への射影 $X\times Y\times Z\to X\times Z$ を表すとする．各閉点 $x\in X$ と $z\in Z$ に対して $L|_{\{x\}\times Y\times\{z\}}$ が自明であることを示せば，シーソーの定理（補題 2.18）により，$p_{13}^*M\cong L$ となる $X\times Z$ 上の直線束 M が存在する．さらに定理の仮定より，$L|_{X\times\{y_0\}\times Z}$ が自明であるから，M は自明である．したがって，L も自明となり定理が示される．

ステップ 2: 任意の閉点 $x\in X$ に対して補題 2.20 により，x_0 と x を両方とも通る X 上の曲線 C が存在する．$\widetilde{C}\to C$ を C の正規化とする．示したい結果が，$\widetilde{C}\times Y\times Z$ 上で $L|_{\widetilde{C}\times Y\times Z}$ に対して成立すると仮定すると，条件より $L|_{\widetilde{C}\times Y\times Z}$ は自明となるから，任意の $z\in Z$ に対して $L|_{\{x\}\times Y\times\{z\}}$ は自明となる．よって $x\in X$ を動かせば，ステップ 1 より L も自明となることがわかる．

ステップ 3: ステップ 2 より，X は 非特異射影曲線として示せばよい．2.8 節で述べる X のヤコビ多様体 J の存在を認める．[7, 定理 III.9.9] より $X\times(Y\times Z)\to Y\times Z$ の各ファイバー上で L は次数 0 となるので，L はヤコビ多様体への射

$$f: Y\times Z\to J$$

を定める．条件より，$\{y_0\} \times Z$ と $Y \times \{z_0\}$ は f によって1点0につぶれるので，剛性補題（補題2.16）より $Y \times Z$ 全体も f によって0につぶれる．よって，L は $X \times Y \times Z$ 上自明である．□

整数 n に対して，n 倍写像 $[n]_A : A \to A$ を次のように定める．$n = 0$ のときは合成射 $A \to \mathrm{Spec}(F) \xrightarrow{e_A} A$ とする．$n > 0$ のとき

$$[n]_A : A \xrightarrow{\text{対角射}} \overbrace{A \times \cdots \times A}^{n\text{ 個}} \xrightarrow{\text{和}} A$$

とし，$n < 0$ のときは $[n]_A = i_A \circ [|n|]_A$ とする．いいかえると，n 倍写像 $[n]_A : A \to A$ は $x \mapsto nx$ によって定まる射である．以下では，文脈から A 上であることが明らかなときには，$[n]_A$ を単に $[n]$ で表す．

系 2.23. 任意の整数 n と A 上の直線束 L に対して

$$[n]^*L \cong L^{\frac{n(n+1)}{2}} \otimes [-1]^*L^{\frac{n(n-1)}{2}}$$

が成り立つ．

証明: $n = -1, 0, 1$ のときは明らかに成立するので，n についての帰納法で示す．$f = [n]$, $g = [1]$, $h = [-1]$ として立方定理を適用すると，

$$\begin{aligned}&[n]^*L \otimes [n+1]^*L^{-1} \otimes [n-1]^*L^{-1} \otimes [0]^*L^{-1} \otimes [n]^*L \otimes [1]^*L \otimes [-1]^*L \\ &\cong \mathcal{O}_A\end{aligned}$$

となる．$n \geq 1$ のとき，帰納法の仮定を用いて

$$\begin{aligned}&[n+1]^*L \\ &\quad\cong [n]^*L^2 \otimes [n-1]^*L^{-1} \otimes L \otimes [-1]^*L \\ &\quad\cong \left(L^{n(n+1)} \otimes [-1]^*L^{n(n-1)}\right) \otimes \left(L^{-\frac{n(n-1)}{2}} \otimes [-1]^*L^{-\frac{(n-1)(n-2)}{2}}\right) \\ &\qquad\qquad \otimes L \otimes [-1]^*L \\ &\quad\cong L^{\frac{(n+1)(n+2)}{2}} \otimes [-1]^*L^{\frac{n(n+1)}{2}}\end{aligned}$$

を得る．$n < -1$ のときも同様にして求める結果を得る．□

アーベル多様体 A 上の直線束 L は $[-1]^*L \cong L$ をみたすとき**偶** (even)，$[-1]^*L \cong L^{-1}$ をみたすとき**奇** (odd) であるという[2)]．系 2.23 より

$$[n]^*L \cong \begin{cases} L^{n^2} & (L \text{ が偶のとき}) \\ L^n & (L \text{ が奇のとき}) \end{cases} \tag{2.7}$$

が成り立つ．L が A 上の豊富な直線束のとき，$[-1]^*L$ も A 上豊富であるから，$L \otimes [-1]^*L$ は A 上偶かつ豊富であることに注意する．

系 2.24. F 上のアーベル多様体 A に対して $A(\overline{F})$ は可除群である．つまり，すべての正の整数 n に対して，$A(\overline{F})$ 上の n 倍写像は全射である．

証明: $[n]$ は固有射であるので，$[n]$ の像 $[n](A)$ は A の閉部分多様体である．L を A 上の豊富な直線束とすると，系 2.23 より $[n]^*L$ も豊富である．一方，$[n]^*L$ は $\mathrm{Ker}([n])$ 上自明であるから，自明な直線束が $\mathrm{Ker}([n])$ の射影空間への埋め込みを定める．したがって $\dim \mathrm{Ker}([n]) = 0$ でなければならず，ゆえに $[n]$ は有限射である．よって，$\dim A = \dim [n](A)$ より $[n]$ は全射であるから，系がしたがう．□

各 $a \in A(\overline{F})$ に対して，射 $T_a : A_{\overline{F}} \to A_{\overline{F}}$ を

$$T_a : x \mapsto x + a$$

によって定める．$A_{\overline{F}}$ の部分多様体 V に対して $T_a(V)$ を $V + a$ と書くことにすると，A 上のカルティエ因子 D に対して $T_a^* D_{\overline{F}} = D_{\overline{F}} - a$ が成り立つ．A 上の各直線束 L に対して，写像 $\lambda_L : A(\overline{F}) \to \mathrm{Pic}(A_{\overline{F}})$ を

$$\lambda_L : x \mapsto T_x^* L \otimes L^{-1}$$

によって定める．

系 2.25 (平方定理)**.** λ_L は $A(\overline{F})$ から $\mathrm{Pic}(A_{\overline{F}})$ への準同型写像である．

---

2) 参考文献 [13] では，偶な直線束は対称な直線束とよばれている．

証明: 明らかに $F = \overline{F}$ としてよい．$a, b \in A(F)$ とする．$f : A \to \operatorname{Spec}(F) \xrightarrow{a} A$，$g : A \to \operatorname{Spec}(F) \xrightarrow{b} A$，$h = \mathrm{id}_A : A \to A$ とすると，$f + g + h = T_{a+b}$ である．これらに立方定理を適用すると，

$$T_{a+b}^* L \otimes T_a^* L^{-1} \otimes T_b^* L^{-1} \otimes L \cong \mathcal{O}_A$$

となり，主張を得る． □

A がアーベル多様体，D が A 上の有効なカルティエ因子のとき，$|2D|$ は基底点自由であることに注意する．実際，任意の $x \in A(\overline{F})$ に対して $a \notin \operatorname{Supp}(D - x) \cup \operatorname{Supp}(D + x)$ ととれば，$x \notin \operatorname{Supp}(D - a) \cup \operatorname{Supp}(D + a)$ となる．さらに平方定理より $(D - a) + (D + a) \sim 2D$ であるから，$|2D|$ は基底点をもたない．

系 2.26. A をアーベル多様体，D を A 上の有効なカルティエ因子とし，$L = \mathcal{O}_A(D)$ とおく（特に上の注意より，$|2D|$ は基底点自由である）．このとき次は同値である．

(1) $\operatorname{Ker}(\lambda_L)$ は $A(\overline{F})$ の有限部分群である．
(2) $|2D|$ が定める射 $\Phi : A \to \mathbb{P}(H^0(A, L^2))$ は像への有限射である．
(3) L は豊富である．

証明: まず，$F = \overline{F}$ としてよいことに注意しよう．というのも，$|2D_{\overline{F}}|$ の定める射は Φ の $\overline{F}$ への体の拡大 $\Phi_{\overline{F}}$ であるから，$\Phi_{\overline{F}}$ が像への有限射であることと Φ が像への有限射であることは同値であり，また，正の整数 n に対して，$L_{\overline{F}}^n$ が射影空間への埋め込みを定めることと L^n が射影空間への埋め込みを定めることが同値であるからである．

(1) ⇒ (2): Φ が A 上の曲線 C を 1 点につぶすと仮定し，$C - C = \{x_2 - x_1 \mid x_1, x_2 \in C(F)\}$ が $\operatorname{Ker}(\lambda_L)$ に含まれることを示すことによって矛盾を導く．D_i を A 上の素因子として，$D = \sum_{i=1}^r a_i D_i$ $(a_i > 0)$ と表す．

まず，任意の i と $x \in A(\overline{F})$ に対して，$(C + x) \cap D_i = \emptyset$ または $C + x \subseteq D_i$ であることを示そう．D_i はアーベル多様体上の有効なカルティエ因子ゆえ，上の注意からネフである．特に $(D_i \cdot C) \geq 0$ が成立する．一方，

$$0 = (D \cdot C) = a_1(D_1 \cdot C) + \cdots + a_r(D_r \cdot C)$$

であることから $(D_i \cdot C) = 0$ を得る．さらに，$C + x$ は C に代数的に同値 (algebraically equivalent) であるので，$(D_i \cdot C + x) = 0$ である．このことから，$(C + x) \cap D_i = \emptyset$ または $C + x \subseteq D_i$ がしたがう．

次に，任意の閉点 $x_1, x_2 \in C$ について，$D_i = D_i + x_1 - x_2$ を示そう．$y \in D_i$ とすると，$C - x_1 + y$ と D_i とは y を共有するので，$C - x_1 + y \subseteq D_i$ が成り立つ．特に，$y \in D_i + x_1 - x_2$，つまり，$D_i \subseteq D_i + x_1 - x_2$ となる．x_1 と x_2 の立場を変えれば，同様にして，$D_i \subseteq D_i + x_2 - x_1$ を得る．したがって，主張が示せた．

$L_i = \mathcal{O}_A(D_i)$ とおくと，$L = L_1^{\otimes a_1} \otimes \cdots \otimes L_r^{\otimes a_r}$ であり，前の主張より，各 i で $T^*_{x_2 - x_1}(L_i) = L_i$ となる．したがって，

$$\begin{aligned} T^*_{x_2-x_1}(L) &= T^*_{x_2-x_1}(L_1)^{\otimes a_1} \otimes \cdots \otimes T^*_{x_2-x_1}(L_r)^{\otimes a_r} \\ &= L_1^{\otimes a_1} \otimes \cdots \otimes L_r^{\otimes a_r} = L \end{aligned}$$

を得る．つまり，$x_2 - x_1 \in \mathrm{Ker}(\lambda_L)$ より $C - C \subseteq \mathrm{Ker}(\lambda_L)$ である．

(2) ⇒ (3): Φ の像 $\Phi(A)$ を Y と書き，E を A 上の任意の連接 $\mathcal{O}_A$ 加群とする．このとき，$\Phi_* E$ は Y 上連接で $\mathcal{O}_Y(1)$ は豊富であるから，ある $n_0 > 0$ が存在し，任意の $n \geq n_0$ に対して

$$H^0(Y, \Phi_* E \otimes \mathcal{O}_Y(n)) \otimes \mathcal{O}_Y \to \Phi_* E \otimes \mathcal{O}_Y(n)$$

は全射である（[7, 153 ページの定義] 参照）．この全射に Φ^* を施して

$$H^0(Y, \Phi_* E \otimes \mathcal{O}_Y(n)) \otimes \mathcal{O}_A \to \Phi^* \Phi_* E \otimes \Phi^* \mathcal{O}_Y(n) \qquad (2.8)$$

が全射となる．

一方，$\Phi^* \mathcal{O}_Y(n) \cong L^{2n}$ であるので，射影公式より $\Phi_*(E \otimes L^{2n}) \cong \Phi_* E \otimes \mathcal{O}_Y(n)$ である．さらに Φ が有限射であることから，自然な射 $\Phi^* \Phi_* E \to E$ は全射である．よって式 (2.8) より

$$H^0(A, E \otimes L^{2n}) \otimes \mathcal{O}_A \to E \otimes L^{2n}$$

はすべての $n \geq n_0$ で全射である．これより L^2 は豊富，すなわち L は豊富で

ある.

(3) $\Rightarrow$ (1): $i = 1, 2$ に対して $p_i : A \times A \to A$ を第 i 成分への射影とする. まず,

$$\mathrm{Ker}(\lambda_L) = \left\{ x \in A(F) \;\middle|\; (m_A^* L \otimes p_1^* L^{-1})\big|_{A \times \{x\}} \text{ は自明} \right\}$$

と表されることに注意しよう. 特にシーソーの定理(補題 2.18)より, $\mathrm{Ker}(\lambda_L)$ を A の閉部分群とみなすことができる. $\mathrm{Ker}(\lambda_L)$ に被約部分スキームの構造を入れよう. $\mathrm{Ker}(\lambda_L)$ の単位元を通る既約成分を B とすると, B は A の部分アーベル多様体となる. さて, $B \times B$ 上の直線束 $L' = m_B^* L^{-1} \otimes p_1^* L \otimes p_2^* L$ を考える. 任意の $x \in B$ に対して $L'|_{B \times \{x\}} = (m_B^* L^{-1} \otimes p_1^* L)\big|_{B \times \{x\}} \otimes p_2^* L|_{B \times \{x\}}$ は自明であり, さらに, $L'|_{\{0\} \times B}$ が自明であることから, シーソーの定理(補題 2.18)より L' も自明である. $([1]_B, [-1]_B) : B \to B \times B$ によって L' を引き戻すと, $L \otimes [-1]_B^* L$ は B 上自明である. ところが L も $[-1]_B^* L$ も B 上豊富なので, $L \otimes [-1]_B^* L$ は B 上豊富である. ゆえに $\dim B = 0$ でなければならず, $\mathrm{Ker}(\lambda_L)$ は有限である. □

2.7 アーベル多様体上の高さ

本節では, 前節までの高さの定義にあった有界関数を法とした曖昧さがアーベル多様体上では除けることを示そう.

まず次の補題を示しておこう. 2.4 節でも用いたように, 一般に集合 S 上の実数値関数 h_1, h_2 に対して, $h_1 - h_2$ が S 上の有界関数であることを

$$h_1 = h_2 + O(1)$$

で表す.

補題 2.27. A をアーベル群, $h : A \to \mathbb{R}$ を写像で, $A \times A \times A$ 上の関数として,

$$h(x+y+z) - h(x+y) - h(y+z) - h(z+x) + h(x) + h(y) + h(z) = O(1)$$

が成立しているとする．このとき，ある対称な双線形写像 $b : A \times A \to \mathbb{R}$ と線形写像 $l : A \to \mathbb{R}$ が一意的に存在して，A 上の関数として，

$$h(x) = \frac{1}{2}b(x,x) + l(x) + O(1)$$

が任意の $x \in A$ で成立する．

証明: $\beta(x,y) = h(x+y) - h(x) - h(y)$ とおく．β は対称である．また，

$$\beta(x+y,z) = h(x+y+z) - h(x+y) - h(z),$$
$$\beta(x,z) + \beta(y,z) = h(x+z) + h(y+z) - h(x) - h(y) - 2h(z)$$

だから，仮定より，ある定数 C が存在して，すべての $x, y, z \in A$ で，

$$|\beta(x+y,z) - \beta(x,z) - \beta(y,z)| \leq C$$

が成り立つ．したがって，

$$\begin{cases} |\beta(2^{n+1}x, 2^{n+1}y) - 2\beta(2^n x, 2^{n+1}y)| \leq C, \\ |\beta(2^n x, 2^{n+1}y) - 2\beta(2^n x, 2^n y)| \leq C \end{cases}$$

となるので，

$$|\beta(2^{n+1}x, 2^{n+1}y) - 4\beta(2^n x, 2^n y)| \leq 3C$$

となる．つまり

$$|4^{-(n+1)}\beta(2^{n+1}x, 2^{n+1}y) - 4^{-n}\beta(2^n x, 2^n y)| \leq 3C4^{-(n+1)}$$

である．したがって数列 $\{4^{-n}\beta(2^n x, 2^n y)\}$ はコーシー列となり，

$$\lim_{n\to\infty} 4^{-n}\beta(2^n x, 2^n y)$$

が存在する．そこで，

$$b(x,y) = \lim_{n\to\infty} 4^{-n}\beta(2^n x, 2^n y)$$

とおく．b の対称性は β の対称性より明らかである．前の評価より

$$|4^{-N}\beta(2^N x, 2^N y) - \beta(x,y)| \leq 3C\sum_{n=0}^{N-1} 4^{-(n+1)} \leq C$$

であるので，$|b-\beta| \leq C$ である．また

$$|4^{-n}\beta(2^n(x+y), 2^n z) - 4^{-n}\beta(2^n x, 2^n z) - 4^{-n}\beta(2^n y, 2^n z)| \leq 4^{-n}C$$

であるので，b は双線形写像である．

次に $\lambda(x) = h(x) - \frac{1}{2}b(x,x)$ とおく．このとき，

$$\lambda(x+y) - \lambda(x) - \lambda(y) = \beta(x,y) - b(x,y)$$

であるので，

$$|\lambda(x+y) - \lambda(x) - \lambda(y)| \leq C$$

となる．よって

$$|2^{-(n+1)}\lambda(2^{n+1}x) - 2^{-n}\lambda(2^n x)| \leq 2^{-(n+1)}C$$

となり，$l(x) = \lim_{n\to\infty} 2^{-n}\lambda(2^n x)$ とおくと，これは収束し，$|l-\lambda| \leq C$ であることが確かめられる．さらに

$$|2^{-n}\lambda(2^n(x+y)) - 2^{-n}\lambda(2^n x) - 2^{-n}\lambda(2^n y)| \leq 2^{-n}C$$

となるので，l は線形になる．よって，b と l によって

$$h(x) = \frac{1}{2}b(x,x) + l(x) + O(1)$$

となる．

最後に一意性について考える．別の対称な双線形写像 b' と線形写像 l' で $h = \frac{1}{2}b' + l' + O(1)$ であったとする．このとき，$\beta = b' + O(1)$ ゆえ，$b = b' + O(1)$ となる．つまりある定数 C' が存在して，$|b-b'| \leq C'$ である．特に，

$$|b(x,y) - b'(x,y)| = 2^{-n}|b(2^n x, y) - b'(2^n x, y)| \leq 2^{-n}C'$$

ゆえ，$n \to \infty$ として $b = b'$ を得る．したがって，$l = l' + O(1)$ となる．

$$|l(x) - l'(x)| = 2^{-n}|l(2^n x) - l'(2^n x)| \leq 2^{-n}C''$$

より，$l = l'$ である．　□

定理 2.28. A を $\overline{\mathbb{Q}}$ 上定義されたアーベル多様体とする．このとき，任意の直線束 L に対して，対称な双線形写像 $b_L : A(\overline{\mathbb{Q}}) \times A(\overline{\mathbb{Q}}) \to \mathbb{R}$ と線形写像 $l_L : A(\overline{\mathbb{Q}}) \to \mathbb{R}$ が一意的に存在して，任意の $x \in A(\overline{\mathbb{Q}})$ で，

$$h_L(x) = \frac{1}{2} b_L(x, x) + l_L(x) + O(1)$$

が成立する．

証明: $p_i : A \times A \times A \to A$ を i 成分への射影とすると，定理 2.21 により

$$(p_1+p_2+p_3)^*(L) \otimes (p_1+p_2)^*(L^{-1}) \otimes (p_2+p_3)^*(L^{-1}) \otimes (p_3+p_1)^*(L^{-1}) \\ \otimes p_1^*(L) \otimes p_2^*(L) \otimes p_3^*(L) \cong \mathcal{O}_A$$

が成立し，これから

$$h_L(x+y+z) - h_L(x+y) - h_L(y+z) - h_L(z+x) \\ + h_L(x) + h_L(y) + h_L(z) = O(1)$$

を得る．よって，補題 2.27 を使って定理が示せる． □

以後，

$$\hat{h}_L(x) = \frac{1}{2} b_L(x, x) + l_L(x)$$

と表し，L の**標準的な高さ** (canonical height) あるいは**ネロン-テイトの高さ** (Néron–Tate height) とよぶ．

以下で，標準的な高さの基本的な性質を示そう．

$[-1] : A \to A$ を $[-1](x) = -x$ で定義される準同型射とする．2.6 節でも定義したように，A 上の直線束 L が偶であるとは，$[-1]^*(L) \cong L$ のときにいう．A 上の直線束 L が奇であるとは，$[-1]^*(L) \cong L^{-1}$ のときにいう．

定理 2.29. A は $\overline{\mathbb{Q}}$ 上定義されたアーベル多様体とする．

(1) $\hat{h}_{L_1 \otimes L_2} = \hat{h}_{L_1} + \hat{h}_{L_2}$ が A 上の任意の直線束 L_1, L_2 で成立する．

(2) $f : A \to B$ が $\overline{\mathbb{Q}}$ 上に定義されたアーベル多様体の間の準同型射とすると，$\hat{h}_{f^*(L)} = \hat{h}_L \circ f$ である．

(3) L が A 上の偶な直線束のとき，$l_L = 0$ である．L が A 上の奇な直線束のとき，$b_L = 0$ である．

証明: (1) 定理 2.9 から

$$\begin{aligned} h_{L_1 \otimes L_2} &= h_{L_1} + h_{L_2} + O(1) \\ &= \frac{1}{2}(b_{L_1} + b_{L_2}) + (l_{L_1} + l_{L_2}) + O(1) \end{aligned}$$

となるから，定理 2.28 の一意性から $b_{L_1 \otimes L_2} = b_{L_1} + b_{L_2}, l_{L_1 \otimes L_2} = l_{L_1} + l_{L_2}$ となる．よって，(1) が成り立つ．

(2) 定理 2.9 から，

$$\begin{aligned} h_{f*(L)} &= h_L \circ f + O(1) = \hat{h}_L \circ f + O(1) \\ &= \frac{1}{2} b_L \circ (f \times f) + l_L \circ f + O(1) \end{aligned}$$

となる．ここで，f はアーベル多様体の準同型射だから $b_L \circ (f \times f)$ は対称な双線形写像であり，l_L は線形写像である．よって，定理 2.28 の一意性から $b_L \circ (f \times f) = b_{f*(L)}, l_L \circ f = l_{f^*(L)}$ となり，(2) が成り立つ．

(3) $[-1]^*L = L$ ならば，(2) より $\hat{h}_L(-x) = \hat{h}_L(x)$ である．よって，$l(-x) = l(x)$ がわかるので，$l(x) = 0$ である．$[-1]^*L = L^{-1}$ ならば，(2) より $\hat{h}_L(-x) = -\hat{h}_L(x)$ である．よって，$b(-x, -x) = -b(x, x)$ がわかるので，$b(x, x) = 0$ である．ここで，$2b(x, y) = b(x + y, x + y) - b(x, x) - b(y, y)$ であるので $b = 0$ を得る．□

A を $\overline{\mathbb{Q}}$ 上定義されたアーベル多様体とし，L を A 上の偶の豊富な直線束とする．今後，$b_L(x, y)$ を $\langle x, y \rangle_L$ で表し，これを**ネロン-テイトの高さペアリング** (Néron–Tate height pairing) という．定理 2.28 より，$\hat{h}_L(x) = \frac{1}{2}\langle x, x \rangle_L$ である．

ネロン-テイトの高さペアリングの性質をあげよう．$x \in A(\overline{\mathbb{Q}})$ とする．正の整数 n に対して，x が n **捩れ点** (torsion point) であるとは，$nx = 0$ となるときにいう．x が捩れ点であるとは，ある正の整数 n が存在して，x が n 捩れ点となるときにいう．捩れ点全体の集合を $A(\overline{\mathbb{Q}})_{tor}$ で表す．

定理 2.30. A を $\overline{\mathbb{Q}}$ 上に定義されたアーベル多様体，L を A 上の偶の豊富な直線束，$\langle\ ,\ \rangle_L : A(\overline{\mathbb{Q}}) \times A(\overline{\mathbb{Q}}) \to \mathbb{R}$ を L に付随するネロン-テイトの高さペアリングとする．

(1) $x \in A(\overline{\mathbb{Q}})_{tor}$ ならば，任意の $y \in A(\overline{\mathbb{Q}})$ に対して，$\langle x, y\rangle_L = 0$ である．

(2) $\langle\ ,\ \rangle_L$ が誘導する $A(\overline{\mathbb{Q}})/A(\overline{\mathbb{Q}})_{tor} \times A(\overline{\mathbb{Q}})/A(\overline{\mathbb{Q}})_{tor}$ 上の対称な双線形写像は正定値である．

(3) $p_i : A \times A \to A$ を i 成分への射影とし，$P = (p_1 + p_2)^*(L) \otimes p_1^*(L^{-1}) \otimes p_2^*(L^{-1})$ とおくと，$A(\overline{\mathbb{Q}}) \times A(\overline{\mathbb{Q}})$ 上で $\hat{h}_P(x, y) = \langle x, y\rangle_L$ となる．

証明: (1) $x \in A(\overline{\mathbb{Q}})_{tor}$ が n 捩れ点ならば，

$$n\langle x, y\rangle_L = \langle nx, y\rangle_L = \langle 0, y\rangle_L = 0$$

である．よって，$\langle x, y\rangle_L = 0$ となる．

(2) L は豊富であるので十分大きな n について L^n は射影空間への埋めこみを定める．ゆえに，命題 2.10 より，ある定数 C が存在して $\hat{h}_{L^n}(x) \geq C$ である．つまり，$\hat{h}_L(x) \geq C/n$ である．したがって，

$$m^2\hat{h}_L(x) = \hat{h}_L(mx) \geq C/n$$

であるので，m を無限大にとばして $\hat{h}_L(x) \geq 0$ を得る．正定値性をいうためには $\hat{h}_L(x) = 0$ ならば $x \in A(\overline{\mathbb{Q}})_{tor}$ であればよい．ある代数体 K をとって $x \in A(K)$ とし，x の生成する巡回群 $G = \{mx \mid m \in \mathbb{Z}\}$ を考える．これは $A(K)$ の部分群であり，$y = mx \in G$ に対して $\hat{h}_L(y) = m^2\hat{h}_L(x) = 0$ である．よって，ノースコットの定理（定理 2.14）により G は有限群となる．したがって，$x \in A(K)_{tor}$ となる．

(3) $\phi(x) = (x, x)$ で定義される $\phi : A \to A \times A$ を考える．今，$[n] : A \to A$ を n 倍写像とすると，

$$\phi^*(P) \cong [2]^*(L) \otimes L^{-2}$$

となる．式 (2.7) より，$[2]^*(L) \cong L^4$ であるから，$\phi^*(P) \cong L^2$ である．これは，

$$\hat{h}_P(x, x) = 2\hat{h}_L(x) = \langle x, x\rangle_L$$

を示している．

以下，$\hat{h}_P(x,y) = \langle x,y\rangle_L$ を確かめよう．$\iota : A \times A \to A \times A$ を $\iota(x,y) = (y,x)$ と定めると，$\iota^*(P) \cong P$ である．よって，

$$\hat{h}_P(x,y) = \hat{h}_P(y,x)$$

が成り立つ．さらに，

$$\hat{h}_P(x+y,z) = \hat{h}_P(x,z) + \hat{h}_P(y,z)$$

を示そう．ここで，射 $a,b,c : A \times A \times A \to A \times A$ を $a(x,y,z) = (x+y,z)$, $b(x,y,z) = (x,z)$，$c(x,y,z) = (y,z)$ と定める．さらに，$q_i : A \times A \times A \to A$ を i 成分への射影とする．このとき，

$$\begin{array}{lll} (p_1+p_2)\cdot a = q_1+q_2+q_3, & (p_1+p_2)\cdot b = q_1+q_3, & (p_1+p_2)\cdot c = q_2+q_3, \\ p_1 \cdot a = q_1 + q_2, & p_1 \cdot b = q_1, & p_1 \cdot c = q_2, \\ p_2 \cdot a = q_3, & p_2 \cdot b = q_3, & p_2 \cdot c = q_3 \end{array}$$

であるので，

$$\begin{aligned} a^*(P) - b^*(P) - c^*(P) = (q_1+q_2+q_3)^*(L) \\ - (q_1+q_2)^*(L) - (q_2+q_3)^*(L) - (q_3+q_1)^*(L) \\ + q_1^*(L) + q_2^*(L) + q_3^*(L) \end{aligned}$$

であることが確かめられる．したがって，補題 2.21 より，

$$a^*(P) - b^*(P) - c^*(P) \cong \mathcal{O}_{A\times A\times A}$$

である．これより

$$\hat{h}_P(x+y,z) = \hat{h}_P(x,z) + \hat{h}_P(y,z)$$

を得る．以上より，

$$\hat{h}_P(x+y,x+y) = \langle x+y, x+y\rangle_L$$

を展開して，$\hat{h}_P(x,y) = \langle x,y\rangle_L$ が得られる． □

定理 2.30 の (2) よりも，もう少し強いことを示しておこう．

命題 2.31. 定理 2.30 の設定で，$\langle\ ,\ \rangle_L : A(\overline{\mathbb{Q}}) \times A(\overline{\mathbb{Q}}) \to \mathbb{R}$ は $A(\overline{\mathbb{Q}}) \otimes \mathbb{R}$ 上の内積を定める．

証明: $\langle\ ,\ \rangle_L$ の正定値性を示すことが問題である．すなわち，$x \in A(\overline{\mathbb{Q}}) \otimes \mathbb{R}$ を $\langle x, x\rangle_L = 0$ をみたすものとすれば，$x = 0$ であることを示すのが目標である．

$a_1, \ldots, a_m \in \mathbb{R}$ と $x_1, \ldots, x_m \in A(\overline{\mathbb{Q}})$ を用いて，

$$x = a_1 x_1 + \cdots + a_m x_m$$

と表す．代数体 K を，$x_1, \ldots, x_m \in A(K)$ となるようにとる．

V を $\mathbb{R}$ 上 $x_1, \ldots, x_m$ で生成される $A(\overline{\mathbb{Q}}) \otimes \mathbb{R}$ の部分ベクトル空間とする．$d = \dim V$ とおく．$x_1, \ldots, x_m$ を並び替えて，$x_1, \ldots, x_d$ が実ベクトル空間 V の基底としてよい．V の部分集合 M を $M = \{n_1 x_1 + \cdots + n_d x_d \mid n_1, \ldots, n_d \in \mathbb{Z}\}$ で定める．

定理 2.30 の (2) より，$\gamma \in M$ に対して，$\langle \gamma, \gamma\rangle_L = 0$ ならば，$\gamma = 0$ に注意しておこう．(なお，γ を $A(\overline{\mathbb{Q}}) \otimes \mathbb{R}$ の元ではなく，$A(\overline{\mathbb{Q}})$ の元とみなせば $\gamma \in A(\overline{\mathbb{Q}})_{tor}$ である.)

一方，$\frac{1}{2}\langle \gamma, \gamma\rangle_L = \hat{h}_L(\gamma)$ で L は豊富な直線束なので，ノースコットの定理より，$\{\gamma \in M \mid \langle \gamma, \gamma\rangle_L \le 1\}$ は有限集合である．したがって，$\epsilon := \inf\{\langle \gamma, \gamma\rangle_L \mid \gamma \in M, \gamma \neq 0\}$ は正の数になる．

$\langle\ ,\ \rangle_L$ は V 上の 2 次形式を定めているので，その符号を (p, q) とおく．$p = d$ を示せばよい．

背理法で，$p < d$ と仮定しよう．このとき，V の基底 $\{u_1, \ldots, u_d\}$ を $v = \sum_{i=1}^{d} c_i u_i$ $(c_i \in \mathbb{R})$ に対して，

$$\langle v, v\rangle_L = \sum_{i=1}^{p} c_i^2 - \sum_{i=p+1}^{p+q} c_i^2$$

となるようにとる．また，V には $\{u_1, \ldots, u_d\}$ が正規直交基底となる内積を入れ，$\{u_1, \ldots, u_d\}$ の作る超立方体の体積が 1 になるようなルベーグ測度を入れておく．このとき，十分大きな R に対して，

$$S = \left\{ v = \sum_{i=1}^{d} c_i u_i \in V \;\middle|\; \sum_{i=1}^{p} c_i^2 \le \epsilon/2,\ \sum_{i=p+1}^{d} c_i^2 \le R \right\}$$

とおけば，S は V の原点対称な凸体で，$\mathrm{vol}(S)$ は十分大きい．よって，ミンコフスキーの凸体定理（定理 1.9）より，$\gamma \in S \cap M$ で，$\gamma \neq 0$ となるものが存在するが，この γ に対して，$\langle \gamma, \gamma \rangle_L \leq \epsilon/2$ となるから，ϵ の取り方に矛盾する．よって，$p = d$ であり，$\langle\ ,\ \rangle_L$ は V 上の正定値な 2 次形式を定める．

以上により，結論を得る． □

モーデル-ヴェイユの定理として下の定理 2.40 で示すが，K が代数体のとき $A(K)$ は有限生成アーベル群になる．したがって，命題 2.31 より，$\langle\ ,\ \rangle_L : A(K) \times A(K) \to \mathbb{R}$ は有限次ベクトル空間 $A(K) \otimes \mathbb{R}$ 上の内積を定める．

2.8 曲線とヤコビ多様体

本節では，前節の結果を代数曲線とそのヤコビ多様体の場合に適用しよう．代数幾何学の古典にあたる分野である．

F を標数 0 の体とする．C を F 上絶対既約な非特異射影曲線とし，C は F 有理点をもつと仮定する．ω_C で C の標準直線束（C 上の 1 形式からなる直線束）を表すとき，

$$g := \dim_F H^0(C, \omega_C) = \dim_F H^1(C, \mathcal{O}_C)$$

を C の**種数** (genus) という．F が複素数体 $\mathbb{C}$ の場合，すなわち，C がコンパクトなリーマン面の場合は，連結な向き付け可能な閉曲面としての穴の数である．つまり，C のオイラー数を χ とすると $\chi = 2 - 2g$ である．

Bernhard Riemann

各整数 $d \in \mathbb{Z}$ と F 上の代数多様体 T に対して，$\mathrm{Pic}^d(C \times T)$ を

$$\left\{ L \in \mathrm{Pic}(C \times T) \;\middle|\; \begin{array}{l} \text{任意の閉点 } t \in T \text{ で} \\ \deg(L|_{C \times \{t\}}) = d \end{array} \right\}$$

と定める．このとき，F 上の代数多様体 $\mathbf{Pic}^d(C)$ と $Q_d \in \mathrm{Pic}^d(C \times \mathbf{Pic}^d(C))$ の組 $(\mathbf{Pic}^d(C), Q_d)$ が存在し，次の性質が成り立つ：すなわち，任意の F 上

の代数多様体 T と $L \in \mathrm{Pic}^d(C \times T)$ に対して，射 $f : T \to \mathbf{Pic}^d(C)$ が一意的に存在し，

$$L|_{C \times \{t\}} \cong (\mathrm{id}_C \times f)^*(Q_d)|_{C \times \{t\}}$$

がすべての閉点 $t \in T$ で成立する．第 2 成分への射影 $C \times T \to T$ を p_T で表すと，シーソーの定理（補題 2.18）により，これは $L \otimes (\mathrm{id}_C \times f)^*(Q_d)^{-1} \in p_T^*(\mathrm{Pic}(T))$ と同値である．$\mathbf{Pic}^d(C)$ を C の d 次の**ピカール多様体** (Picard variety)，Q_d を d 次の**ポアンカレ直線束** (Poincaré line bundle) とよぶ．ポアンカレ直線束は任意の $L \in \mathrm{Pic}^d(C)$ に対して $Q_d|_{C \times \{L\}} \cong L$ をみたす（第 2 成分への射影 $C \times \mathbf{Pic}^d(C) \to \mathbf{Pic}^d(C)$ を p で表すと，このような直線束は $p^*(\mathrm{Pic}(\mathbf{Pic}^d(C)))$ の差を除いて一意的である）．

特に，$J := \mathbf{Pic}^0(C)$ は自然に F 上の g 次元のアーベル多様体の構造をもち，これを C の**ヤコビ多様体** (Jacobian variety) とよぶ．ヤコビ多様体についての解説は，例えば [7, 第 4 章 4 節] にある．

以下では，言葉の乱用で，代数多様体としての $\mathbf{Pic}^d(C)$ と集合としての $\mathrm{Pic}^d(C)$ は特に区別しないこととする．

Jules Henri Poincaré

$C \times C$ の対角因子を Δ とする．また，$i = 1, 2$ に対して，第 i 成分への射影 $C \times C \to C$ を p_i で表す．C 上の次数 1 のカルティエ因子 D に対して，$C \times C$ 上の直線束 $\mathcal{O}_{C \times C}(\Delta) \otimes p_1^*\mathcal{O}_C(-D) \in \mathrm{Pic}^0(C \times C)$ の定める射 $C \to J$ を j_D と書き，D によって定まる**アーベル-ヤコビ写像** (Abel–Jacobi map) とよぶ．j_D は $x \in C(\overline{F})$ を $x - D$ に対応する直線束に移す．ここで，$\overline{F}$ は F の代数的閉包である．以下混乱がなければ，カルティエ因子と対応する直線束を区別しない．次が成立する．

定理 2.32（アーベル-ヤコビ写像の単射性）．$g \geq 1$ とする．このとき，任意の $a \in \mathrm{Pic}^1(C)$ に対して $j_a : C \to J$ は閉埋め込みである．

証明: よく知られていることなので簡単に示す．$F = \overline{F}$ として示せば十分で

ある．まず，j_a が単射であることを示そう．相異なる $x, y \in C$ に対して，$j_a(x) = j_a(y)$ とすると，因子として $x \sim y$，すなわち，$y = x + (f)$ となる C 上の 0 でない有理関数 f が存在する．$L = \mathcal{O}_C(x)$ とおき，1 と f に対応する L の大域切断をそれぞれ s_1 と s_2 で表すと，$\mathrm{div}(s_1) = x$，$\mathrm{div}(s_2) = y$ であるので，$\zeta \mapsto (s_1(\zeta) : s_2(\zeta))$ により，$\pi : C \to \mathbb{P}^1$ が定まる．$\pi^*(\mathcal{O}_{\mathbb{P}^1}(1)) \cong L$ に注意すれば，$\deg(\pi) = 1$, すなわち，π は同型射である．これは $g \geq 1$ の仮定に反する．

したがって，j_a が接空間の間の単射を誘導すること，すなわち，余接空間の間の全射を誘導することをみれば結論を得る．$x \in C$ とする．$j_a(x)$ での J の余接空間は $H^0(C, \omega_C)$ と同一視でき，余接空間の間の射は評価写像 $H^0(C, \omega_C) \to \omega_C(x)$ $(\lambda \mapsto \lambda(x))$ と同一視できる．$g \geq 1$ のとき ω_C は基底点をもたないので，主張を得る． □

$\theta_0 \in C(\overline{F})$ を任意にとる．$J(\overline{F})$ は可除群であるから（系 2.24），$(2g-2)\theta_1 \sim \omega_C - (2g-2)\theta_0$ となる $\theta_1 \in J(\overline{F})$ が存在する．$\theta := \theta_0 + \theta_1$ とすれば，$(2g-2)\theta \sim \omega_C$ が成り立つ．

定義体 F を F の適当な有限次拡大体に取り直せば，$\theta \in \mathrm{Pic}^1(C)$ と仮定してよい．この θ によるアーベル-ヤコビ写像 j_θ を特に j と書くことにする．J 上の**テータ因子** (theta divisor) Θ を

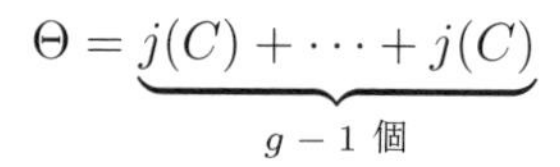

$$\Theta = \underbrace{j(C) + \cdots + j(C)}_{g-1\text{ 個}}$$

と定める．このとき，次が成立する．

Carl Jacobi

命題 2.33. (1) $\mathcal{O}_J(\Theta)$ は偶な直線束である．

(2) 任意の $a \in \mathrm{Pic}^1(C)$ に対して，$j_a^*(\Theta) \sim (g-1)\theta + a$ である．特に，$j^*(\Theta) \sim g\theta$ である．

(3) $q_i : J \times J \to J$ を第 i 成分への射影とし，$P = (q_1+q_2)^*(\Theta) - q_1^*(\Theta) - q_2^*(\Theta)$ とおくと，

$$(j \times j)^*(P) \sim p_1^*(\theta) + p_2^*(\theta) - \Delta$$

である.

(4) $\mathcal{O}_J(\Theta)$ は豊富な直線束である.

まず, 次の補題を考える.

補題 2.34. V を F 上の d 次元の射影多様体とし, L と M を V 上の直線束とする.

$$V_{\overline{F}} := V \times \operatorname{Spec}(\overline{F}), \quad L_{\overline{F}} := L \otimes_F \overline{F}, \quad M_{\overline{F}} := M \otimes_F \overline{F}$$

とおく. もし $\overline{F}$ 上で $L_{\overline{F}} \cong M_{\overline{F}}$ であるなら, F 上で $L \cong M$ となる[3].

証明: 証明を始める. L と M 代わりに $L \otimes M^{-1}$ と $\mathcal{O}_V$ を考えることで, $M = \mathcal{O}_V$ と仮定してよい. $L_{\overline{F}} \cong \mathcal{O}_{V_{\overline{F}}}$ であるので,

$$0 \neq H^0(V_{\overline{F}}, L_{\overline{F}}) = H^0(V, L) \otimes_F \overline{F}, \quad 0 \neq H^0(V_{\overline{F}}, L_{\overline{F}}^{-1}) = H^0(V, L^{-1}) \otimes_F \overline{F}$$

となる. したがって,

$$H^0(V, L) \neq 0 \quad \text{かつ} \quad H^0(V, L^{-1}) \neq 0$$

である. シーソーの定理 (補題 2.18) の証明で示したように, これから $L \cong \mathcal{O}_V$ を得る. □

命題 2.33 の証明: (1) は $\mathcal{O}_J(\Theta) \cong [-1]_J^*(\mathcal{O}_J(\Theta))$ を示すことであり, (2) と (3) は対応する直線束が同型であることを示すことなので, 補題 2.34 により, F は代数閉体と仮定してよい. 直線束を代数的閉包まで持ち上げて豊富ならもとの直線束も豊富になるので, (4) についても F は代数的閉体と仮定してよい. そこで, 以下の証明では F は代数的閉体と仮定する.

(1) 「$x \in \Theta \Longrightarrow -x \in \Theta$」 を示せば十分である. $x \in \Theta$ より, ある点 $P_1, \ldots, P_{g-1} \in C(F)$ が存在して

$$x \sim (P_1 - \theta) + \cdots + (P_{g-1} - \theta)$$

---

[3] $L \cong M$ から導かれる $L_{\overline{F}} \cong M_{\overline{F}}$ は与えられている $L_{\overline{F}} \cong M_{\overline{F}}$ とは同じであるとは限らないことに注意しておく.

となる．ここで $\dim_F H^0(C, \omega_C) = g$ であるので，

$$H^0(C, \omega_C(-P_1 - \cdots - P_{g-1})) \neq 0$$

である．つまり，ある点 $Q_1, \ldots, Q_{g-1}$ が存在して

$$(2g-2)\theta \sim \omega_C \sim P_1 + \cdots + P_{g-1} + Q_1 + \cdots + Q_{g-1}$$

となる．よって

$$\begin{aligned}(Q_1 - \theta) + \cdots + (Q_{g-1} - \theta) &= (Q_1 + \cdots + Q_{g-1}) - (g-1)\theta \\ &\sim (g-1)\theta - (P_1 + \cdots + P_{g-1}) = -x\end{aligned}$$

となるので，$-x \in \Theta$ である．

(2) まず a が一般の点の場合を考えよう．a を一般にとれば，

$$\dim H^0(C, \mathcal{O}_C(a + (g-1)\theta)) = 1$$

で，$|a + (g-1)\theta|$ の元は相異なる点の和である．つまり，相異なる $P_1, \ldots, P_g$ が順序を除いて一意的に存在して

$$P_1 + \cdots + P_g \sim a + (g-1)\theta$$

となる．(1) の証明と $P_1, \ldots, P_g$ の順序を除いての一意性を用いると，

$$\begin{aligned}j_a(x) \in \Theta &\iff -j_a(x) \in \Theta \\ &\iff a - x \sim (Q_1 - \theta) + \cdots + (Q_{g-1} - \theta)\ (\exists\, Q_1, \ldots, Q_{g-1} \in C) \\ &\iff a + (g-1)\theta \sim x + Q_1 + \cdots + Q_{g-1}\ (\exists\, Q_1, \ldots, Q_{g-1} \in C) \\ &\iff P_1 + \cdots + P_g \sim x + Q_1 + \cdots + Q_{g-1}\ (\exists\, Q_1, \ldots, Q_{g-1} \in C) \\ &\iff x \in \{P_1, \ldots, P_g\}\end{aligned}$$

となる．よって，$j_a^{-1}(\Theta) = \{P_1, \ldots, P_g\}$，つまり，

$$j_a^*(\Theta) \sim P_1 + \cdots + P_g \sim a + (g-1)\theta$$

である．次にすべての $a \in \mathrm{Pic}^1(C)$ の場合に拡張しよう．$\mathcal{Q}_g$ を $C \times \mathrm{Pic}^g(C)$ 上の g 次のポアンカレ直線束とする．さらに $(x, a) \mapsto (x, (g-1)\theta + a)$ で定義される $\alpha : C \times \mathrm{Pic}^1(C) \to C \times \mathrm{Pic}^g(C)$ による $\mathcal{Q}_g$ の引き戻し

$\alpha^*(Q_g)$ を Q とする．このとき，任意の $a \in \mathrm{Pic}^1(C)$ に対して，$Q|_{C\times\{a\}} = (g-1)\theta + a$ となる．$\Phi : C \times \mathrm{Pic}^1(C) \to J$ を $\Phi(x,a) = x - a$ で定める射とし，$M = \mathcal{O}_{C\times\mathrm{Pic}^1(C)}(\Phi^*(\Theta)) \otimes Q^{-1}$ とおく．さて，第 2 成分への射影 $p : C \times \mathrm{Pic}^1(C) \to \mathrm{Pic}^1(C)$ を考えよう．ここで，

$$M|_{p^{-1}(a)} = j_a^*(\Theta) - (g-1)\theta - a$$

がすべての $a \in \mathrm{Pic}^1(C)$ に対して成立することが大切である．まず，p は平坦射であるので，すべての $a \in \mathrm{Pic}^1(C)$ に対して $\deg(M|_{p^{-1}(a)}) = 0$ である．一方，a が一般の場合，前の結果より，$\dim H^0(C, M|_{p^{-1}(a)}) = \dim H^0(C, \mathcal{O}_C) = 1 > 0$ である．よって，コホモロジーの次元の上半連続性より，$\dim H^0(C, M|_{p^{-1}(a)}) > 0$ がすべての $a \in \mathrm{Pic}^1(C)$ に対して成立する．ゆえに $M|_{p^{-1}(a)} \cong \mathcal{O}_C$ がすべての $a \in \mathrm{Pic}^1(C)$ に対してわかる．

(3) $L = \mathcal{O}_{C\times C}(p_1^*(\theta) + p_2^*(\theta) - \Delta - (j\times j)^*(P))$ とおく．まず，任意の $x_1, x_2 \in C$ について

$$L|_{\{x_1\}\times C} \cong \mathcal{O}_C, \qquad L|_{C\times\{x_2\}} \cong \mathcal{O}_C$$

を調べる．$f : C \to J \times J$ を $f(x) = (j(x_1), j(x))$ で定義すると，

$$(j\times j)^*(P)|_{\{x_1\}\times C} = f^*(P)$$

である．ここで，$j(x_1) + j(x) = x - (\theta - x_1 + \theta)$ であることに注意して，(2) の結果を用いると

$$\begin{aligned} f^*(P) &= j_{\theta - x_1 + \theta}^*(\Theta) - 0 - j^*(\Theta) \\ &= \theta - x_1 + \theta + (g-1)\theta - g\theta \\ &= \theta - x_1 \end{aligned}$$

である．一方，

$$p_1^*(\theta) + p_2^*(\theta) - \Delta|_{\{x_1\}\times C} = \theta - x_1$$

である．よって，$L|_{\{x_1\}\times C} \cong \mathcal{O}_C$ となる．同様にして，$L|_{C\times\{x_2\}} \cong \mathcal{O}_C$ もわかる．

$L|_{\{x_1\}\times C} \cong \mathcal{O}_C$ であるので，$p_{1*}(L)$ は直線束で，$p_1^*(p_{1*}(L)) \to L$ は全

射である．よって，$M = p_{1*}(L)$ とおくと $L = p_1^*(M)$ である．ところが $L|_{C\times\{x_2\}} \cong \mathcal{O}_C$ であるので $M \cong \mathcal{O}_C$ となる．ゆえに，$L \cong \mathcal{O}_{C\times C}$ となり (3) が証明できた．

(4) $c \in J$ に対して，$T_c : J \to J$ を $T_c(x) := x + c$ と定める．系 2.26 により，$c \in J$ について，$T_c^*(\Theta) \sim \Theta$ ならば $c = 0$ を示せば十分である．実際，$j^*(T_c^*(\Theta)) = j_{\theta-c}^*(\Theta)$ であるので，(2) を用いて，

$$(g-1)\theta + (\theta - c) \sim j_{\theta-c}^*(\Theta) = j^*(T_c^*(\Theta)) \sim j^*(\Theta) \sim g\theta$$

となる．つまり，因子として $c \sim 0$ であるので，J の元としては $c = 0$ である．□

さて，この結果を高さに応用しよう．C，θ はそれぞれが $\overline{\mathbb{Q}}$ 上定義されていることを除いて前と同じとする．テータ因子 Θ は J 上の偶かつ豊富な因子だから，2.7 節より，$\mathcal{O}_J(\Theta)$ に付随するネロン-テイトの高さペアリング

$$\langle\ ,\ \rangle_\Theta : J(\overline{\mathbb{Q}}) \times J(\overline{\mathbb{Q}}) \to \mathbb{R} \tag{2.9}$$

が存在する．このとき，次が成立する．

系 2.35. (1) $C \times C$ 上で，$\Delta' = \Delta - p_1^*(\theta) - p_2^*(\theta)$ とおくと，すべての $x, y \in C(\overline{\mathbb{Q}})$ について

$$\langle j(x), j(y)\rangle_\Theta = h_{-\Delta'}(x, y) + O(1)$$

が成り立つ．

(2) すべての $x \in C(\overline{\mathbb{Q}})$ について

$$\langle j(x), j(x)\rangle_\Theta = 2gh_\theta(x) + O(1)$$

が成り立つ．

証明: (1) まず定理 2.30 より

$$\langle j(x), j(y)\rangle_\Theta = \hat{h}_P(j(x), j(y))$$

が成り立つ．ここで，$P = (q_1 + q_2)^*(\Theta) - q_1^*(\Theta) - q_2^*(\Theta)$ である．一方，命

題 2.33 を用いると

$$\hat{h}_P(j(x), j(y)) = h_{(j\times j)^*(P)}(x, y) + O(1) = h_{-\Delta'}(x, y) + O(1)$$

となるので (1) が示せた.

(2) 命題 2.33 より

$$\begin{aligned}\langle j(x), j(x)\rangle_\Theta &= 2\hat{h}_\Theta(j(x)) = 2h_{j^*(\Theta)}(x) + O(1) \\ &= 2h_{g\theta}(x) + O(1) = 2gh_\theta(x) + O(1)\end{aligned}$$

となる. □

2.9 モーデル-ヴェイユの定理

本節は, 前半の山場である. ここでは, アーベル多様体の有理点の構造を記述するモーデル-ヴェイユの定理 (Mordell–Weil theorem) を証明する. これは数論幾何において基本定理であり, いろいろな研究の出発点である. 楕円曲線に限っても, 非常に深い定理である.

証明は, まずエルミート-ミンコフスキーの定理 (Hermite–Minkowski theorem) とシュヴァレー-ヴェイユの定理 (Chevalley–Weil theorem) を用いて弱モーデル-ヴェイユの定理 (weak Mordell–Weil theorem) を証明する. モーデル-ヴェイユの定理は弱モーデル-ヴェイユの定理とノースコットの定理 (定理 2.14) から帰結される. では証明を始めよう.

定理 2.36 (エルミート-ミンコフスキーの定理). 正の整数 N を固定する. このとき, 代数体 K で $|D_{K/\mathbb{Q}}| \le N$ となるものは有限個しか存在しない.

証明: K を $|D_{K/\mathbb{Q}}| \le N$ をみたす代数体とする. このとき, ミンコフスキーの判別式定理 (定理 1.13) より, N のみによる正の定数 M が存在して, $[K : \mathbb{Q}] \le M$ となる (注意 1.15 参照).

ミンコフスキーの判別式定理で用いた記号を使う. 特に, $n = [K : \mathbb{Q}]$ であり, $\rho_1, \dots, \rho_{r_1}$ は K の実の埋め込みを表し, 残りの埋め込みを $\sigma_1, \overline{\sigma}_1, \dots, \sigma_{r_2}, \overline{\sigma}_{r_2}$ とする. また, $V = K \otimes_{\mathbb{Q}} \mathbb{R}$ であり, 同型写像 $f : V \to \mathbb{R}^n$ を式 (1.13) から

定まるものとする．

$C > (2^3/\pi)^M \sqrt{|D_{K/\mathbb{Q}}|}$ となる C を固定する．

始めに，$r_1 \geq 1$，すなわち，K は実の埋め込みをもつ場合を考える．このとき，$\rho_1 : K \to \mathbb{R}$ によって $K \subseteq \mathbb{R}$ であるとみなす．T を

$$\left\{ (a_1, \ldots, a_{r_1}, b_1, c_1, \ldots, b_{r_2}, c_{r_2}) \in \mathbb{R}^n \;\middle|\; \begin{array}{l} |a_1| < C, |a_i| < 1\,(i = 2, \ldots, r_1), \\ \sqrt{2(b_j^2 + c_j^2)} < 1\,(j = 1, \ldots, r_2) \end{array} \right\}$$

で定める．このとき，$\mathrm{vol}(T) = C2^{r_1 - r_2}\pi^{r_2}$ となる．

$S = f^{-1}(T) \subset V$ とおく．S は原点対称な凸体であり，f が距離同型となるような内積を $\mathbb{R}^n$ に入れていたので，$\mathrm{vol}(S) = C2^{r_1 - r_2}\pi^{r_2}$ である．補題 1.12 より $\mathrm{vol}(O_K, \langle\ ,\ \rangle_K) = \sqrt{|D_{K/\mathbb{Q}}|}$ であり，C の取り方より，

$$\mathrm{vol}(S) > (2^3/\pi)^{r_2} 2^{r_1 - r_2}\pi^{r_2}\sqrt{|D_{K/\mathbb{Q}}|} = 2^n \,\mathrm{vol}(O_K, \langle\ ,\ \rangle_K)$$

となる．よって，ミンコフスキーの凸体定理（定理 1.9）より，O_K の 0 でない元 α で $\alpha \in S$ となるものが存在する．

$\alpha \in S$ は，$|\alpha|_{\rho_1} < C$ であり，ρ_1 以外の $\sigma \in K(\mathbb{C})$ について $|\alpha|_\sigma < 1$ を意味する．$\alpha \in O_K$ と積公式から，$1 = \prod_{v \in M_K} |\alpha|_v \leq \prod_{\sigma \in K(\mathbb{C})} |\alpha|_\sigma$ なので，$|\alpha|_{\rho_1} > 1$ である．

主張 2. $\sigma \in K(\mathbb{C})$ が $\sigma(\alpha) = \alpha$ をみたせば $\sigma = \rho_1$ である．さらに，$K = \mathbb{Q}(\alpha)$ となる．

ρ_1 によって $K \subseteq \mathbb{R}$ とみなしているので，$\sigma(\alpha) = \alpha$ は，$|\alpha|_\sigma = |\alpha|_{\rho_1}$ を意味する．α の絶対値が 1 よりも大きくなるアルキメデス的な絶対値は $|\cdot|_{\rho_1}$ しかないので，$\sigma = \rho_1$ となる．よって，前半の主張が示せた．

$\sigma \in K(\mathbb{C})$ で $\sigma(\alpha) = \alpha$ となるものは，$\mathbb{Q}(\alpha)$ の元を固定した K の $\mathbb{C}$ への埋め込みを与えるから，$[K : \mathbb{Q}(\alpha)]$ 個ある． 前半の主張より，このようなものが一つしかないので，$[K : \mathbb{Q}(\alpha)] = 1$，すなわち，$K = \mathbb{Q}(\alpha)$ となる．以上により，主張 2 が示せた．

α は，命題 2.5(5) より $h(\alpha) \leq \frac{1}{[K:\mathbb{Q}]}\log^+(C) \leq \log^+(C)$，$[\mathbb{Q}(\alpha) : \mathbb{Q}] \leq M$ をみたす．ノースコットの定理から，このような α は有限個の可能性しかない．$K = \mathbb{Q}(\alpha)$ だから，このような K も有限個の可能性しかない．C も M も N

のみによる定数なので，実の埋め込みをもつような K で $|D_{K/\mathbb{Q}}| \leq N$ であるものは有限個である．

次に，$r_1 = 0$，すなわち K は実の埋め込みをもたない場合を考える．このとき，$n = 2r_2$ である．$|D_{K(i)/\mathbb{Q}}|$ は N のみによる定数でおさえられるので，K を $K(i)$ に置き換えて K は i を含むとしてよい．

$$T' = \left\{ (b_1, c_1, \ldots, b_{r_2}, c_{r_2}) \in \mathbb{R}^n \;\middle|\; \begin{array}{c} \sqrt{2(b_1^2 + c_1^2)} < \sqrt{C}, \\ \sqrt{2(b_j^2 + c_j^2)} < 1\,(j = 2, \ldots, r_2) \end{array} \right\}$$

で定め，$S' = f^{-1}(T')$ とおく．ミンコフスキーの凸体定理より，O_K の 0 でない元 α' で $\alpha' \in S'$ となるものが存在する．このとき，$K = \mathbb{Q}(\alpha', i)$ が成り立ち，上と同様の議論をすれば，このような K は有限個しかないことがわかる． □

定理 2.37. K を代数体，S を $\mathrm{Spec}(O_K)$ の有限集合，n を正の整数とする．このとき，S の外では不分岐となる高々 n 次の K の拡大は有限個しか存在しない．

証明: まず最初に，$K = \mathbb{Q}$ の場合に帰着できることは明らかである．L を S の外では不分岐となる高々 n 次の拡大とする．エルミート-ミンコフスキーの定理（定理 2.36）により，$|D_{L/\mathbb{Q}}|$ が有界であればよい．$|D_{L/\mathbb{Q}}|$ の有界性は，定理 1.18 の主張そのものである． □

定理 2.38（シュヴァレー-ヴェイユの定理）**.** K を代数体，$\pi : Y \to X$ を K 上定義された射影多様体の間のエタール写像とする．このとき，ある $f \in O_K \setminus \{0\}$ が存在して，以下の性質をみたす．任意の $P \in X(K)$ に対して，ある拡大体 K' と $Q \in Y(K')$ が存在して，$\pi(Q) = P$，$[K' : K] \leq \deg(\pi)$ であり，$O_{K'}$ は O_K 上 f を割らない素イデアル上エタールとなる．

証明: Y，X，π は，有限個の多項式で定義されているので，その係数の共通分母として $f \in O_K \setminus \{0\}$ がとれる．このとき，ある $O_K[1/f]$ 上の射影スキーム $\widetilde{Y}$，$\widetilde{X}$ と $O_K[1/f]$ 上の射 $\widetilde{\pi} : \widetilde{Y} \to \widetilde{X}$ が存在して，それらは K 上 Y，X，$\pi : Y \to X$ と一致する．さらに f を取り替えて，$\widetilde{\pi} : \widetilde{Y} \to \widetilde{X}$ はエ

タールとしてよい．さて，$P \in X(K)$，つまり，$\mathrm{Spec}(K) \to X$ をとる．$\widetilde{X}$ は $O_K[1/f]$ 上射影的であるので，これは，$\mathrm{Spec}(O_K[1/f]) \to \widetilde{X}$ に拡張する．$Z = \mathrm{Spec}(O_K[1/f]) \times_{\widetilde{X}} \widetilde{Y}$ とおく．

$$\begin{array}{ccc} Z & \longrightarrow & \widetilde{Y} \\ \downarrow & & \downarrow{\scriptstyle \widetilde{\pi}} \\ \mathrm{Spec}(O_K[1/f]) & \longrightarrow & \widetilde{X}. \end{array}$$

$Z \to \mathrm{Spec}(O_K[1/f])$ はエタールな有限射であるので，Z は正則なアファインスキームである．Z' を Z の連結成分とし，K' を Z' の商体とする．このとき，Z' は，$\mathrm{Spec}(O_K[1/f])$ 上エタールで，$[K' : K] \le \deg(\pi)$ である．さらに，$Z' \hookrightarrow Z \to \widetilde{Y}$ は，$Q \in Y(K')$ を定め，$\pi(Q) = P$ となる． □

定理 2.39（弱モーデル-ヴェイユの定理）**.** K を代数体，A を K 上のアーベル多様体とする．$n \ge 2$ を自然数とし，A の n 捩れ点はすべて K 上で定義されているとする．このとき，$A(K)/nA(K)$ は有限群である．

証明: $[n](x) = nx$ で定義される射 $[n] : A \to A$ を考える．これは，エタール写像である．シュヴァレー-ヴェイユの定理（定理 2.38）により，ある $\mathrm{Spec}(O_K)$ の有限集合 S が存在して以下の性質をみたす．任意の $P \in A(K)$ に対して，ある拡大体 K' と $Q \in A(K')$ が存在して，$[n](Q) = P$，$[K' : K] \le \deg([n])$ であり，$O_{K'}$ は S の外で O_K 上エタールとなる．このような K' は，定理 2.37 により，有限個しか存在しない．よって L をすべての K' を含む K 上のガロア拡大とする．L/K のガロア群を G で表す．A_n で A の n 捩れ点全体を表すことにする．仮定より，$A_n \subset A(K)$ である．

さて，準同型写像 $\varphi : A(K) \to \mathrm{Hom}(G, A_n)$ を構成することを考えよう．$P \in A(K)$ に対して，$nQ = P$ となる $Q \in A(L)$ をとる．$g \in G$ をとってきて，$g(Q) - Q$ を考える．まず最初に，$g(Q) - Q \in A_n$ をみよう．

$$n(g(Q) - Q) = g(nQ) - nQ = g(P) - P = P - P = 0$$

であるので，$g(Q) - Q \in A_n$ である．さらに，$g(Q) - Q$ は Q の取り方によらないことを示そう．Q' を $nQ' = P$ となる別の $Q' \in A(L)$ とする．このとき，$n(Q'-Q)=P-P=0$ であるので，$Q'-Q \in A_n \subset A(K)$ である．したがって，

$$
\begin{aligned}
(g(Q')-Q')-(g(Q)-Q) &= g(Q'-Q)-(Q'-Q) \\
&= (Q'-Q)-(Q'-Q)=0.
\end{aligned}
$$

よって，$g(Q)-Q$ は Q の取り方によらないことが示せた．

以上のことにより，$\varphi(P)(g)=g(Q)-Q$ と定めると

$$
\varphi : A(K) \to \mathrm{Map}(G, A_n)
$$

が定義される．実際，$\varphi(P) : G \to A_n$ は準同型である．というのは，

$$
\begin{aligned}
\varphi(P)(gg') &= (gg')(Q)-Q = (g(Q)-Q)+g(g'(Q)-Q) \\
&= (g(Q)-Q)+(g'(Q)-Q) = \varphi(P)(g)+\varphi(P)(g')
\end{aligned}
$$

であるからである．よって，$\varphi : A(K) \to \mathrm{Hom}(G, A_n)$ が定まった．さらに φ は準同型である．そのために，$P_1, P_2 \in A(K)$ に対して，$nQ_1 = P_1$，$nQ_2 = P_2$ となる $Q_1, Q_2 \in A(L)$ をとり，$\varphi(P_1+P_2)=\varphi(P_1)+\varphi(P_2)$ をみよう．$n(Q_1+Q_2)=P_1+P_2$ であるので，

$$
\begin{aligned}
\varphi(P_1+P_2)(g) &= g(Q_1+Q_2)-(Q_1+Q_2) \\
&= (g(Q_1)-Q_1)+(g(Q_2)-Q_2) \\
&= \varphi(P_1)(g)+\varphi(P_2)(g)
\end{aligned}
$$

である．これは，$\varphi(P_1+P_2)=\varphi(P_1)+\varphi(P_2)$ を示している．

さて φ の核を考えよう．

$$
\begin{aligned}
\varphi(P)=0 &\Longleftrightarrow g(Q)-Q=0 \ (\forall g \in G) \\
&\Longleftrightarrow Q \in (A(L) \text{ の } G \text{ 不変部分群}) = A(K) \\
&\Longleftrightarrow P \in nA(K).
\end{aligned}
$$

ゆえに，$\mathrm{Ker}(\varphi)=nA(K)$ である．つまり，$A(K)/nA(K)$ は，$\mathrm{Hom}(G, A_n)$ の部分群に同型である．一方，$\mathrm{Hom}(G, A_n)$ は有限群である．よって，定理が証明できた．　□

定理 2.40 (モーデル-ヴェイユの定理). K を代数体, A を K 上のアーベル多様体とする. このとき, $A(K)$ は有限生成アーベル群である.

証明: 必要ならば, K を拡大して, A のすべての 2 捩れ点は, $A(K)$ に含まれるとしてよい. A 上の $[-1]^*(L) = L$ となる豊富な直線束 L を固定し, $\langle\ ,\ \rangle_L : A(K) \times A(K) \to \mathbb{R}$ を L で決まる 2.7 節で構成されたネロン-テイトの高さペアリングとする. ここで, $|x| = \sqrt{\langle x, x\rangle_L}$ とおく. 定理 2.39 により, $A(K)/2A(K)$ は有限群である. そこで, $\{x_i\}_{1\leq i\leq a}$ を $A(K)/2A(K)$ の代表元とする. $C = \max_{1\leq i\leq a}\{|x_i|\}$ とおく. すべての $x \in A(K)$ について, $|x| = 0$ であるなら, ノースコットの定理より, $A(K)$ は有限群である. よって $C > 0$ と仮定してよい. B_n で $\{x \in A(K) \mid |x| \leq nC\}$ で生成される $A(K)$ の部分群とする. このとき, $A(K) = \bigcup_n B_n$ で,

$$B_1 \subseteq B_2 \subseteq \cdots \subseteq B_n \subseteq \cdots$$

である. さてここで, $n \geq 3$ のとき, $B_{n-1} = B_n$ を示そう. $|x| \leq nC$ とする. このとき, $y \in A(K)$ と x_i が存在して, $x = 2y + x_i$ と書ける. よって,

$$|y| = \frac{|x - x_i|}{2} \leq \frac{|x| + |x_i|}{2} \leq \frac{n+1}{2}C$$

であるので, $n \geq 3$ に注意すると $|y| \leq (n-1)C$ となる. ゆえに, $x \in B_{n-1}$ となり, これは, $B_n \subseteq B_{n-1}$ を示しているから, $B_{n-1} = B_n$ となる. したがって, $A(K) = B_2$ で, $\{x \in A(K) \mid |x| \leq 2C\}$ は, ノースコットの定理により有限であるので, 定理が証明できた. $\square$

第 3 章
モーデル-ファルティングスの定理に向けての準備

本章では，ディオファントス幾何の基本的道具の中で，第 4 章のモーデル-ファルティングスの定理の証明に必要なもののみを解説する．特に，ジーゲルの補題（補題 3.1 と命題 3.3）とロスの補題（定理 3.19）が基本的である．ディオファントス幾何入門という立場からは，他のもっと紹介すべき結果はあるが，モーデル-ファルティングスの定理を主眼としている本書では省略せざるを得なかった．ディオファントス幾何の一般論については [3], [8], [9] を参照してほしい．

3.1 ジーゲルの補題

本節では，直線束のうまい大域切断を見つけるために必要なジーゲルの補題 (Siegel's lemma) を証明する．まず有理整数（すなわち，$\mathbb{Z}$）の場合から考えよう．

Carl Siegel.
© 1975 MFO.
(Author: K. Jacobs)

補題 3.1（有理整数版ジーゲルの補題）. $A = (a_{ij})_{\substack{1\leq i\leq m \\ 1\leq j\leq n}}$ を成分が $\mathbb{Z}$ の元からなる階数が $r \geq 1$ の $m \times n$ 行列とする．このとき，$n > r$ ならば，$\mathbb{Z}$ の元からなるベ

クトル $x = {}^t(x_1, \ldots, x_n) \in \mathbb{Z}^n$ で，$x \neq 0$，$Ax = 0$，

$$\max_i\{|x_i|\} \leq \left(n \max_{i,j}\{|a_{ij}|\}\right)^{\frac{r}{n-r}}$$

をみたすものが存在する．

証明: まず最初に，$m = r$ と仮定して話を進める．$Q = \max_{ij}\{|a_{ij}|\}$ とおく．H を $H \leq (n \max_{ij}\{|a_{ij}|\})^{\frac{m}{n-m}} < H + 1$ をみたす正の整数とする．すべての $j = 1, \ldots, n$ について $0 \leq x_j \leq H$ となる $x = {}^t(x_1, \ldots, x_n) \in \mathbb{Z}^n$ に対して，$y = {}^t(y_1, \ldots, y_m) = Ax$ とおく．n_i を $\{a_{i1}, \ldots, a_{in}\}$ の中の負の数の個数とすると

$$-n_i QH \leq y_i = \sum_{j=1}^{n} a_{ij} x_j \leq (n - n_i)QH$$

となる．ここで，

$$\#\{(x_1, \ldots, x_n) \in \mathbb{Z}^n \mid 0 \leq x_j \leq H \ (j = 1, \ldots, n)\},$$
$$\#\{(y_1, \ldots, y_m) \in \mathbb{Z}^m \mid -n_i QH \leq y_i \leq (n - n_i)QH \ (i = 1, \ldots, n)\}$$

は，それぞれ，$(H+1)^n$ と $(nQH+1)^m$ で与えられる．一方，

$$\begin{aligned}(H+1)^n &= (H+1)^m (H+1)^{n-m} > (H+1)^m \left((nQ)^{\frac{m}{n-m}}\right)^{n-m} \\ &= (H+1)^m (nQ)^m \geq (nQH+1)^m\end{aligned}$$

となる．したがって，ディリクレの部屋割り論法[1)](Dirichlet's box principle) より，ある

$$x', x'' \in \{(x_1, \ldots, x_n) \in \mathbb{Z}^n \mid 0 \leq x_j \leq H \ (j = 1, \ldots, n)\}$$

が存在して，$x' \neq x''$ かつ $Ax' = Ax''$ が成立する．よって，$x = x' - x''$ とおけば，x は求める条件をみたす．

[1)] 鳩の巣原理 (pigeonhole principle) ともいう．X と Y が集合で，写像 $f : X \to Y$ が与えられているとする．Y が有限集合のとき，ある $y \in Y$ が存在して，$\#(f^{-1}(y)) \geq \#(X)/\#(Y)$ を主張する命題である．X が有限集合で $\#(X) > \#(Y)$ のときは $\#(f^{-1}(y)) \geq 2$ を意味し，X が無限集合のときは $f^{-1}(y)$ も無限集合になることを意味する．

さて，一般の場合を考えよう．A の行を並び替えて，A の最初の r 行が一次独立であると仮定してよい．A' を A の最初の r 行からなる行列とする．A の $r+1$ 行以下の行は A' の行の一次結合で書けるので $Ax=0$ であることと $A'x=0$ であることは同値である．よって，A' について前の結果を使って結論を得る．□

K を代数体とし，$d=[K:\mathbb{Q}]$ とおく．式 (1.7) で定めたように，$K(\mathbb{C})$ を K の $\mathbb{C}$ への体の埋め込み全体とする．$x\in K$ に対して，

$$\|x\|_K = \max_{\sigma\in K(\mathbb{C})}\{|\sigma(x)|\} \tag{3.1}$$

とおく．O_K を K の整数環とする．$\{\omega_1,\ldots,\omega_d\}$ を O_K の整数底（すなわち，$\mathbb{Z}$ 上の自由基底）とする．K の元 x を，$x=b_1\omega_1+\cdots+b_d\omega_d$ $(b_i\in\mathbb{Q})$ と表すとき，

$$\|x\|_0 = \max_i\{|b_i|\} \tag{3.2}$$

とおく．

Lejeune Dirichlet

補題 3.2. $\|\ \|_K$ と $\|\ \|_0$ はいずれも $\mathbb{R}$ 上の d 次元ベクトル空間 $K\otimes_{\mathbb{Q}}\mathbb{R}$ のノルムに拡張する．さらに，正の数 M_1, M_2 が存在して，すべての $x\in K\otimes_{\mathbb{Q}}\mathbb{R}$ に対して，

$$M_1\|x\|_K \le \|x\|_0 \le M_2\|x\|_K$$

が成立する．

証明: $b_1,\ldots,b_l\in\mathbb{Q}$ のとき

$$\|b_1\omega_1+\cdots+b_l\omega_l\|_K = \max_{\sigma\in K(\mathbb{C})}\{|b_1\sigma(\omega_1)+\cdots+b_l\sigma(\omega_l)|\}$$

であるので，$b_1,\ldots,b_l\in\mathbb{R}$ の場合も同様に定義すれば，$\|\cdot\|_K$ は $K\otimes_{\mathbb{Q}}\mathbb{R}$ に拡張する．しかも，これは O_K の整数底 $\{\omega_1,\ldots,\omega_l\}$ の選び方によらないこ

とも容易にわかる．

$x \in K$ に対して，$\|x\|^2 = \sum_{\sigma \in K(\mathbb{C})} |\sigma(x)|^2$ とおくと，命題 1.11 でみたように，$\|\cdot\|$ は $\mathbb{R}$ 上のベクトル空間 $K \otimes_{\mathbb{Q}} \mathbb{R}$ のノルムに拡張し，$\|\cdot\| \leq [K : \mathbb{Q}]^{1/2} \|\cdot\|_K$ が成り立つ．したがって，$K \otimes_{\mathbb{Q}} \mathbb{R}$ に拡張した $\|\cdot\|_K$ についても，任意の $x \in K \otimes_{\mathbb{Q}} \mathbb{R}$ に対して，$\|x\|_K = 0$ ならば $x = 0$ が成り立つので，$\|\cdot\|_K$ は $K \otimes_{\mathbb{Q}} \mathbb{R}$ 上のノルムになる．

$\|\cdot\|_0$ については，$x \in K \otimes_{\mathbb{Q}} \mathbb{R}$ の任意の元を $x = b_1\omega_1 + \cdots + b_d\omega_d$ $(b_i \in \mathbb{R})$ と表すとき，$\|\cdot\|_0$ を $K \otimes_{\mathbb{Q}} \mathbb{R}$ に拡張したものは，$\|x\|_0 = \max_i\{|b_i|\}$ で与えられる．よって，$\|\cdot\|_0$ も $\mathbb{R}$ 上のベクトル空間 $K \otimes_{\mathbb{Q}} \mathbb{R}$ 上のノルムになる．

$B := \{x \in K \otimes_{\mathbb{Q}} \mathbb{R} \mid \|x\|_K = 1\}$ はコンパクト集合であり，$\|\cdot\|_0$ は $K \otimes_{\mathbb{Q}} \mathbb{R}$ 上の正の連続関数なので，正の数 M_1, M_2 が存在して，すべての $x \in B$ で

$$M_1 \leq \|x\|_0 \leq M_2$$

が成り立つ．これから，後半の主張がしたがう．　□

命題 3.3（代数的整数版ジーゲルの補題）．K を代数体，O_K を K の整数環とする．$A = (a_{ij})_{\substack{1 \leq i \leq m \\ 1 \leq j \leq n}}$ を成分が O_K の元からなる階数が $r \geq 1$ の $m \times n$ 行列とする．このとき，$n > r$ ならば，O_K の元からなるベクトル $x = {}^t(x_1, \ldots, x_n) \in O_K^n$ で，$x \neq 0$，$Ax = 0$，

$$\max_i\{\|x_i\|_K\} \leq c_1 \left(c_2 n \max_{i,j}\{\|a_{ij}\|_K\} \right)^{\frac{r}{n-r}}$$

をみたすものが存在する．ここで，c_1, c_2 は K および O_K の $\mathbb{Z}$ 上の整数底の取り方のみによる定数である．

証明: $[K : \mathbb{Q}] = d$ とおく．O_K の $\mathbb{Z}$ 上の自由基底 $\{\omega_1, \ldots, \omega_d\}$ をとり，$\|\cdot\|_0$ を式 (3.2) のように定める．

K の元からなるベクトル $v = (v_i)$ および 行列 $A = (a_{ij})$ に対して，

$$\|v\|_K = \max_i\{\|v_i\|_K\}, \qquad \|A\|_K = \max_{i,j}\{\|a_{ij}\|_K\}$$

とおく．同様にして，$\|x\|_0$ と $\|A\|_0$ も定義する．このとき，補題 3.2 から

$$M_1\|v\|_K \le \|v\|_0 \le M_2\|v\|_K, \qquad M_1\|A\|_K \le \|A\|_0 \le M_2\|A\|_K$$

が成立する．ここで

$$\omega_i \cdot \omega_j = \sum_{l=1}^{d} \alpha_{ijl}\omega_l \quad (\alpha_{ijl} \in \mathbb{Z})$$

とおく．$\{e_j\}$ を O_K 加群 O_K^n，$\{e_i'\}$ を O_K 加群 O_K^m の標準基底とする．このとき，$\{\omega_t e_j\}$，$\{\omega_l e_i'\}$ が，それぞれ O_K^n および O_K^m の $\mathbb{Z}$ 上の自由基底を与える．A によって定まる $O_K^n \to O_K^m$ の $\mathbb{Z}$ 上の自由基底 $\{\omega_t e_j\}$，$\{\omega_l e_i'\}$ に関する行列表現を $\widetilde{A}$ で表す．$\widetilde{A}$ は $\mathbb{Z}$ の元を成分とする $md \times nd$ 行列である．$\widetilde{A}$ の成分の絶対値の最大値を Q で表すと，補題 3.1 により，$x \in O_K^n$ が存在して，$x \neq 0$，$Ax = 0$，

$$\|x\|_0 \le (ndQ)^{\frac{dr}{dn-dr}} = (ndQ)^{\frac{r}{n-r}}$$

が成立する．さて，ここで，$a_{ij} = \sum_{s=1}^{d} a_{ijs}\omega_s$ によって，$a_{ijs} \in \mathbb{Z}$ を定める．このとき，$\|A\|_0 = \max_{i,j,s}|a_{ijs}|$ である．$A(\omega_t e_j)$ の i 成分は，

$$a_{ij}\omega_t = \left(\sum_{s=1}^{d} a_{ijs}\omega_s\right)\omega_t = \sum_{s=1}^{d} a_{ijs}\sum_{l=1}^{d}\alpha_{stl}\omega_l = \sum_{l=1}^{d}\sum_{s=1}^{d}(a_{ijs}\alpha_{stl})\omega_l$$

であるので $\widetilde{A}$ の成分は $\sum_{s=1}^{d}(a_{ijs}\alpha_{stl})$ で表せる．よって，$Q \le d\|A\|_0\alpha$ となる．ここで $\alpha = \max_{s,t,l}|\alpha_{stl}|$ である．したがって，

$$\|x\|_0 \le (ndQ)^{\frac{r}{n-r}} \le (nd^2\alpha\|A\|_0)^{\frac{r}{n-r}}$$

となる．一方，$M_1\|x\|_K \le \|x\|_0$，$\|A\|_0 \le M_2\|A\|_K$ であるので，$c_1 = 1/M_1$，$c_2 = d^2\alpha M_2$ とおけば，求める評価を得る． □

3.2 多変数多項式のロンスキアン

本節では，ロスの補題の証明の鍵となる多変数多項式のロンスキアン (Wrońskian) について考える．

以後，この節では，L を標数 0 の体とし，$L(X_1,\ldots,X_m)$ を L 上の m 変数

の有理関数体とする．変数 X_i に関する $L(X_1,\dots,X_m)$ の元への偏微分 $\partial/\partial X_i$ を考えると，$f \in L(X_1,\dots,X_m)$ について，

$$f \in L \qquad \Longleftrightarrow \qquad \frac{\partial f}{\partial X_1} = \cdots = \frac{\partial f}{\partial X_m} = 0$$

である．

$\mathbb{Z}_{\geq 0}$ で非負の整数全体を表すことする．$e_i \in \mathbb{Z}_{\geq 0}^m$ で i 番目が 1 で他の成分が 0 の元を表すことにする．$I = (i_1,\dots,i_m) \in \mathbb{Z}_{\geq 0}^m$ に対して，$|I| = i_1 + \cdots + i_m$, $I! = (i_1)! \cdots (i_m)!$ とおく．さらに，微分作用素 ∂^I を

$$\partial^I = \left(\frac{\partial}{\partial X_1}\right)^{i_1} \cdots \left(\frac{\partial}{\partial X_m}\right)^{i_m}$$

で定め，$\partial_I = \partial^I / I!$ を正規化された微分作用素とする．ただし，$0! = 1$ とする．特に，$\partial^{(0,\dots,0)} = \partial_{(0,\dots,0)} = 1$ である．

補題 3.4. $\phi_0,\dots,\phi_r \in L(X_1,\dots,X_m)$ は L 上一次独立とする．このとき，$I_0,\dots,I_r \in \mathbb{Z}_{\geq 0}^m$ が存在して，$i = 0,\dots,r$ に対して $|I_i| \leq i$ であり，

$$\begin{vmatrix} \partial_{I_0}(\phi_0) & \cdots & \partial_{I_0}(\phi_r) \\ \vdots & \ddots & \vdots \\ \partial_{I_r}(\phi_0) & \cdots & \partial_{I_r}(\phi_r) \end{vmatrix} \neq 0$$

が成立する．

証明:

$$\begin{vmatrix} \partial_{I_0}(\phi_0) & \cdots & \partial_{I_0}(\phi_r) \\ \vdots & \ddots & \vdots \\ \partial_{I_r}(\phi_0) & \cdots & \partial_{I_r}(\phi_r) \end{vmatrix} = \frac{1}{I_0! \cdots I_r!} \begin{vmatrix} \partial^{I_0}(\phi_0) & \cdots & \partial^{I_0}(\phi_r) \\ \vdots & \ddots & \vdots \\ \partial^{I_r}(\phi_0) & \cdots & \partial^{I_r}(\phi_r) \end{vmatrix}$$

であるので，∂^I について補題を証明すればよい．r に関する帰納法で証明する．$r = 0$ のとき，$I_0 = (0,\dots,0)$ ととれば，$\partial^{(0,\dots,0)} = 1$ であるので自明である．そこで $r \geq 1$ とし，任意の $|I_i| \leq i$ となる $I_i \in \mathbb{Z}_{\geq 0}^m$ に対して，

$$\begin{vmatrix} \partial^{I_0}(\phi_0) & \cdots & \partial^{I_0}(\phi_r) \\ \vdots & \ddots & \vdots \\ \partial^{I_r}(\phi_0) & \cdots & \partial^{I_r}(\phi_r) \end{vmatrix} = 0$$

と仮定する．まず帰納法の仮定により，$I'_0, \ldots, I'_{r-1} \in \mathbb{Z}^m_{\geq 0}$ が存在して，$i = 0, \ldots, r-1$ に対して $|I'_i| \leq i$ であり，

$$\begin{vmatrix} \partial^{I'_0}(\phi_0) & \cdots & \partial^{I'_0}(\phi_{r-1}) \\ \vdots & \ddots & \vdots \\ \partial^{I'_{r-1}}(\phi_0) & \cdots & \partial^{I'_{r-1}}(\phi_{r-1}) \end{vmatrix} \neq 0 \tag{3.3}$$

が成立する．ここで，任意の $|I| \leq r$ となる $I \in \mathbb{Z}^m_{\geq 0}$ について，

$$\begin{vmatrix} \partial^{I'_0}(\phi_0) & \cdots & \partial^{I'_0}(\phi_{r-1}) & \partial^{I'_0}(\phi_r) \\ \vdots & \ddots & & \vdots \\ \vdots & & \ddots & \vdots \\ \partial^{I'_{r-1}}(\phi_0) & \cdots & \partial^{I'_{r-1}}(\phi_{r-1}) & \partial^{I'_{r-1}}(\phi_r) \\ \partial^{I}(\phi_0) & \cdots & \partial^{I}(\phi_{r-1}) & \partial^{I}(\phi_r) \end{vmatrix} = 0$$

であるので，最後の行についての展開を考えると，$a_0, \ldots, a_r \in L(X_1, \ldots, X_m)$ が存在して，

$$a_0\partial^I(\phi_0) + \cdots + a_r\partial^I(\phi_r) = 0 \tag{3.4}$$

が，任意の $|I| \leq r$ となる $I \in \mathbb{Z}^m_{\geq 0}$ について成立する．さらに，式 (3.3) により，$a_r \neq 0$ であるので，$a_r = 1$ としてよい．特に，

$$a_0\partial^{I'_j}(\phi_0) + \cdots + a_r\partial^{I'_j}(\phi_r) = 0$$

が，任意の $0 \leq j \leq r-1$ で成立する．上式に，∂^{e_i} を作用させると，

$$\partial^{e_i}(a_0)\partial^{I'_j}(\phi_0) + \cdots + \partial^{e_i}(a_r)\partial^{I'_j}(\phi_r) \\ + a_0\partial^{e_i}\partial^{I'_j}(\phi_0) + \cdots + a_r\partial^{e_i}\partial^{I'_j}(\phi_r) = 0$$

となり，$\partial^{e_i}\partial^{I'_j} = \partial^{e_i + I'_j}$ で，$|e_i + I'_j| \leq r$ であるので，式 (3.4) より，

$$a_0\partial^{e_i}\partial^{I'_j}(\phi_0) + \cdots + a_r\partial^{e_i}\partial^{I'_j}(\phi_r) = 0$$

であることがわかる．よって，$a_r = 1$ ゆえ $\partial^{e_i}(a_r) = 0$ であるから

$$\partial^{e_i}(a_0)\partial^{I'_j}(\phi_0) + \cdots + \partial^{e_i}(a_{r-1})\partial^{I'_j}(\phi_{r-1}) = 0$$

となる．これは，

$$\begin{pmatrix} \partial^{I'_0}(\phi_0) & \cdots & \partial^{I'_0}(\phi_{r-1}) \\ \vdots & \ddots & \vdots \\ \partial^{I'_{r-1}}(\phi_0) & \cdots & \partial^{I'_{r-1}}(\phi_{r-1}) \end{pmatrix} \begin{pmatrix} \partial^{e_0}(a_0) & \cdots & \partial^{e_m}(a_0) \\ \vdots & \ddots & \vdots \\ \partial^{e_0}(a_{r-1}) & \cdots & \partial^{e_m}(a_{r-1}) \end{pmatrix} = O$$

を示している．帰納法の仮定より，式 (3.3) が成立するので，任意の $1 \le i \le m$, $0 \le j \le r-1$ に対して，$\partial^{e_i}(a_j) = 0$ である．ゆえに，$a_0, \ldots, a_{r-1}$ は定数である．したがって，式 (3.4) において，$I = 0$ とすれば

$$a_0\phi_0 + \cdots + a_r\phi_r = 0$$

となる．これは，$\phi_0, \ldots, \phi_r$ の一次独立性に矛盾する．□

注意 3.5. $m = 1$ の場合は，$I_i = (i)$ とすればよい．すなわち，$\phi_0, \ldots, \phi_r \in L(X_1)$ が L 上一次独立なとき，

$$\det\left(\left(\frac{\partial}{\partial X_1}\right)^i (\phi_j)\right)_{\substack{0\le i\le r \\ 0\le j\le r}} \neq 0$$

である．

さて，$m \ge 2$ とし，$G \in L[X_1, \ldots, X_m]$ を 0 でない m 変数多項式としよう．G は変数が異なる 2 つの多項式の積に分解しないかもしれないが，次の命題 3.6 でみるように，G の適当なロンスキアンはそのような多項式の積に分解する．命題 3.6 はロスの補題の証明の鍵となる．

命題 3.6. $m \ge 2$ は整数とし，$G \in L[X_1, \ldots, X_m]$ を X_i についての次数が高々 r_i 次であるような 0 でない m 変数多項式とする．このとき，$0 \le l \le r_m$ となる整数 l と，$|I_i| \le i$ となる $I_0, \ldots, I_l \in \mathbb{Z}_{\ge 0}^{m-1}$ が存在して，ロンスキアン

$$F = \det\left((\partial_{I_i + je_m}(G))_{\substack{0\le i\le l \\ 0\le j\le l}}\right)$$

は，$F \neq 0$ であり $F = UV$ と分解する．ここで，$U = U(X_1, \ldots, X_{m-1}) \in$

$L[X_1, \ldots, X_{m-1}]$ は X_i についての次数が高々 $(l+1)r_i$ であるような $X_1, \ldots, X_{m-1}$ の多項式であり，$V = V(X_m) \in L[X_m]$ は，X_m についての次数が高々 $(l+1)r_m$ であるような X_m の多項式である．

ここで，$\mathbb{Z}_{\geq 0}^{m-1}$ の元は，自然な対応 $(x_1, \ldots, x_{m-1}) \mapsto (x_1, \ldots, x_{m-1}, 0)$ によって $\mathbb{Z}_{\geq 0}^{m}$ の元とみなし，$e_m = (0, \ldots, 0, 1) \in \mathbb{Z}_{\geq 0}^{m}$ である．

証明: G を，$\phi_i(X_1, \ldots, X_{m-1}) \in L[X_1, \ldots, X_{m-1}]$ と $\psi_i \in L[X_m]$ を用いて，

$$G = \phi_0(X_1, \ldots, X_{m-1})\psi_0(X_m) + \cdots + \phi_l(X_1, \ldots, X_{m-1})\psi_l(X_m)$$

と表す．ただし，$\phi_0, \ldots, \phi_l$ の X_i $(i = 1, \ldots, m-1)$ についての次数は高々 r_i 次であり，$\psi_0, \ldots, \psi_l$ の X_m についての次数は高々 r_m 次であるようにする．このような表し方のうち，l が最小となるものを考える．このとき，明らかに，$l \leq r_m$ で，$\{\phi_0, \ldots, \phi_l\}$ と $\{\psi_0, \ldots, \psi_l\}$ はそれぞれ L 上一次独立である．よって，補題 3.4 により，$|I_i| \leq i$ となる $I_0, \ldots, I_l \in \mathbb{Z}_{\geq 0}^{m-1}$ が存在して，$U = \det\left((\partial_{I_i}(\phi_j))_{\substack{0 \leq i \leq l \\ 0 \leq j \leq l}}\right)$，$V = \det\left((\partial_{ie_m}(\psi_j))_{\substack{0 \leq i \leq l \\ 0 \leq j \leq l}}\right)$ とおくと，$U \neq 0$ かつ $V \neq 0$ である．さらに，

$$(\partial_{I_i + je_m})(G) = \sum_{s=0}^{l} (\partial_{I_i})(\phi_s)(\partial_{je_m})(\psi_s)$$

であるので，$F = UV$ を得る．　□

3.3　多項式の長さと高さに関する不等式

K を代数体とする．$I = (i_1, \ldots, i_m) \in \mathbb{Z}_{\geq 0}^{m}$ に対して，$K[X_1, \ldots, X_m]$ の単項式 $X_1^{i_1} \cdots X_m^{i_m}$ を $\boldsymbol{X}^I$ で表すことにする．$F = \sum_{I \in \mathbb{Z}_{\geq 0}^{m}} a_I \boldsymbol{X}^I \in K[X_1, \ldots, X_m]$ とする．$v \in M_K$ に対して，F の v に関する**長さ** $|F|_v$ を

$$|F|_v = \max_{I \in \mathbb{Z}_{\geq 0}^{m}} \{|a_I|_v\}$$

で定める．$\|\cdot\|_v$ は K 上のノルムである．すなわち，$F, G \in K[X_1, \ldots, X_m]$ と $a \in K$ に対して，

$$\begin{cases} |F+G|_v \le |F|_v + |G|_v, \\ |aF|_v = |a|_v |F|_v, \\ |F|_v = 0 \iff F = 0 \end{cases} \tag{3.5}$$

が成り立つことが容易にわかる.

以下では, $F, G \in K[X_1, \ldots, X_m]$ に対して, $|F|_v|G|_v$ と $|FG|_v$ の比較をする. その後, その応用として, 多項式の高さ $h(F)$ を定義し, $h(FG)$ と $h(F)+h(G)$ を比較する.

Carl Friedrich Gauss

3.3.1　非アルキメデス的な素点の場合

$v \in M_K$ が非アルキメデス的な場合は, 次のガウスの補題 (Gauss's lemma) が成立する.

命題 3.7 (ガウスの補題). $F, G \in K[X_1, \ldots, X_m]$ とする. このとき. $|FG|_v = |F|_v|G|_v$ が成立する.

証明: O_K を K の整数環とする. $|\cdot|_v$ に対応する O_K の素イデアルを P とする. $F = \sum_I a_I \boldsymbol{X}^I$, $G = \sum_I b_I \boldsymbol{X}^I$, $FG = \sum_I c_I \boldsymbol{X}^I$ とおく. $|FG|_v = |F|_v|G|_v$ は,

$$\min_I\{\mathrm{ord}_P(a_I)\} + \min_I\{\mathrm{ord}_P(b_I)\} = \min_I\{\mathrm{ord}_P(c_I)\}$$

と同値である. t を $P(O_K)_P$ の生成元とし, $a = \min_I\{\mathrm{ord}_P(a_I)\}$, $b = \min_I\{\mathrm{ord}_P(b_I)\}$ とおく. さらに,

$$\begin{cases} a'_I = t^{-a}a_I,\ b'_I = t^{-b}b_I,\ c'_I = t^{-a-b}c_I, \\ F' = \sum_I a'_I \boldsymbol{X}^I,\ G' = \sum_I b'_I \boldsymbol{X}^I, \\ H' = \sum_I c'_I \boldsymbol{X}^I \end{cases}$$

とおく. このとき, $H' = F'G'$ である. $F', G' \in (O_K)_P[X_1, \ldots, X_m]$ であるので, H' もそうである. そこで, $\{c'_I\}_I$ によって生成される $(O_K)_P$ のイデアルを J とする. $J = (O_K)_P$ を示したい. そうでないとすると, $J \subseteq P(O_K)_P$

である．F', G' の係数を $\bmod P(O_K)_P$ で考えたものを，$\bar{F}'$, $\bar{G}'$ で書くと，$\bar{F}'\bar{G}' = 0$ である．$((O_K)_P/P(O_K)_P)[X_1, \ldots, X_m]$ は，整域であるので $\bar{F}' = 0$ または $\bar{G}' = 0$ を得る．これは，$\min_I\{\mathrm{ord}_P(a'_I)\} > 0$ または $\min_I\{\mathrm{ord}_P(b'_I)\} > 0$ を意味しており，矛盾である．よって，$J = (O_K)_P$ が示せた．すなわち，$\min_I\{\mathrm{ord}_P(c'_I)\} = 0$ である．よって，$\min_I\{\mathrm{ord}_P(c_I)\} = a+b$ となる． □

3.3.2 アルキメデス的な素点の場合

以下では，$F \in \sum_{I\in\mathbb{Z}^m_{\geq 0}} a_I \boldsymbol{X}^I \in \mathbb{C}[X_1, \ldots, X_m]$ とし，

$$|F|_\infty = \max_{I\in\mathbb{Z}^m_{\geq 0}} \{|a_I|\}$$

とおく．あきらかに，$|\cdot|_\infty$ は $\mathbb{C}$ 上のノルムである．つまり，$F, G \in \mathbb{C}[X_1, \ldots, X_m]$ と $a \in \mathbb{C}$ に対して，

$$\begin{cases} |F+G|_\infty \leq |F|_\infty + |G|_\infty, \\ |aF|_\infty = |a|_\infty |F|_\infty, \\ |F|_\infty = 0 \iff F = 0 \end{cases} \tag{3.6}$$

である．$F, G \in \mathbb{C}[X_1, \ldots, X_m]$ に対して，$|F|_\infty |G|_\infty$ と $|FG|_\infty$ を比較しよう．

そのために，2 つの量

$$M(F) = \exp\left(\int_0^1 \cdots \int_0^1 \log(|F(\exp(2\pi\sqrt{-1}t_1), \ldots, \exp(2\pi\sqrt{-1}t_m))|) dt_1 \cdots dt_m \right),$$

$$L_2(F) = \left(\sum_{I\in\mathbb{Z}^m_{\geq 0}} |a_I|^2 \right)^{1/2}$$

を導入する．

$M(F)$ は F の**マーラー測度** (Mahler measure) とよばれる．マーラー測度を考える利点の一つは，$F, G \in \mathbb{C}[X_1, \ldots, X_m]$ に対して $M(FG) = M(F)M(G)$ が成り立つことである．実際，

$$\begin{aligned}\log M(FG) &= \int_0^1 \cdots \int_0^1 \log(|(FG)(\exp(2\pi\sqrt{-1}t_1), \ldots, \\ &\qquad\qquad \exp(2\pi\sqrt{-1}t_m))|)dt_1 \cdots dt_m \\ &= \int_0^1 \cdots \int_0^1 \log(|F(\exp(2\pi\sqrt{-1}t_1), \ldots, \\ &\qquad\qquad \exp(2\pi\sqrt{-1}t_m))|)dt_1 \cdots dt_m \\ &\quad + \int_0^1 \cdots \int_0^1 \log(|G(\exp(2\pi\sqrt{-1}t_1), \ldots, \\ &\qquad\qquad \exp(2\pi\sqrt{-1}t_m))|)dt_1 \cdots dt_m \\ &= \log M(F) + \log M(G)\end{aligned}$$

であるので，成立する．

以後，F の X_i についての次数を $\deg_i(F)$ で表すことにする（p.iv の記法を参照）．

命題 3.8. F, G は 0 でない $\mathbb{C}[X_1, \ldots, X_m]$ の元とする．

(1) $|F|_\infty \leq L_2(F) \leq (\deg_1(F)+1)^{1/2} \cdots (\deg_m(F)+1)^{1/2}|F|_\infty$.

(2) $M(F) \leq L_2(F)$.

(3) $|F|_\infty \leq 2^{\deg_1(F)+\cdots+\deg_m(F)}M(F)$.

(4) $|FG|_\infty \leq (1+\min\{\deg_1(F), \deg_1(G)\}) \cdots$
$(1+\min\{\deg_m(F), \deg_m(G)\})|F|_\infty|G|_\infty$.

(5) $|F|_\infty|G|_\infty \leq \exp(m(\deg(F)+\deg(G)))|FG|_\infty$.

証明: (1) F に現れる単項式の個数は，$(\deg_1(F)+1)\cdots(\deg_m(F)+1)$ 個以下であることからしたがう．

(2) $n \in \mathbb{Z}$ に対して，

$$\int_0^1 \exp(2n\pi\sqrt{-1}t)dt = \begin{cases} 0 & (n \neq 0 \text{ のとき}) \\ 1 & (n = 0 \text{ のとき}) \end{cases}$$

に注意すれば，直接計算により，

$$L_2(F) = \left(\int_0^1 \cdots \int_0^1 |F(\exp(2\pi\sqrt{-1}t_1), \ldots, \exp(2\pi\sqrt{-1}t_m))|^2 dt_1 \cdots dt_m\right)^{1/2}$$

であることが確かめられる．

よって一般に，1 変数の C^2 級関数で φ で $\varphi'' \geq 0$ であるものと，$[0,1]^m$ 上の可積分関数 u に対して，

$$\varphi\left(\int_0^1 \cdots \int_0^1 u(t_1, \ldots, t_m)dt_1 \cdots dt_m\right) \leq \int_0^1 \cdots \int_0^1 \varphi(u(t_1, \ldots, t_m))dt_1 \cdots dt_m \quad (3.7)$$

を示せば十分である．というのは φ として指数関数 exp をとり，u として

$$u = 2\log|F(\exp(2\pi\sqrt{-1}t_1), \ldots, \exp(2\pi\sqrt{-1}t_m))|$$

ととれば，(3.7) より $M(F) \leq L_2(F)$ を得るからである．

(3.7) についてであるが，例えば次のように証明できる．

$$c = \int_0^1 \cdots \int_0^1 u(t_1, \ldots, t_m)dt_1 \cdots dt_m$$

とおくと，2 階までのテイラー展開を考えれば，

$$(x-c)\varphi'(c) \leq \varphi(x) - \varphi(c)$$

が成り立つ．よって

$$\int_0^1 \cdots \int_0^1 (u-c)\varphi'(c)dt_1 \cdots dt_m \leq \int_0^1 \cdots \int_0^1 (\varphi(u) - \varphi(c))dt_1 \cdots dt_m$$

である．ここで，

$$\int_0^1 \cdots \int_0^1 (\varphi(u) - \varphi(c))dt_1 \cdots dt_m = \int_0^1 \cdots \int_0^1 \varphi(u(t_1, \ldots, t_m))dt_1 \cdots dt_m - \varphi(c)$$

であり

$$\int_0^1 \cdots \int_0^1 (u-c)\varphi'(c)dt_1 \cdots dt_m = 0$$

であるので，不等式を得る．

(3) まず始めに $m = 1$ の場合を取り扱う．$F = a_0 + a_1X_1 + \cdots + a_dX_1^d$

とおく．(3) を示すためには，$a_d = 1$ と仮定してよい．F を因数分解して $F = (X_1 - c_1) \cdots (X_1 - c_d)$ とおく．ここで，

$$\int_0^1 \log|\exp(2\pi\sqrt{-1}t) - c|dt = \begin{cases} \log|c| & (|c| \geq 1 \text{ のとき}) \\ 0 & (|c| < 1 \text{ のとき}) \end{cases}$$

であるので（これはいわゆる イェンセンの公式 (Jensen's formula) の一部で，例えば [1, 第 5 章, 3.1 節] を参照されたい），

$$M(F) = \prod_{i=1}^{d} \max\{1, |c_i|\}$$

が確かめられる．a_j は，$c_1, \ldots c_d$ の基本対称式で表されるので

$$|a_j| \leq \binom{d}{j} M(F)$$

となる．一方，$\binom{d}{j} \leq 2^d$ である．よって $m = 1$ の場合が示せた．

$m \geq 2$ とし，帰納法で示す．$d_i = \deg_i(F)$ とおく．

$$F = F_0(X_1, \ldots, X_{m-1}) + F_1(X_1, \ldots, X_{m-1})X_m + \cdots + F_{d_m}(X_1, \ldots, X_{m-1})X^{d_m}$$

とおく．まず，$m = 1$ の結果より，固定された任意の $b_1, \ldots, b_{m-1} \in \mathbb{C}$ に対して，

$$\log(|F_i(b_1, \ldots, b_{m-1})|) \leq d_m \log(2) + \int_0^1 \log(|F(b_1, \ldots, b_{m-1}, \exp(2\pi\sqrt{-1}t_m))|)dt_m$$

である．一方，帰納法の仮定から，$i = 0, \ldots, d_m$ に対して，

$$\log(|F_i|_\infty) \leq (d_1 + \cdots + d_{m-1})\log(2) + \int_0^1 \cdots \int_0^1 \log(|F_i(\exp(2\pi\sqrt{-1}t_1), \ldots, \exp(2\pi\sqrt{-1}t_{m-1}))|)dt_1 \cdots dt_{m-1}$$

が成り立つ．b_i は任意であったので，$\exp(2\pi\sqrt{-1}t_i)$ を代入して，2 つの不等式を比較すれば

$$
\begin{aligned}
\log(|F|_\infty) &= \max_i\{\log(|F_i|_\infty)\} \\
&\qquad\qquad \le (d_1 + \cdots + d_{m-1} + d_m)\log(2) + \log M(F)
\end{aligned}
$$

となり結論を得る．

(4) m についての帰納法で示す．$m = 1$ の場合は固定された $a, b, c \in \mathbb{Z}_{\ge 0}$ に対して，

$$
\#\{(i,j) \in \mathbb{Z}_{\ge 0}^2 \mid i + j = c,\ 0 \le i \le a,\ 0 \le j \le b\} \le 1 + \min\{a, b\} \tag{3.8}
$$

であることからしたがう．$m > 1$ と仮定する．$l = 1, \ldots, m$ に対して，$a_l = \deg_l(F)$, $b_l = \deg_l(G)$ とおく．さらに

$$
\begin{cases}
F = F_0(X, \ldots, X_{m-1}) + \cdots + F_{a_m}(X_1, \ldots, X_{m-1})X_m^{a_m} \\
G = G_0(X, \ldots, X_{m-1}) + \cdots + G_{b_m}(X_1, \ldots, X_{m-1})X_m^{b_m}
\end{cases}
$$

とおく．このとき，$l = 1, \ldots, m-1$ に対して，$\deg_l(F_i) \le a_l$, $\deg_l(G_j) \le b_l$ が成り立つ．したがって，帰納法の仮定から，$c_l = \min\{a_l, b_l\}$ $(l = 1, \ldots, m)$ とおくと，式 (3.8) を用いて，

$$
\begin{aligned}
|FG|_\infty &\le (1 + c_m)\max_{i,j}\{|F_iG_j|_\infty\} \\
&\le (1 + c_m)\max_{i,j}\{(1 + c_1)\cdots(1 + c_{m-1})|F_i|_\infty|G_j|_\infty\} \\
&\le (1 + c_m)(1 + c_1)\cdots(1 + c_{m-1})|F|_\infty|G|_\infty
\end{aligned}
$$

となり，(4) がわかる．

(5) F または G が定数ならば (5) は自明である．よって，$\deg(F) \ge 1$ かつ $\deg(G) \ge 1$ としてよい．このとき，

$$
\begin{aligned}
&|F|_\infty|G|_\infty \\
&\quad \le 2^{m\deg(F)}M(F)2^{m\deg(G)}M(G) \qquad\qquad (\because (3))
\end{aligned}
$$

$$
\begin{aligned}
&= 2^{m(\deg(F)+\deg(G))} M(FG) \\
&\leq 2^{m(\deg(F)+\deg(G))} L_2(FG) && (\because (2)) \\
&\leq \left(2^{(\deg(F)+\deg(G))}(\deg(F)+\deg(G)+1)^{1/2}\right)^m |FG|_\infty && (\because (1)) \\
&\leq \exp(m(\deg(F)+\deg(G)))|FG|_\infty
\end{aligned}
$$

が成り立つ．ここで，3 行目の等式には，$M(FG) = M(F)M(G)$ が成り立つことを用いた．また，最後の不等式には，$d \geq 2$ のとき $2^d(d+1)^{1/2} \leq e^d$ が成り立つことを用いた． □

命題 3.8 の (4) を少し使いやすい形にしたものが次の系である．この系はあとでよく用いる．

系 3.9. $n \geq 2$ として，$F_1, \ldots, F_n \in \mathbb{C}[X_1, \ldots, X_m] \setminus \{0\}$ とする．このとき，

$$
|F_1 \cdots F_n|_\infty \leq |F_1|_\infty \cdots |F_n|_\infty \prod_{i=1}^{n-1} (1+\deg_1(F_i)) \cdots (1+\deg_m(F_i))
$$

が成り立つ．特に，

$$
|F_1 \cdots F_n|_\infty \leq |F_1|_\infty \cdots |F_n|_\infty \prod_{i=1}^{n-1} (1+\deg(F_i))^m
$$

である．

証明: n に関する帰納法で示す．$n=2$ の場合は，

$$
1+\min\{\deg_i(F_1), \deg_i(F_2)\} \leq 1+\deg_i(F_1)
$$

であるので，命題 3.8 の (4) からしたがう．$n \geq 3$ の場合，前と同様にして，命題 3.8 の (4) より，

$$
|F_1 \cdots F_n|_\infty \leq |F_1|_\infty |F_2 \cdots F_n|_\infty (1+\deg_1(F_1)) \cdots (1+\deg_m(F_1))
$$

を得る．一方，帰納法の仮定より，

$$
|F_2 \cdots F_n|_\infty \leq |F_2|_\infty \cdots |F_n|_\infty \prod_{i=2}^{n-1} (1+\deg_1(F_i)) \cdots (1+\deg_m(F_i))
$$

であるので，系がしたがう． □

3.3.3　多項式の高さ

K を代数体とし，$F \in K[X_1, \ldots, X_m]$ を K 上の 0 でない m 変数多項式とする．$F = \sum_{I \in \mathbb{Z}_{\geq 0}^m} a_I \boldsymbol{X}^I$ と表すとき，多項式 P の**高さ** (height) $h(P)$ を，a_I から作られるベクトルの素朴な高さとして定める．すなわち

$$h(F) = h\left((a_I)_{I \in \mathbb{Z}_{\geq 0}^m}\right)$$

と定める．同様に

$$h^+(F) = h^+\left((a_I)_{I \in \mathbb{Z}_{\geq 0}^m}\right)$$

と定める．

F, G を $K[X_1, \ldots, X_m]$ の 0 でない多項式とする．$h(FG)$ と $h(F) + h(G)$ を比較しよう．

命題 3.10. F, G を $K[X_1, \ldots, X_m]$ の 0 でない多項式とする．$1 \leq i \leq m$ が存在して，$F \in K[X_1, \ldots, X_i]$, $G \in K[X_{i+1}, \ldots, X_m]$ ならば（すなわち，F と G が共通の変数を含まないならば），

$$h(FG) = h(F) + h(G)$$

が成り立つ．

証明: F の高さは F の係数を並べたベクトル $(a_I)_{I \in \mathbb{Z}_{\geq 0}^i}$ の高さとして，G の高さは G の係数を並べたベクトル $(b_J)_{J \in \mathbb{Z}_{\geq 0}^{m-i}}$ の高さとして定義された．FG の高さはベクトル $(a_I b_J)$ の高さとして与えられるので，命題 2.6 の (1) からしたがう． □

一般には，$F, G \in K[X_1, \ldots, X_m]$ は共通の変数を含む．このときは，次の評価が成り立つ．命題 3.11 の (2) はゲルフォントの不等式 (Gelfond's inequality) とよばれる．

命題 3.11. F, G を $K[X_1, \ldots, X_m]$ の 0 でない多項式とする．このとき，以下が成立する．

(1) d_i を X_i についての F の次数，d'_i を X_i についての G の次数とすると

$$h(FG) \leq h(F) + h(G) + \sum_{i=1}^{m} \log\left(1 + \min\{d_i, d'_i\}\right).$$

(2) $h(F)+h(G) \leq h(FG)+m(\deg(F)+\deg(G))$.

証明: まず,

$$h(F)=\frac{1}{[K:\mathbb{Q}]}\sum_{v\in M_K}\log|F|_v$$

である. v が非アルキメデス的な素点のとき, 命題 3.7 より, $|FG|_v=|F|_v|G|_v$ である. v がアルキメデス的な素点のときは, 命題 3.8 の (4) と (5) より

$$|FG|_v \leq (1+\min\{d_1,d_1'\})\cdots(1+\min\{d_m,d_m'\})|F|_v|G|_v$$

と

$$|F|_v|G|_v \leq |FG|_v e^{m(\deg(F)+\deg(G))}$$

が成立する. したがって, 結論を得る. □

3.3.4 ロンスキアンの長さと高さ

命題 3.7 と命題 3.8 の応用として, ロンスキアンの長さと高さの評価を与えよう.

系 3.12. 命題 3.6 の状況下で, L は代数体とする. このとき,

$$|F|_v \leq \begin{cases} |G|_v^{l+1} & (v\in M_L^{\mathrm{fin}} \text{ のとき}) \\ (l+1)!\left((r_1+1)\cdots(r_m+1)\right)^{l+1} 2^{(l+1)(r_1+\cdots+r_m)}|G|_v^{l+1} & \\ \qquad (v\in M_L^{\infty} \text{ のとき}) & \end{cases}$$

が成立する.

証明: $I=(i_1,\ldots,i_m)$, $J=(j_1,\ldots,j_m)$ のとき,

$$\partial_I(\boldsymbol{X}^J)=\begin{cases}\binom{j_1}{i_1}\cdots\binom{j_m}{i_m}\boldsymbol{X}^{J-I} & (J\geq I \text{ のとき}) \\ 0 & (\text{それ以外のとき})\end{cases}$$

である. ただし, $J\geq I$ は $j_1\geq i_1,\ldots,j_m\geq i_m$ を意味する.

ここで, $\binom{a}{b}\leq 2^a$ であるので,

$$|\partial_{I_i+je_m}(G)|_v \le \begin{cases} |G|_v & (v \in M_L^{\mathrm{fin}} \text{ のとき}) \\ (r_1+1)\cdots(r_m+1)2^{r_1+\cdots+r_m}|G|_v & \\ \qquad (v \in M_L^{\infty} \text{ のとき}) & \end{cases}$$

となる．ゆえに，命題 3.8 の (4) より行列式の展開に現れる各項は，v が非アルキメデス的なとき $|G|_v^{l+1}$ で，v がアルキメデス的なとき

$$((r_1+1)\cdots(r_m+1))^{l+1}\,2^{(l+1)(r_1+\cdots+r_m)}|G|_v^{l+1}$$

でおさえられる．よって，系を得る． □

系 3.13. 命題 3.6 の状況下で，L は代数体とする．このとき，

$$h(F) \le (l+1)\left(h(G) + 2(r_1+\cdots+r_m)\log(2) + l\right)$$

が成立する．

証明: 系 3.12 より，

$$\begin{aligned} h(F) \le (l+1)h(G) &+ (l+1)(r_1+\cdots+r_m)\log(2) \\ &+ (l+1)\log((r_1+1)\cdots(r_m+1)) + \log((l+1)!) \end{aligned}$$

である．ここで，非負の整数 a に対して，$1+a \le 2^a$ が成り立つことと，$\log((l+1)!) \le (l+1)\log(l+1) \le (l+1)l$ を用いれば，求める不等式を得る． □

3.4 正則局所環と指数

A を正則局所環とし，A の極大イデアルを $\mathfrak{m}$ で表す．以後，$x_1,\ldots,x_n \in \mathfrak{m}$ は A の正則巴系とし，$\boldsymbol{x} = (x_1,\ldots,x_n)$ とおく．F は体とし，この節では以下を仮定する．

仮定 3.14. $F \subseteq A$ とし，合成写像 $F \hookrightarrow A \to A/\mathfrak{m}$ によって得られる準同型 $F \to A/\mathfrak{m}$ は同型であると仮定する．

以下，しばらくの間はさらに $(A, \mathfrak{m})$ は完備であると仮定する．このとき，A は $x_1, \ldots, x_n$ を変数とする F 上の形式的べき級数環である．つまり，$A = F[\![x_1, \ldots, x_n]\!]$ となる．文献として，[10, 定理 29.7] があるが，簡単に確かめられる[2)]．

$I = (i_1, \ldots, i_n) \in \mathbb{Z}_{\geq 0}^n$ に対して，$\boldsymbol{x}^I = x_1^{i_1} \cdots x_n^{i_n}$ とおく．このとき，任意の $f \in A$ は，$f = \sum_{I \in \mathbb{Z}_{\geq 0}^n} a_I \boldsymbol{x}^I$ $(a_I \in F)$ と一意的に表すことができる．$a_{(0,\ldots,0)}$ を f の定数部分の係数とよび，$f(\boldsymbol{0})$ で表すことにする．

$d_1, \ldots, d_n$ は正の整数とし，$\boldsymbol{d} = (d_1, \ldots, d_n)$ とおく．$I = (i_1, \ldots, i_n) \in \mathbb{Z}_{\geq 0}^n$ に対して，

$$|I|_{\boldsymbol{d}} := \frac{i_1}{d_1} + \cdots + \frac{i_n}{d_n} \tag{3.9}$$

と定める．さらに，$f = \sum_{I \in \mathbb{Z}_{\geq 0}^n} a_I \boldsymbol{x}^I \in A \setminus \{0\}$ $(a_I \in F)$ に対して，

$$\mathrm{ind}_{\boldsymbol{x}}(f; \boldsymbol{d}) = \min\{|I|_{\boldsymbol{d}} \mid a_I \neq 0\}$$

と定義する．$f = 0$ のときは，$\mathrm{ind}_{\boldsymbol{x}}(f; \boldsymbol{d}) = \infty$ と約束しておく．$\mathrm{ind}_{\boldsymbol{x}}(f; \boldsymbol{d})$ を f の $\boldsymbol{x}$ と $\boldsymbol{d}$ に関する**指数** (index) とよぶ．

A が完備でない場合は，A の $\mathfrak{m}$ に関する完備化 $\hat{A}$ を考える．$\hat{A}$ は仮定 3.14 をみたし，$\boldsymbol{x}$ は $\hat{A}$ の正則巴系である．$f \in A$ に対して，$\hat{A}$ の元としての f の $\boldsymbol{x}$ と $\boldsymbol{d}$ とに関する指数を $\mathrm{ind}_{\boldsymbol{x}}(f; \boldsymbol{d})$ で表す．

命題 3.15. $f, g \in A$ に対して，次が成立する．

(1) $\mathrm{ind}_{\boldsymbol{x}}(f + g; \boldsymbol{d}) \geq \min\{\mathrm{ind}_{\boldsymbol{x}}(f; \boldsymbol{d}), \mathrm{ind}_{\boldsymbol{x}}(g; \boldsymbol{d})\}$.

(2) $\mathrm{ind}_{\boldsymbol{x}}(fg; \boldsymbol{d}) = \mathrm{ind}_{\boldsymbol{x}}(f; \boldsymbol{d}) + \mathrm{ind}_{\boldsymbol{x}}(g; \boldsymbol{d})$.

(3) $k \geq 1$ を整数とするとき，$\mathrm{ind}_{\boldsymbol{x}}(f; \boldsymbol{d}) = k\,\mathrm{ind}_{\boldsymbol{x}}(f; k\boldsymbol{d})$．ただし，$k\boldsymbol{d} = (kd_1, \ldots, kd_m)$ である．

証明: A は完備であると仮定してよい．また，$f = 0$ または $g = 0$ のときは簡単に確かめられるので，$f \neq 0, g \neq 0$ と仮定してよい．$a = \mathrm{ind}_{\boldsymbol{x}}(f; \boldsymbol{d})$, $b = \mathrm{ind}_{\boldsymbol{x}}(g; \boldsymbol{d})$ とおく．さらに，

---

2) $\phi(T_i) = x_i$ $(i = 1, \ldots, n)$ となる準同型 $\phi : F[\![T_1, \ldots, T_n]\!] \to A$ を構成し，ϕ が全射であることを示し，次元の比較で ϕ が同型であることをみる．

$$f = \sum_{|I|_{\boldsymbol{d}}=a} a_I \boldsymbol{x}^I + \sum_{|I|_{\boldsymbol{d}}>a} a_I \boldsymbol{x}^I, \qquad g = \sum_{|I|_{\boldsymbol{d}}=b} b_I \boldsymbol{x}^I + \sum_{|I|_{\boldsymbol{d}}>b} b_I \boldsymbol{x}^I$$

とおく．

(1) 上の表示よりしたがう．

(2) $\left(\sum_{|I|_{\boldsymbol{d}}=a} a_I \boldsymbol{x}^I\right)\left(\sum_{|I|_{\boldsymbol{d}}=b} b_I \boldsymbol{x}^I\right) \neq 0$ であり，$|I|_{\boldsymbol{d}} = a$ かつ $|I'|_{\boldsymbol{d}} = b$ のとき，$|I + I'|_{\boldsymbol{d}} = a + b$ である．したがって (2) はしたがう．

(3) $|I|_{\boldsymbol{d}} = k|I|_{k\boldsymbol{d}}$ であることからしたがう． □

命題 3.16. A は完備であると仮定する．このとき，以下が成立する．

(1) $\boldsymbol{y} = (y_1, \ldots, y_n)$ を別の正則巴系とし，$i = 1, 2, \ldots, n$ に対し，y_i は

$$y_i = a_{i1} x_i + \sum_{k=2}^{\infty} a_{ik} x_i^k \qquad (a_{i1} \in F^\times,\ a_{i2}, \ldots \in F)$$

と表される元とする．このとき，$f \in A$ に対して，$\mathrm{ind}_{\boldsymbol{x}}(f; \boldsymbol{d}) = \mathrm{ind}_{\boldsymbol{y}}(f; \boldsymbol{d})$ が成り立つ．

(2) $u \in A^\times$ とする．このとき，$\mathrm{ind}_{\boldsymbol{x}}(uf; \boldsymbol{d}) = \mathrm{ind}_{\boldsymbol{x}}(f; \boldsymbol{d})$ が成り立つ．

証明: $f \neq 0$ と仮定してもよい．

(1) まず，

$$x_i = b_{i1} y_i + \sum_{k=2}^{\infty} b_{ik} y_i^k \qquad (b_{i1} \in F^\times,\ b_{i2}, \ldots \in F) \tag{3.10}$$

と表せる．なぜなら，$y_i = a_{i1}x_i + \sum_{k=2}^{\infty} a_{ik} x_i^k$ の式に，$x_i = b_{i1} y_i + \sum_{k=2}^{\infty} b_{ik} y_i^k$ を代入して，y_i の低次の項から係数を比較すれば，$b_{i1}, b_{i2}, \ldots$ が $a_{i1}, a_{i2}, \ldots$ から定まる．特に，$b_{i1} = 1/a_{i1} \neq 0$ である．

$f = \sum_I a_I \boldsymbol{x}^I = \sum_I a'_I \boldsymbol{y}^I$ と表す．$\mathrm{ind}_{\boldsymbol{x}}(f; \boldsymbol{d})$ を与える $J = (j_1, \ldots, j_m) \in \mathbb{Z}^m$ をとる．このとき，$a_J \neq 0$ である．$I = (i_1, \ldots, i_m)$ が，$i_1 \leq j_1, \ldots, i_m \leq j_m$ かつ，ある $k = 1, \ldots, m$ に対して $i_k < j_k$ であれば，$a_I = 0$ であることに注意する．すると，f の $x_1, \ldots, x_n$ に式 (3.10) を代入して，$a'_J = a_J b_{11}^{j_1} \cdots b_{n1}^{j_n}$ になることがわかる．よって，$a'_J \neq 0$ であるから，$\mathrm{ind}_{\boldsymbol{y}}(f; \boldsymbol{d}) \leq |J|_{\boldsymbol{d}} = \mathrm{ind}_{\boldsymbol{x}}(f; \boldsymbol{d})$ となる．

$\boldsymbol{x}$ と $\boldsymbol{y}$ の役割を変えて同様に議論すれば，$\mathrm{ind}_{\boldsymbol{x}}(f;\boldsymbol{d}) \le \mathrm{ind}_{\boldsymbol{y}}(f;\boldsymbol{d})$ を得る．よって，$\mathrm{ind}_{\boldsymbol{x}}(f;\boldsymbol{d}) = \mathrm{ind}_{\boldsymbol{y}}(g;\boldsymbol{d})$ である．

(2) u の定数部分の係数を $u_{(0,\ldots,0)}$ とする．(1) と同様に，$f = \sum_I a_I \boldsymbol{x}^I$ と表し，$\mathrm{ind}_{\boldsymbol{x}}(f;\boldsymbol{d})$ を与える $J = (j_1, \ldots, j_n)$ をとる．このとき，uf の $\boldsymbol{x}^J$ の係数は $u_{(0,\ldots,0)}a_J \neq 0$ となるから，$\mathrm{ind}_{\boldsymbol{x}}(uf;\boldsymbol{d}) \le |J|_{\boldsymbol{d}} = \mathrm{ind}_{\boldsymbol{x}}(f;\boldsymbol{d})$ である．f と u を uf と $u^{-1}f$ にそれぞれ代えて，同じ議論をすると，$\mathrm{ind}_{\boldsymbol{x}}(u^{-1}(uf);\boldsymbol{d}) \le \mathrm{ind}_{\boldsymbol{x}}(uf;\boldsymbol{d})$，つまり，$\mathrm{ind}_{\boldsymbol{x}}(f;\boldsymbol{d}) \le \mathrm{ind}_{\boldsymbol{x}}(uf;\boldsymbol{d})$ を得る．したがって，$\mathrm{ind}_{\boldsymbol{x}}(uf;\boldsymbol{d}) = \mathrm{ind}_{\boldsymbol{x}}(f;\boldsymbol{d})$ である．□

以後 A は完備であり，F の標数は 0 であると仮定する．3.2 節でも定義したように，$I = (i_1, \ldots, i_n) \in \mathbb{Z}_{\ge 0}^n$ に対して，正規化された微分作用素を

$$\partial_I = \frac{1}{i_1! \cdots i_n!}\left(\frac{\partial}{\partial x_1}\right)^{i_1} \cdots \left(\frac{\partial}{\partial x_n}\right)^{i_n} \tag{3.11}$$

と定める[3)]．

命題 3.17. A は完備であり，F の標数は 0 と仮定する．このとき，以下が成り立つ．

(1) $\mathrm{ind}_{\boldsymbol{x}}(f;\boldsymbol{d}) = \min\{|I|_{\boldsymbol{d}} \mid \partial_I(f)(0) \neq 0\}$.
(2) $\mathrm{ind}_{\boldsymbol{x}}(\partial_I(f);\boldsymbol{d}) \ge \mathrm{ind}_{\boldsymbol{x}}(f) - |I|_{\boldsymbol{d}}$.

証明: $f = \sum_J a_J \boldsymbol{x}^J$ とおく．このとき，

$$\partial_I(f) = \sum_{j_1 \ge i_1, \ldots, j_n \ge i_n} \binom{j_1}{i_1} \cdots \binom{j_n}{i_n} a_{(j_1,\ldots,j_n)} x_1^{j_1 - i_1} \cdots x_n^{j_n - i_n} \tag{3.12}$$

である

(1) 式 (3.12) より，$\partial_I(f)(0) = a_I$ である．ゆえに，(1) を得る．

(2) 式 (3.12) より，(2) はしたがう．□

---

3) ∂_I は，ここでは $A = F[\![x_1, \ldots, x_n]\!]$ に作用する．

3.5 ロスの補題

本節では，ロスの補題 (Roth's lemma) を証明する．一見しただけでは，意味のよくわからない補題であるが，使うと有用なのが不思議である．

正の整数の列 $\boldsymbol{d} = (d_1, \ldots, d_m)$ を固定する．$P \in \overline{\mathbb{Q}}[X_1, \ldots, X_m]$ とし，$\boldsymbol{a} = (a_1, \ldots, a_m) \in \overline{\mathbb{Q}}^m$ とする．P の $\boldsymbol{a}$ での $\boldsymbol{d}$ に関する**指数** (index) を

$$\mathrm{ind}_{\boldsymbol{a}}(P; \boldsymbol{d}) = \min\{|I|_{\boldsymbol{d}} \mid \partial_I(P)(a) \neq 0\}$$

で定義する．ただし，$I \in \mathbb{Z}^m_{\geq 0}$ であり，$|I|_{\boldsymbol{d}}$ は 式 (3.9) で定めた量であり，$\partial_I(P)$ は 式 (3.11) を $\overline{\mathbb{Q}}[X_1, \ldots, X_m]$ 上で考えたものである．

$\overline{\mathbb{Q}}[X_1, \ldots, X_m]$ の極大イデアル $(X_1 - a_1, \ldots, X_n - a_n)$ に関する局所化 A を考え，局所環 A の正則巴系として $\boldsymbol{x} = (X_1 - a_1, \ldots, X_n - a_n)$ をとる．また，$P \in \overline{\mathbb{Q}}[X_1, \ldots, X_m]$ を A の元とみなす．このとき，命題 3.17 の (1) から，$\mathrm{ind}_{\boldsymbol{a}}(P; \boldsymbol{d})$ は 3.4 節で定義した正則巴系 $\boldsymbol{x} = (X_1 - a_1, \ldots, X_n - a_n)$ と $\boldsymbol{d}$ に関する P の指数 $\mathrm{ind}_{\boldsymbol{x}}(P; \boldsymbol{d})$ と一致する．

指数は，多項式 P が点 a でどれだけ高い位数の零点をもつかを重み d で測っている量である．指数の性質を挙げよう．命題 3.15 と命題 3.17 から次の命題がしたがう．

命題 3.18. (1) $\mathrm{ind}_{\boldsymbol{a}}(\partial_I(P); \boldsymbol{d}) \geq \mathrm{ind}_{\boldsymbol{a}}(P; \boldsymbol{d}) - |I|_{\boldsymbol{d}}$.
(2) $\mathrm{ind}_{\boldsymbol{a}}(P + Q; \boldsymbol{d}) \geq \min\{\mathrm{ind}_{\boldsymbol{a}}(P; \boldsymbol{d}), \mathrm{ind}_{\boldsymbol{a}}(Q; \boldsymbol{d})\}$.
(3) $\mathrm{ind}_{\boldsymbol{a}}(PQ; \boldsymbol{d}) = \mathrm{ind}_{\boldsymbol{a}}(P; \boldsymbol{d}) + \mathrm{ind}_{\boldsymbol{a}}(Q; \boldsymbol{d})$.
(4) 整数 $k \geq 1$ に対して，$\mathrm{ind}_{\boldsymbol{a}}(P; \boldsymbol{d}) = k\,\mathrm{ind}_{\boldsymbol{a}}(P; k\boldsymbol{d})$.

定理 3.19 (ロスの補題)**.** 正の整数の組 $\boldsymbol{d} = (d_1, \ldots, d_m)$ を固定する．$P \in \overline{\mathbb{Q}}[X_1, \ldots, X_m]$ は X_i についての次数が高々 d_i 次の 0 でない多項式で，$\boldsymbol{a} = (a_1, \ldots, a_m) \in \overline{\mathbb{Q}}^m$ とする．正の数 ϵ が存在して，次の 2 つをみたすとする．

(1) $d_{i+1} \leq \epsilon^{2^{m-1}} d_i \quad (i = 1, \ldots, m-1)$. (ただし, $m = 1$ の場合，この条件は不要である.)

(2) $h(P) + 2md_1 \leq \epsilon^{2^{m-1}} \min_{1\leq i\leq m}\{d_i h^+(a_i)\}$.

このとき，$\mathrm{ind}_{\boldsymbol{a}}(P;\boldsymbol{d}) \leq 2m\epsilon$ が成立する．$m=1$ のときは，さらによい評価 $\mathrm{ind}_{\boldsymbol{a}}(P;\boldsymbol{d}) \leq \epsilon$ が成立する．

まず先に，ロスの補題の証明で用いる初等的な不等式を示しておく．

補題 3.20. $\alpha \geq 0$ を実数，l を $0 \leq l \leq d_m$ をみたす整数とする．このとき，

$$\sum_{j=0}^{l}\left(\max\left\{\alpha - \frac{j}{d_m}, 0\right\}\right) \geq (l+1)\min\left\{\frac{\alpha}{2}, \frac{\alpha^2}{4}\right\}$$

である．

証明: まず，$\alpha \geq l/d_m$ の場合を考えよう．このとき，

$$\begin{aligned}\sum_{j=0}^{l}\left(\max\left\{\alpha - \frac{j}{d_m}, 0\right\}\right) &= (l+1)\alpha - \frac{l(l+1)}{2d_m} \\ &\geq (l+1)\alpha - \frac{(l+1)\alpha}{2} = (l+1)\frac{\alpha}{2}\end{aligned}$$

となる．

そこで，$\alpha < l/d_m$ とし，$s/d_m \leq \alpha < (s+1)/d_m$ となる整数 $0 \leq s \leq l-1$ をとる．このとき，$j \geq s+1$ ならば $\max\left\{\alpha - \frac{j}{d_m}, 0\right\} = 0$ であるので，前と同様にして，

$$\sum_{j=0}^{l}\left(\max\left\{\alpha - \frac{j}{d_m}, 0\right\}\right) \geq (s+1)\frac{\alpha}{2}$$

である．さらに，$s+1 > d_m\alpha$ であることと $d_m/(d_m+1) \geq 1/2$（というのは，$d_m \geq 1$ であるので）であることに注意すれば，

$$\begin{aligned}\sum_{j=0}^{l}\left(\max\left\{\alpha - \frac{j}{d_m}, 0\right\}\right) &\geq \frac{d_m}{2}\alpha^2 = (d_m+1)\frac{d_m}{2(d_m+1)}\alpha^2 \\ &\geq (l+1)\frac{d_m}{2(d_m+1)}\alpha^2 \geq (l+1)\frac{\alpha^2}{4}\end{aligned}$$

を得る． □

定理 3.19 の証明: 代数体 K を P と a が K 上で定義されているようにとる．$P(a) \neq 0$ ならば，$\mathrm{ind}_{\boldsymbol{a}}(P; \boldsymbol{d}) = 0$ であるので，$P(a) = 0$ と仮定してよい．

以下，証明を 6 つのステップにわけよう．

ステップ 1: まず始めは $m = 1$ の場合を考えよう．$P = (X_1 - a_1)^{i_1} Q(X_1)$, $Q(a_1) \neq 0$ とおく．命題 3.11 より，$h((X_1 - a_1)^{i_1}) + h(Q) \leq h(P) + \deg(P)$ であるので，$i_1 h^+(a_1) \leq h(P) + \deg(P)$ を得る[4)]．仮定 $h(P) + 2d_1 \leq \epsilon d_1 h^+(a_1)$ を用いると，$h^+(a_1) > 0$ であり，

$$i_1 h^+(a_1) \leq \epsilon d_1 h^+(a_1) - d_1 \leq \epsilon d_1 h^+(a_1)$$

を得る．よって，$\mathrm{ind}_{\boldsymbol{a}}(P; \boldsymbol{d}) = \frac{i_1}{d_1} \leq \epsilon$ である．

ステップ 2: $m > 1$ とする．$\mathrm{ind}_{\boldsymbol{a}}(P; \boldsymbol{d}) \leq m$ であるので，$\epsilon \leq 1/2$ としてよい．さらに，m に関する帰納法で証明する．命題 3.6 により，$0 \leq l \leq d_m$ となる整数 l と，$|I_i| \leq i$ となる $I_0, \cdots, I_l \in \mathbb{Z}_{\geq 0}^{m-1}$ が存在して，ロンスキアン

$$F = \det\left((\partial_{I_i + j e_m}(P))_{\substack{0 \leq i \leq l \\ 0 \leq j \leq l}} \right)$$

は，$F \neq 0$ であり，$F = UV$ と分解する．ここで，$U(X_1, \ldots, X_{m-1}) \in K[X_1, \ldots, X_{m-1}]$, $V(X_m) \in K[X_m]$ であり，U の X_i についての次数は高々 $(l+1)d_i$ で，V の X_m についての次数は高々 $(l+1)d_m$ である．

ステップ 3: $\mathrm{ind}_{\boldsymbol{a}}(P; \boldsymbol{d})$ を評価しよう．定理 3.19 の仮定 (1) より $d_1 \geq d_2 \geq \cdots \geq d_m$ であることと，$|I_i| \leq i \leq l \leq d_m$ であることに注意しておく．命題 3.18 の (1) を用いて，$I_i = (k_{1,i}, \ldots, k_{m-1,i})$ とおくと，

$$\begin{aligned}
\mathrm{ind}_{\boldsymbol{a}}(\partial_{I_i + j e_m}(P); \boldsymbol{d}) &\geq \mathrm{ind}_{\boldsymbol{a}}(P; \boldsymbol{d}) - \left(\frac{k_{1,i}}{d_1} + \cdots + \frac{k_{m-1,i}}{d_{m-1}} + \frac{j}{d_m} \right) \\
&\geq \mathrm{ind}_{\boldsymbol{a}}(P; \boldsymbol{d}) - \left(\frac{|I_i|}{d_{m-1}} + \frac{j}{d_m} \right) \\
&\geq \mathrm{ind}_{\boldsymbol{a}}(P; \boldsymbol{d}) - \frac{d_m}{d_{m-1}} - \frac{j}{d_m}
\end{aligned}$$

となる．ここで，$\mathrm{ind}_{\boldsymbol{a}}(\partial_{I_i + j e_m}(P); \boldsymbol{d}) \geq 0$ であることに注意すれば，

---

4) 2 項展開 $(X_1 - a_1)^{i_1} = \sum_{s=0}^{i_1} \binom{i_1}{s} (-a_1)^{i_1 - s} X_1^s$ に注意すれば，$h((X_1 - a_1)^{i_1}) \geq h(X_1^{i_1} + (-a_1)^{i_1}) = i_1 h^+(a_1)$ である．

$$\mathrm{ind}_{\boldsymbol{a}}(\partial_{I_i+je_m}(P);\boldsymbol{d}) \geq \max\left\{\mathrm{ind}_{\boldsymbol{a}}(P;\boldsymbol{d}) - \frac{j}{d_m}, 0\right\} - \frac{d_m}{d_{m-1}}$$

が成立する．よって，命題 3.18 の (2) と (3) と補題 3.20 を用いて，

$$\begin{aligned}\mathrm{ind}_{\boldsymbol{a}}(F;\boldsymbol{d}) &\geq \sum_{j=0}^{l}\left(\max\left\{\mathrm{ind}_{\boldsymbol{a}}(P;\boldsymbol{d}) - \frac{j}{d_m}, 0\right\}\right) - (l+1)\frac{d_m}{d_{m-1}} \\ &\geq (l+1)\min\left\{\frac{\mathrm{ind}_{\boldsymbol{a}}(P;\boldsymbol{d})}{2}, \frac{\mathrm{ind}_{\boldsymbol{a}}(P;\boldsymbol{d})^2}{4}\right\} - (l+1)\frac{d_m}{d_{m-1}}\end{aligned}$$

となる．したがって，$\mathrm{ind}_{\boldsymbol{a}}(F;\boldsymbol{d}) = \mathrm{ind}_{\boldsymbol{a}}(U;\boldsymbol{d}) + \mathrm{ind}_{\boldsymbol{a}}(V;\boldsymbol{d})$ と $d_m/d_{m-1} \leq \epsilon^{2^{m-1}}$ により，

$$\begin{aligned}&\min\left\{\frac{\mathrm{ind}_{\boldsymbol{a}}(P;\boldsymbol{d})}{2}, \frac{\mathrm{ind}_{\boldsymbol{a}}(P;\boldsymbol{d})^2}{4}\right\} \\ &\qquad\leq \frac{1}{l+1}\mathrm{ind}_{\boldsymbol{a}}(U;\boldsymbol{d}) + \frac{1}{l+1}\mathrm{ind}_{\boldsymbol{a}}(V;\boldsymbol{d}) + \epsilon^{2^{m-1}} \qquad (3.13)\end{aligned}$$

を得る．そこで，帰納法の仮定を使って，$\mathrm{ind}_{\boldsymbol{a}}(U;\boldsymbol{d})$ と $\mathrm{ind}_{\boldsymbol{a}}(V;\boldsymbol{d})$ の上限を求め，$\mathrm{ind}_{\boldsymbol{a}}(P;\boldsymbol{d})$ の上限を求めようというのがアイデアである．

ステップ 4: 帰納法を進めるために次の不等式を証明する．

$$h(U) + h(V) \leq (l+1)(h(P) + 2d_1). \qquad (3.14)$$

まず，$F = UV$ であり，U と V は共通の変数を含まないので，命題 3.10 より，$h(F) = h(U) + h(V)$ が成り立つ．さらに，系 3.13 より，

$$h(F) \leq (l+1)(h(P) + 2(d_1 + \cdots + d_m)\log(2) + l)$$

である．ここで，$a_m = \epsilon^{2^{m-1}}$ とおくと，$d_i \leq a_m^{i-1}d_1$ であるから，$l \leq d_m$ にも注意して，

$$h(F) \leq (l+1)\left(h(P) + \left(2(1 + a_m + \cdots + a_m^{m-1})\log(2) + a_m^{m-1}\right)d_1\right)$$

を得る．よって，式 (3.14) を示すには，

$$2(1 + a_m + \cdots + a_m^{m-1})\log(2) + a_m^{m-1} \leq 2$$

を確かめれば十分である．$\log(2) = 0.69\ldots < 7/10$ に注意する．まず $m = 2$

の場合，$a_2 = \epsilon^2 \le 1/4$ であるので，

$$\begin{aligned} 2(1+a_2)\log(2) + a_2 &\le 2(1+1/4)\log(2) + 1/4 \\ &< 2(1+1/4)(7/10) + 1/4 = 2 \end{aligned}$$

となる．$m \ge 3$ の場合，$a_m = \epsilon^{2^{m-1}} \le \epsilon^4 \le 1/16$ であるので，

$$\begin{aligned} &2(1 + a_m + \cdots + a_m^{m-1})\log(2) + a_m^{m-1} \\ &\quad \le 2(1 + 1/16 + \cdots + (1/16)^{m-1})\log(2) + (1/16)^{m-1} \\ &\qquad \le \frac{2}{1-1/16}\log(2) + 1/16 < 2 \end{aligned}$$

となる．よって，式 (3.14) が示せた．

ステップ 5: $h(U) \ge 0$ かつ $h(V) \ge 0$ であるので，式 (3.14) より，

$$h(U) \le (l+1)(h(P) + 2d_1) \quad と \quad h(V) \le (l+1)(h(P) + 2d_1)$$

を得る．ここで，$d_m \le d_1 \le (m-1)d_1$ である．よって，定理 3.19 の仮定の (2) を用いて，

$$\begin{aligned} h(U) + 2(m-1)(l+1)d_1 &\le (l+1)(h(P) + 2md_1) \\ &\le \epsilon^{2^{m-1}} \min_{1\le i\le m}\{(l+1)d_i h^+(a_i)\} \\ &\le \epsilon^{2^{m-1}} \min_{1\le i\le m-1}\{(l+1)d_i h^+(a_i)\} \end{aligned}$$

および

$$\begin{aligned} h(V) + 2(l+1)d_m &\le h(V) + 2(l+1)(m-1)d_1 \\ &\le (l+1)(h(P) + 2md_1) \\ &\le \epsilon^{2^{m-1}} \min_{1\le i\le m}\{(l+1)d_i h^+(a_i)\} \\ &\le \epsilon^{2^{m-1}}(l+1)d_m h^+(a_m) \end{aligned}$$

が示せる．したがって，U に対して $\epsilon(U) = \epsilon^2$，V に対して $\epsilon(V) = \epsilon^{2^{m-1}}$ を用いて，帰納法の仮定より，

$$\mathrm{ind}_{(a_1,\ldots,a_{m-1})}(U; ((l+1)d_1, \ldots, (l+1)d_{m-1})) \le 2(m-1)\epsilon^2$$

と

$$\mathrm{ind}_{a_m}(V;(l+1)d_m) \le \epsilon^{2^{m-1}}$$

が得られる（$m=1$ の場合は，良い評価があることに注意する）．したがって，命題 3.18 の (4) を用いて，U, V を $X_1, \ldots, X_m$ の多項式とみて，

$$\mathrm{ind}_{\boldsymbol{a}}(U;\boldsymbol{d}) \le 2(l+1)(m-1)\epsilon^2 \quad と \quad \mathrm{ind}_{\boldsymbol{a}}(V;\boldsymbol{d}) \le (l+1)\epsilon^{2^{m-1}}$$

が成り立つ．よって，(3.13) により，

$$\min\left\{\frac{\mathrm{ind}_{\boldsymbol{a}}(P;\boldsymbol{d})}{2}, \frac{\mathrm{ind}_{\boldsymbol{a}}(P;\boldsymbol{d})^2}{4}\right\} \le 2(m-1)\epsilon^2 + \epsilon^{2^{m-1}} + \epsilon^{2^{m-1}} \le 2m\epsilon^2$$

となる．

ステップ 6: ここで，場合分けをする．$\mathrm{ind}_{\boldsymbol{a}}(P;\boldsymbol{d}) \ge 2$ の場合，$\mathrm{ind}_{\boldsymbol{a}}(P;\boldsymbol{d})/2 \le \mathrm{ind}_{\boldsymbol{a}}(P;\boldsymbol{d})^2/4$ である．したがって，$\mathrm{ind}_{\boldsymbol{a}}(P;\boldsymbol{d})/2 \le 2m\epsilon^2$，すなわち，

$$\mathrm{ind}_{\boldsymbol{a}}(P;\boldsymbol{d}) \le 4m\epsilon^2 = (2\epsilon)2m\epsilon \le 2m\epsilon$$

である．ここで，$\epsilon \le 1/2$ を用いた．

$\mathrm{ind}_{\boldsymbol{a}}(P;\boldsymbol{d}) < 2$ の場合，$\mathrm{ind}_{\boldsymbol{a}}(P;\boldsymbol{d})^2/4 \le 2m\epsilon^2$，すなわち，$\mathrm{ind}_{\boldsymbol{a}}(P;\boldsymbol{d}) \le 2\sqrt{2m}\epsilon$ である．ここで，$m \ge 2$ であるので，$\sqrt{2m} \le m$ である．したがって，$\mathrm{ind}_{\boldsymbol{a}}(P;\boldsymbol{d}) \le 2m\epsilon$ を得る．これにより，定理の証明が完成した．　□

3.6　直線束のノルム

直線束のノルムの定義と性質については [12, 1.5 章] に見つけることができる．X と Y を 体 k 上の代数的スキーム，$\pi : X \to Y$ を有限かつ全射な k 上の射，L を X 上の直線束とする．[12, 補題 1.14] から，Y のアファイン開集合の被覆 $Y = \bigcup_{i=1}^{N} Y_i$ が存在して，それぞれの i に対して，L の $\pi^{-1}(Y_i)$ 上での局所基底 ω_i が存在する．ここで次の 2 つの仮定を考える．

仮定 3.21. π は平坦である．

仮定 3.22. X と Y は正規な代数多様体であり，X と Y の関数体を，それぞれ，E と F とすると，E/F は分離的である．

3.6.1 仮定 3.21 の場合

ここで，仮定 3.21 を仮定する，すなわち，π は平坦であると仮定する．まず，始めに次を示そう．

補題 3.23. A は局所環で, B は A 代数であり，B は A 加群として有限生成と仮定する．さらに，B は A 加群として平坦，すなわち，自由 A 加群であると仮定する．

(1) $\{x_1, \dots, x_n\}$ が自由加群としての基底とする．$b \in B$ に対して，

$$bx_j = a_{1j}x_1 + \cdots + a_{nj}x_n$$

とおき，$\det(a_{ij})$ を考えると，これは基底の選び方によらない．これを $\det(b\cdot)$ で表す．

(2) $\det(bb'\cdot) = \det(b\cdot)\det(b'\cdot)$ である．

証明: (1) $\{x'_1, \dots, x'_n\}$ を別の自由基底とする．$x'_j = \sum_{i=1}^n c_{ij}x_i$，$x_j = \sum_{i=1}^n c'_{ij}x'_i$，$bx'_j = \sum_{i=1}^n a'_{ij}x'_i$ とおく．このとき，

$$\begin{aligned}\sum_{m=1}^n a'_{mj}x'_m = bx'_j = b\left(\sum_{i=1}^n c_{ij}x_i\right) &= \sum_{i=1}^n c_{ij}(bx_i) = \sum_{i=1}^n c_{ij}\sum_{l=1}^n a_{li}x_l \\ &= \sum_{i=1}^n\sum_{l=1}^n c_{ij}a_{li}\sum_{m=1}^n c'_{ml}x'_m = \sum_{m=1}^n\left(\sum_{l=1}^n\sum_{i=1}^n c'_{ml}a_{li}c_{ij}\right)x'_m\end{aligned}$$

であるので，$a'_{mj} = \sum_{l=1}^n\sum_{i=1}^n c'_{ml}a_{li}c_{ij}$ である．これは，行列として $(a'_{ij}) = (c'_{ij})(a_{ij})(c_{ij})$ となることを示している．ここで，(c'_{ij}) は (c_{ij}) の逆行列であるので，主張を得る．

(2) $bx_j = \sum_{i=1}^n a_{ij}x_i$，$b'x_j = \sum_{i=1}^n e_{ij}x_i$ とおく．このとき，

$$\begin{aligned}bb'x_j = b\left(\sum_{i=1}^n e_{ij}x_i\right) &= \sum_{i=1}^n e_{ij}bx_i \\ &= \sum_{i=1}^n e_{ij}\sum_{l=1}^n a_{li}x_l = \sum_{l=1}^n\left(\sum_{i=1}^n a_{li}e_{ij}\right)x_l\end{aligned}$$

であるので，bb' の表現行列は $(a_{ij})(e_{ij})$ となるので，(2) を得る． □

$b \in H^0(X, \mathcal{O}_X)$ に対して，X は Y 上平坦であるので，Y について局所的に b 倍写像の行列式は定まるが，それは，補題 3.23 の (1) を用いることで，Y 上でも定まる．これを $\mathrm{Norm}_\pi(b)$ で表す．$\mathrm{Norm}_\pi(b) \in H^0(Y, \mathcal{O}_Y)$ である．さらに，$b' \in H^0(X, \mathcal{O}_X)$ に対して，補題 3.23 の (2) より，

$$\mathrm{Norm}_\pi(bb') = \mathrm{Norm}_\pi(b)\,\mathrm{Norm}_\pi(b') \tag{3.15}$$

となる．したがって，$b \in H^0(X, \mathcal{O}_X^\times)$ のときは，$\mathrm{Norm}_\pi(b) \in H^0(Y, \mathcal{O}_Y^\times)$ である．

さて，直線束の場合を考えよう．Y のアファイン開集合の被覆 $Y = \bigcup_{i=1}^N Y_i$ が存在し，それぞれの i に対して，L の $\pi^{-1}(Y_i)$ 上での局所基底 ω_i が存在する．各 $\pi^{-1}(Y_i \cap Y_j)$ 上 $\omega_j = g_{ij}\omega_i$ によって，$g_{ij} \in H^0(\pi^{-1}(Y_i \cap Y_j), \mathcal{O}_X^\times)$ を考える．$g_{il} = g_{ij}g_{jl}$ であるので，式 (3.15) より，$\mathrm{Norm}_\pi(g_{il}) = \mathrm{Norm}_\pi(g_{ij})\,\mathrm{Norm}_\pi(g_{jl})$ となる．したがって，$\{\mathrm{Norm}_\pi(g_{ij})\}$ は Y 上に直線束を定める．これを $\mathrm{Norm}_\pi(L)$ と表す．

さて，$s \in H^0(X, L)$ とする．$\pi^{-1}(Y_i)$ 上で，$s = f_i\omega_i$ とおく．このとき $\pi^{-1}(Y_i \cap Y_j)$ 上で，$f_i = g_{ij}f_j$ が成り立つので，式 (3.15) より $\mathrm{Norm}_\pi(f_i) = \mathrm{Norm}_\pi(g_{ij})\,\mathrm{Norm}_\pi(f_j)$ となり，$\{\mathrm{Norm}_\pi(f_i)\}$ は $H^0(Y, \mathrm{Norm}_\pi(L))$ の元を定める．これを $\mathrm{Norm}_\pi(s)$ で表す．

ここで，次の命題をみておこう．

命題 3.24. L' を X 上の別の直線束とし，$s' \in H^0(X, L')$ とする．このとき，

$$\begin{cases} \mathrm{Norm}_\pi(L \otimes L') = \mathrm{Norm}_\pi(L) \otimes \mathrm{Norm}_\pi(L'), \\ \mathrm{Norm}_\pi(s \otimes s') = \mathrm{Norm}_\pi(s) \otimes \mathrm{Norm}_\pi(s') \end{cases}$$

である．

証明: $L'' := L \otimes L'$ とおく．Y のアファイン開被覆 $\{Y_i\}$ を，$\pi^{-1}(Y_i)$ 上で L と L' の局所基底がとれるように選ぶ．それぞれの局所基底を ω_i と ω'_i とする．$\omega_j = g_{ij}\omega_i$, $\omega'_j = g'_{ij}\omega'_i$ で g_{ij} と g'_{ij} を定める．$\mathrm{Norm}_\pi(L)$ は $\{\mathrm{Norm}(g_{ij})\}$ で，$\mathrm{Norm}_\pi(L')$ は $\{\mathrm{Norm}(g'_{ij})\}$ で定まる．一方，L'' は $g_{ij}g'_{ij}$ で定まり，$\mathrm{Norm}_\pi(L'')$ は $\{\mathrm{Norm}_\pi(g_{ij}g'_{ij})\}$ で定まる．ここで，$\mathrm{Norm}_\pi(g_{ij}g'_{ij}) = \mathrm{Norm}_\pi(g_{ij})\,\mathrm{Norm}_\pi(g'_{ij})$ である．これは命題の前半を示す．$\pi^{-1}(Y_i)$ 上で，

$s = s_i\omega_i$, $s' = s'_i\omega'_i$ とおく．このとき，$s \otimes s' = s_i s'_i \omega_i \otimes \omega'_i$ である．一方，$\mathrm{Norm}(s_i s'_i) = \mathrm{Norm}(s_i)\,\mathrm{Norm}(s'_i)$ となる．これは命題の後半を示す． □

3.6.2 仮定 3.22 の場合

ここからは仮定 3.22 を仮定する，すなわち，X と Y は正規な代数多様体であり，X の関数体 E は Y の関数体 F 上分離的であると仮定する．D は X 上のカルティエ因子とする．

補題 3.25. Y のアファイン開集合の被覆 $Y = \bigcup_{i=1}^{N} Y_i$ が存在して，それぞれの i に対して，D の $\pi^{-1}(Y_i)$ 上での局所方程式 f_i が存在する．

証明: $L = \mathcal{O}_X(D)$ とする．$\phi_i \in H^0(\pi^{-1}(Y_i), \mathcal{O}_X(D))$ が存在して，ϕ_i は $\mathcal{O}_X(D)$ の $\pi^{-1}(Y_i)$ 上の局所基底を与える．$\phi_i \in E^\times$ であることを注意しておく．ϕ_i^{-1} が $\pi^{-1}(Y_i)$ 上で D の局所方程式を与えることをいえばよい．これは局所的な問題である．V は $V \subseteq \pi^{-1}(Y_i)$ となる開集合で，V 上では D の局所方程式が f で与えられているとする．このとき，f^{-1} は V 上で $\mathcal{O}_X(D)$ の局所基底になるので，$u \in \mathcal{O}_V^\times$ が存在して，$f^{-1} = u\phi_i$ が V 上で成立する．すなわち，$\phi_i^{-1} = uf$ となるので，ϕ_i^{-1} は V 上の D の局所方程式になる． □

仮定 3.21 の場合と同様にして，$\pi^{-1}(Y_i \cap Y_j)$ 上で，$\omega_j = g_{ij}\omega_i$ で，g_{ij} を定めると $g_{ij} \in \mathcal{O}^\times_{\pi^{-1}(Y_i \cap Y_j)}$ となるので，補題 1.2 より，$\mathrm{Norm}(g_{ij}) \in \mathcal{O}^\times_{Y_i \cap Y_j}$ である．$g_{kj} = g_{ki}g_{ij}$ であるので，$\mathrm{Norm}(g_{kj}) = \mathrm{Norm}(g_{ki})\,\mathrm{Norm}(g_{ij})$ となる．したがって $\{\mathrm{Norm}(g_{ij})\}$ から直線束が定まる．この直線束を $\mathrm{Norm}_\pi(L)$ と定義する．

また，$f_j/f_i \in \mathcal{O}^\times_{\pi^{-1}(Y_i \cap Y_j)}$ であるので，$\mathrm{Norm}(f_i)/\mathrm{Norm}(f_j) \in \mathcal{O}^\times_{Y_i \cap Y_j}$ となる．したがって，$\{\mathrm{Norm}(f_i)\}$ は Y 上のカルティエ因子を定める．これを $\mathrm{Norm}_\pi(D)$ と表すことにする．

有理切断 $s \in H^0(X, L)$ に対して，$s|_{\pi^{-1}(Y_i)} = s_i\omega_i$ で $s_i \in E$ を定める．このとき $s_i = g_{ij}s_j$ となるので，$\mathrm{Norm}(s_i) = \mathrm{Norm}(g_{ij})\,\mathrm{Norm}(s_j)$ が $Y_i \cap Y_j$ で成立する．ゆえに $\{\mathrm{Norm}(s_i)\}$ は $\mathrm{Norm}_\pi(L)$ の有理切断を定める．これを $\mathrm{Norm}_\pi(s)$ と書く．$s \in H^0(X, L)$ のとき，$s_i \in \mathcal{O}_{\pi^{-1}(Y_i)}$ であるので，補題 1.2 より，$\mathrm{Norm}(s_i) \in \mathcal{O}_{Y_i}$ であるので，$\mathrm{Norm}_\pi(s) \in H^0(X, \mathrm{Norm}_\pi(L))$ となる．

また，構成方法から，

$$\mathrm{Norm}_\pi(\mathrm{div}(s)) = \mathrm{div}(\mathrm{Norm}_\pi(s)) \tag{3.16}$$

である．次に，以下の命題を考えよう．

命題 3.26. (1) L' を X 上の別の直線束とし，s' を L' の有理切断とする．このとき，$\mathrm{Norm}_\pi(L \otimes L') = \mathrm{Norm}_\pi(L) \otimes \mathrm{Norm}_\pi(L')$ であり，$\mathrm{Norm}_\pi(s \otimes s') = \mathrm{Norm}_\pi(s) \otimes \mathrm{Norm}_\pi(s')$ である．

(2) $s \in H^0(X, L) \setminus \{0\}$ と仮定すると，

$$\pi^*(\mathrm{Norm}_\pi(s)) \otimes s^{-1} \in H^0(X, \pi^*(\mathrm{Norm}_\pi(L)) \otimes L^{-1})$$

が成り立つ．

証明: (1) は命題 3.24 と同様である．

(2) Y のアファイン開被覆 $\{Y_i\}$ としたとき，(2) を示すためには，すべての i について，$\pi^*(\mathrm{Norm}_\pi(s)) \otimes s^{-1} \in H^0(\pi^{-1}(Y_i), \pi^*(\mathrm{Norm}_\pi(L)) \otimes L^{-1})$ を示せば十分である．そこで，$X = \mathrm{Spec}(B)$，$Y = \mathrm{Spec}(A)$，$L = B$ と仮定してよい．このとき，主張は，補題 1.2 の最後の主張からしたがう．□

s が L の 0 でない有理切断のとき，

$$\pi_* \mathrm{div}(s) = \mathrm{div}(\mathrm{Norm}_\pi(s)) = \mathrm{Norm}_\pi(\mathrm{div}(s)) \tag{3.17}$$

が成り立つ[5)]．後半は 式 (3.16) であるので，前半を考える．実際，命題 3.26 より，s は L の 0 でない大域切断としてよい．各 Y の余次元 1 の点 $y \in Y$ に対して，$Y = \mathrm{Spec}(\mathcal{O}_{Y,y})$，$X = \pi^{-1}(Y) = \mathrm{Spec}(R)$（$R$ は有限 $\mathcal{O}_{Y,y}$ 代数）として証明できれば十分．このとき主張は，[12, 補題 1.11(2)] に帰着される．

[5)] $\pi_* \mathrm{div}(s)$ は因子の押し出し (push forward) とよばれているものである．D が素因子の場合は以下のように定義される．P を D の生成点とすると，$\pi(P)$ は $\pi(D)$ の生成点である．$\kappa(P)$ と $\kappa(\pi(P))$ で P と $\pi(P)$ での剰余体を表すと，$\pi_* D$ は

$$\pi_* D = [\kappa(P) : \kappa(\pi(P))]\pi(D)$$

で定義される．一般の場合は線形性によって拡張する．

3.7 ノルムの高さ

本節では，ノルムを施した切断の高さの評価をする．ノルムの一般論は 1.1 節と 3.6 節を参照されたい．少し複雑であるが，本質的には単純な計算の繰り返しだけである．

まず次の補題を考えよう．

補題 3.27. K を代数体，$K[Y,Z]$ を K 上の 2 変数の多項式環とし，N 次の多項式

$$Z^N + a_{N-1}(Y)Z^{N-1} + \cdots + a_0(Y)$$

による剰余環

$$K[Y,Z]/(Z^N + a_{N-1}(Y)Z^{N-1} + \cdots + a_0(Y))$$

を考える．ここで，$a_i(Y)$ は，$K[Y]$ の高々 $(N-i)$ 次の多項式である．Y, Z の剰余環における像を y, z とおく．$K[y,z]$ は，$\{1, z, \ldots, z^{N-1}\}$ を基底とする自由 $K[y]$ 加群であり，$K[y]$ は y を不定元とする多項式環であるので，任意の $l \geq 0$ に対して，ある $\beta_{l,i}(Y) \in K[Y]$ が一意的に存在して，

$$z^l = \sum_{0 \leq i < N} \beta_{l,i}(y) z^i$$

と書ける．このとき，以下が成立する．

(1) $\beta_{l,i}(Y)$ は，高々 $(l-i)$ 次の多項式である．さらに，$a_0, \ldots, a_{N-1} \in O_K[Y]$ ならば，$\beta_{l,i}(Y) \in O_K[Y]$ である．

(2) 各 $v \in M_K$ に対して，$a_0, \ldots, a_{N-1}$ のみに依存する非負定数 c_v が存在して，任意の l, i について，

$$|\beta_{l,i}|_v \leq \exp(c_v l)$$

が成立する．しかも，有限個の v を除いて，$c_v = 0$ である．

証明: (1) まず

$$\begin{aligned}z^{l+1} &= z\sum_{i=0}^{N-1}\beta_{l,i}z^i = \beta_{l,N-1}z^N + \sum_{i=1}^{N-1}\beta_{l,i-1}z^i \\ &= -\beta_{l,N-1}\sum_{i=0}^{N-1}a_iz^i + \sum_{i=1}^{N-1}\beta_{l,i-1}z^i \\ &= \sum_{i=1}^{N-1}(-\beta_{l,N-1}a_i + \beta_{l,i-1})z^i - \beta_{l,N-1}a_0\end{aligned}$$

であるので,

$$\begin{cases}\beta_{l+1,i} = -\beta_{l,N-1}a_i + \beta_{l,i-1} & (1 \le i \le N-1) \\ \beta_{l+1,0} = -\beta_{l,N-1}a_0\end{cases} \tag{3.18}$$

がわかる．$0 \le l < N$ のとき,

$$\beta_{l,i} = \begin{cases}1 & (i = l \text{ のとき}) \\ 0 & (i \ne l \text{ のとき})\end{cases}$$

であるので，次数の評価は成り立つ（多項式 0 の次数は $-\infty$ であることに注意．p.iv の記法を参照)．また，$\beta_{N,i} = -a_i$ であるので $l = N$ の場合もよい．そこで $l > N$ と仮定する．$\beta_{l,N-1}$ は高々 $(l-N+1)$ 次で a_i は高々 $(N-i)$ 次である．また $\beta_{l,i-1}$ は高々 $(l-i+1)$ 次である．よって，$1 \le i \le N-1$ に対して，式 (3.18) より，$\beta_{l+1,i}$ も高々 $(l-i+1)$ 次になる．同様に，$\beta_{l,N-1}$ は高々 $(l-N+1)$ 次で a_0 は高々 N 次であるから，$\beta_{l+1,0}$ は高々 $l+1$ 次になる．また，$a_i \in O_K[Y]$ ならば，帰納的に $\beta_{l,i}(Y) \in O_K[Y]$ がわかる．よって，(1) が示せた．

(2) $v \in M_K$ に対して,

$$H_v = \max\{1, |a_0|_v, \ldots, |a_{N-1}|_v\}$$

とおく．ここで，$|a_i|_v$ は多項式 $a_i = a_i(Y)$ の v に関する長さである（3.3 節を参照)．このとき，有限個の v を除いて，$H_v = 1$ である．さらに,

$$c_v = \begin{cases}\log(H_v) & (v \in M_K^{\text{fin}} \text{ のとき}) \\ \log((N+1)H_v + 1) & (v \in M_K^{\infty} \text{ のとき})\end{cases}$$

とおく．有限個の v を除いて，$c_v = 0$ である．$|\beta_{l,i}|_v$ の不等式を l についての帰納法で示す．

$0 \leq l \leq N$ の場合は，$\beta_{l,i}$ は $0, 1, -a_0, \ldots, -a_{N-1}$ のいずれかであるから，この場合は成立する．そこで $l > N$ とする．

まず，v が非アルキメデス的なときを考える．ガウスの補題（命題 3.7）と式 (3.18) を用いて，$i > 0$ のとき，

$$\begin{aligned}|\beta_{l+1,i}|_v &\leq \max\{|\beta_{l,N-1}a_i|_v, |\beta_{l,i-1}|_v\} = \max\{|\beta_{l,N-1}|_v|a_i|_v, |\beta_{l,i-1}|_v\} \\ &\leq \max\{\exp(c_v l)H_v, \exp(c_v l)\} = \exp(c_v l)H_v \\ &= \exp(c_v l)\exp(c_v) = \exp(c_v(l+1))\end{aligned}$$

となり示せた．$i = 0$ の場合も，$\beta_{l+1,0} = -\beta_{l,0}a_0$ を用いて同様に示せる．

次に，v がアルキメデス的なときを考える．$i > 0$ のとき，$\beta_{l,N-1}, a_i$ は 1 変数多項式で，a_i は高々 N 次の多項式であるから，系 3.9 を用いて

$$\begin{aligned}|\beta_{l+1,i}|_v &\leq |\beta_{l,N-1}a_i|_v + |\beta_{l,i-1}|_v \\ &\leq (N+1)|\beta_{l,N-1}|_v|a_i|_v + |\beta_{l,i-1}|_v \\ &\leq (N+1)\exp(c_v l)H_v + \exp(c_v l) \\ &= ((N+1)H_v + 1)\exp(c_v l) = \exp(c_v)\exp(c_v l) = \exp(c_v(l+1))\end{aligned}$$

となり示せた．$i = 0$ の場合も $\beta_{l+1,0} = -\beta_{l,0}a_0$ を用いれば同様であるので，補題が成り立つ． □

上の補題を用いて，次の命題を示そう．

命題 3.28. K を代数体とする．K 上で，Y, Z についての K 上の N 次多項式

$$P(Y,Z) = Z^N + a_{N-1}(Y)Z^{N-1} + \cdots + a_0(Y)$$

と Y', Z' についての K 上の N 次多項式

$$P'(Y',Z') = {Z'}^N + a'_{N-1}(Y'){Z'}^{N-1} + \cdots + a'_0(Y')$$

を考える．$X = \mathrm{Spec}(K[Y,Z,Y',Z']/(P,P'))$ とおく．$\pi : X \to \mathbb{A}^2_K$ を $(Y,Z,Y',Z') \mapsto (Y,Y')$ で定める．$y = Y|_X$，$z = Z|_X$，$y' = Y'|_X$，$z' = Z'|_X$ とおく．

(1) π は有限で平坦である．

(2) $F \in K[Y,Z,Y',Z']$ を両次数が高々(d,d') の多項式，すなわち，Y,Z についての次数が高々 d，Y',Z' についての次数が高々 d' の多項式とする．このとき，$F_{ii'}(Y,Y') \in K[Y,Y']$ が一意的に存在して，

$$F(y,z,y',z') = \sum_{\substack{0\le i<N \\ 0\le i'<N}} F_{ii'}(y,y')z^i {z'}^{i'}$$

とおける．ここで，$F_{ii'}$ は，両次数が高々$(d-i,d'-i')$ の多項式，すなわち，Y についての次数が高々 $d-i$，Y' についての次数が高々 $d'-i'$ の多項式であり，各 $v \in M_K$ に対して，次をみたす $a_0,\ldots,a_{N-1},a'_0,\ldots,a'_{N-1}$ のみによる非負定数 c_v が存在する．

$$|F_{ii'}|_v \le |F|_v \exp(c_v(d+d'))$$

が成り立ち，かつ，有限個の v を除いて $c_v = 0$ である．さらにもし，$a_0,\ldots,a_{N-1},a'_0,\ldots,a'_{N-1}$ および F の係数がすべて O_K の元ならば，$F_{ii'}$ の係数も O_K の元である．

(3) $F \in K[Y,Z,Y',Z']$ を両次数が高々(d,d') の多項式とする．各 $v \in M_K$ に対して，次をみたす $a_0,\ldots,a_{N-1},a'_0,\ldots,a'_{N-1}$ のみによる非負定数 c'_v が存在する．

$$|\operatorname{Norm}_\pi(F(y,z,y',z'))|_v \le |F|_v^{N^2} \exp(c'_v N^2(d+d'+2(N-1))).$$

さらに，有限個の v を除いて $c'_v = 0$ である．

証明: (1) $K\left[Y,Z,Y',Z'\right]/\left(P\left(Y,Z\right),P'\left(Y',Z'\right)\right)$ は $K\left[y,y'\right]$ 加群として，$\left\{z^i {z'}^{i'}\right\}_{\substack{0\le i<N \\ 0\le i'<N}}$ を基底とする自由加群である．ゆえに，π は有限かつ平坦である．

(2) 自然な全射

$$K[Y,Z,Y',Z'] \to K[Y,Z,Y',Z']/(P(Y,Z),P(Y',Z'))$$

を $K[Y,Y']$ に制限した写像

$$K[Y,Y'] \to K[Y,Z,Y',Z']/(P(Y,Z),P'(Y',Z'))$$

は単射であるから，$F_{ii'}(Y,Y') \in K[Y,Y']$ の一意性はしたがう．そこで，以下では $F_{ii'}$ の存在と一意性以外の $F_{ii'}$ の性質をみよう．

補題 3.27 より任意の l,l' に対して，ある $\beta_{l,i}(Y) \in K[Y]$ と $\beta'_{l',i'}(Y') \in K[Y']$ が一意的に存在して，

$$z^l = \sum_{0\le i<N} \beta_{l,i}(y)z^i, \qquad {z'}^{l'} = \sum_{0\le i<N} \beta'_{l',i'}(y'){z'}^{i'}$$

と書け，$\beta_{l,i}$ は高々 $(l-i)$ 次の多項式で，$\beta'_{l',i'}$ は高々 $(l'-i')$ 次の多項式である．さらに，任意の素点 v に対して，次をみたす $a_0,\dots,a_{N-1},a'_0,\dots,a'_{N-1}$ のみによる非負定数 c_v が存在する．任意の l,i,l',i' について，$|\beta_{l,i}|_v \le \exp(c_v l)$，$|\beta'_{l',i'}|_v \le \exp(c_v l')$ であり，有限個の素点 v を除いて，$c_v=0$ である．

$$F = \sum_{\substack{0\le l\le d\\ 0\le l'\le d'}} G_{l,l'}(Y,Y')Z^l{Z'}^{l'}$$

とおくと，

$$\begin{aligned}
F(y,z,y',z') &= \sum_{l,l'} G_{l,l'}(y,y')z^l{z'}^{l'}\\
&= \sum_{l,l'} G_{l,l'}(y,y')\left(\sum_{0\le i<N}\beta_{l,i}(y)z^i\right)\left(\sum_{0\le i<N}\beta'_{l',i'}(y'){z'}^{i'}\right)\\
&= \sum_{\substack{0\le i<N\\ 0\le i'<N}}\left(\sum_{l,l'} G_{l,l'}(y,y')\beta_{l,i}(y)\beta'_{l',i'}(y')\right)z^i{z'}^{i'}
\end{aligned}$$

であるので，

$$F_{ii'}(Y,Y') = \sum_{l,l'} G_{l,l'}(Y,Y')\beta_{l,i}(Y)\beta'_{l',i'}(Y') \tag{3.19}$$

である．このとき，$G_{l,l'}$ は両次数が高々 $(d-l,d'-l')$ の多項式で，$\beta_{l,i}$ と $\beta'_{l',i'}$ は，両次数が，それぞれ，高々$(l-i,0)$, $(0,l'-i')$ の多項式であるので，$F_{ii'}(Y,Y')$ は両次数が高々 $(d-i,d'-i')$ の多項式である．

次に各素点 v に関しての $F_{ii'}$ の長さの評価をしよう．まず，v が非アルキメデス的なときを考える．このとき，ガウスの補題（命題 3.7），式 (3.5) と補題 3.27 より

$$\begin{aligned}|F_{ii'}|_v &\le \max_{l,l'}\{|G_{l,l'}\beta_{l,i}\beta'_{l',i'}|_v\} = \max_{l,l'}\{|G_{l,l'}|_v|\beta_{l,i}|_v|\beta'_{l',i'}|_v\}\\ &\le |F|_v \exp(c_v(d+d'))\end{aligned}$$

となり題意が示せた．

次に v がアルキメデス的なときを考える．$F_{ii'} = \sum_{l,l'} G_{l,l'}\beta_{l,i}\beta_{l',i'}$ において，l は $0 \le l \le d$ を，l' は $0 \le l' \le d'$ を動く．このとき $\beta_{l,i}$ と $\beta_{l',i'}$ の両次数は，それぞれ，高々 $(d,0)$, $(0,d')$ であるから，系 3.9，式 (3.6) と補題 3.27 より[6)]

$$\begin{aligned}|F_{ii'}|_v &\le \sum_{l,l'} |G_{l,l'}\beta_{l,i}\beta'_{l',i'}|_v\\ &\le \sum_{l,l'}(1+d)(1+d')|G_{l,l'}|_v|\beta_{l,i}|_v|\beta'_{l',i'}|_v\\ &\le \sum_{l,l'}(1+d)(1+d')|F|_v \exp(c_v(d+d'))\\ &\le (1+d)^2(1+d')^2|F|_v \exp(c_v(d+d'))\\ &\le \exp(2d)\exp(2d')|F|_v \exp(c_v(d+d')) = |F|_v \exp((c_v+2)(d+d'))\end{aligned}$$

となる．ここで，最終行の不等式では，$t \ge 0$ が非負の実数のとき，$\exp(t) \ge 1+t$ が成り立つことを用いた．したがって，v がアルキメデス的なときは，c_v を $c_v + 2$ と取り直せば，結論を得る．

---

6) $\beta_{l,i}$ は Y のみの d 次以下の関数であるから，

$$(1+\deg_Y(\beta_{l,i}))(1+\deg_{Y'}(\beta_{l,i})) \le 1+d$$

が成り立つ．同様に，$\beta'_{l',i'}$ は Y' のみの d' 次以下の関数であるから，

$$(1+\deg_Y(\beta'_{l',i'}))(1+\deg_{Y'}(\beta'_{l',i'})) \le 1+d'$$

が成り立つ．したがって，式 (3.5) より，

$$|\beta_{l,i}\beta'_{l',i'}G_{l,l'}|_v \le |\beta_{l,i}|_v|\beta'_{l',i'}|_v|G_{l,l'}|_v(1+d)(1+d')$$

を得る．

最後に，$a_0,\ldots,a_{N-1},a'_0,\ldots,a'_{N-1}$ の係数が O_K の元であるとき，補題 3.27 より $\beta_{l,i}(Y),\beta_{l',i'}(Y')$ の係数は O_K の元である．さらに，F の係数が O_K の元であるとき，すなわち，任意の l,l' に対して $G_{l,l'}(Y,Y')$ の係数が O_K の元であるとき，式 (3.19) から $F_{ii'}$ の係数も O_K の元になる．

(3) $0\le j<N$，$0\le j'<N$ に対して，$F^{jj'}=Z^jZ'^{j'}F$ とおく．さらに，

$$F^{jj'}(y,z,y',z')=\sum_{\substack{0\le i<N\\0\le i'<N}}F^{jj'}_{ii'}(y,y')z^iz'^{i'}$$

とおくと，(2) より，$F^{jj'}_{ii'}$ は，両次数が高々$(d+j-i,d'+j'-i')$ の多項式であり，

$$|F^{jj'}_{ii'}|_v\le|F^{jj'}|_v\exp(c_v(d+d'+j+j')))=|F|_v\exp(c_v(d+d'+j+j'))$$

が成立する．特に，$F^{jj'}_{ii'}$ は，両次数が高々$(d+N-1,d'+N-1)$ の多項式であり，

$$|F^{jj'}_{ii'}|_v\le|F|_v\exp(c_v(d+d'+2(N-1)))$$

となる．

ここで，$F(y,z,y',z')$ をかけることで得られる準同型写像

$$K[y,z,y'z']\to K[y,z,y'z']$$

の，$K[y,z,y'z']$ の $K[y,y']$ 自由加群としての基底 $\{z^jz'^{j'}\}_{\substack{0\le j<N\\0\le j'<N}}$ に関する行列表現を A_F とする．このとき，$\mathrm{Norm}(F)=\det(A_F)$ であり，A_F の成分は $F^{jj'}_{ii'}$ からなる．そこでそれらの N^2 個の積のひとつを G で表すと，v が非アルキメデス的な場合，ガウスの補題（命題 3.7）より，

$$|G|_v\le|F|_v^{N^2}\exp(c_vN^2(d+d'+2(N-1)))$$

を得る．

v がアルキメデス的な場合，系 3.9 により[7]，

---

[7] $F^{jj'}_{ii'}$ は Y と Y' の多項式で，両次数が高々 $(d+N-1,d'+N-1)$ である．よって，$(1+\deg_Y(F^{jj'}_{ii'}))(1+\deg_{Y'}(F^{jj'}_{ii'}))\le(d+N)(d'+N)$ となる．また，(2) より，

$$|G|_v \le |F|_v^{N^2} \exp(c_v N^2(d+d'+2(N-1)))\left((d+N)(d'+N)\right)^{N^2-1}$$

を得る．ここで，$t \ge 0$ に対して $\exp(t) \ge 1+t$ が成り立つことから，

$$\begin{aligned}&\left((d+N)(d'+N)\right)^{N^2-1}\\ &\quad\le \exp\left((N^2-1)(d+N-1)\right)\exp\left((N^2-1)(d'+N-1)\right)\\ &\qquad\le \exp\left(N^2(d+d'+2(N-1))\right)\end{aligned}$$

となる．したがって，v がアルキメデス的な場合，

$$|G|_v \le |F|_v^{N^2} \exp\left((c_v+1)N^2(d+d'+2(N-1))\right)$$

である．ゆえに，

$$|\operatorname{Norm}(F)|_v \le \begin{cases} |F|_v^{N^2}\exp(c_v N^2(d+d'+2(N-1))) \\ \hfill (v \in M_K^{\infty}\ のとき) \\ |F|_v^{N^2}\exp((c_v+1)N^2(d+d'+2(N-1)))(N^2)! \\ \hfill (v \in M_K^{\mathrm{fin}}\ のとき) \end{cases}$$

となる．ここで，$t \ge 1$ について $\log(t) \le t-1$ にも注意して，

$$(N^2)! \le \exp(N^2\log(N^2)) \le \exp(N^2\cdot 2(N-1)) \le \exp(N^2(d+d'+2(N-1)))$$

であるので，v がアルキメデス的なとき，

$$|\operatorname{Norm}(F)|_v \le |F|_v^{N^2}\exp((c_v+2)N^2(d+d'+2(N-1)))$$

となり，v が非アルキメデス的なときは $c'_v = c_v$ として，v がアルキメデス的なときは $c'_v = c_v + 2$ として，結論が導かれる．　□

$$|F_{ii'}^{jj'}|_v \le |F^{jj'}|_v \exp(c_v(d+d'+2(N-1))) = |F|_v \exp(c_v(d+d'+2(N-1)))$$

である．G は $F_{ii'}^{jj'}$ の N^2 個の積からなるから，系 3.9 により

$$|G|_v \le |F|_v^{N^2}\exp(c_v N^2(d+d'+2(N-1)))\left((d+N)(d'+N)\right)^{N^2-1}$$

を得る．

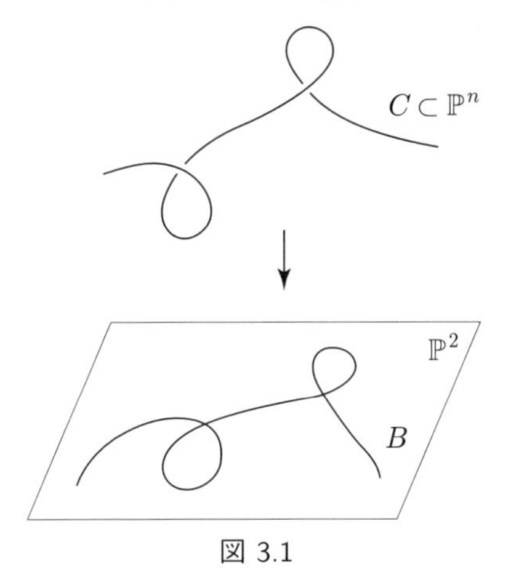

図 3.1

さて，最後に第 4 章で必要となる結果を考えよう．まず，状況を設定する．K を代数体，$n \geq 2$ として $\mathbb{P}^n$ を K 上の n 次元射影空間，C を $\mathbb{P}^n$ の次数が N の K 上の部分多様体で絶対既約な非特異射影曲線であるとする．

$\mathbb{P}^n$ の 2 つの斉次座標を $(X_0 : X_1 : \ldots : X_n)$ と $(Y_0 : Y_1 : \ldots : Y_n)$ を考え，

$$C \cap \{X_0 = X_1 = 0\} = C \cap \{Y_0 = Y_1 = 0\} = \emptyset \tag{3.20}$$

と仮定する[8)]．$(X_0 : \ldots : X_n) \mapsto (X_0 : X_1 : X_2)$ と $(Y_0 : \ldots : Y_n) \mapsto (Y_0 : Y_1 : Y_2)$ によって定まる 2 つの射影による C の像をそれぞれ B と B' で表すとき，C はそれぞれの射影により B と B' と双有理的であると仮定する．このとき，$\deg(B) = \deg(B') = N$ である．仮定 (3.20) より，B と B' は $(0:0:1)$ を通らない．したがって，B と B' は，それぞれ，

$$\begin{cases} B : X_2^N + a_{N-1}(X_0, X_1)X_2^{N-1} + \cdots + a_1(X_0, X_1)X_2 + a_0(X_0, X_1), \\ B' : Y_2^N + a'_{N-1}(Y_0, Y_1)Y_2^{N-1} + \cdots + a'_1(Y_0, Y_1)Y_2 + a'_0(Y_0, Y_1) \end{cases}$$

[8)] 以下の命題 3.29 を 4.4 節で用いる．4.4 節では C の異なる方向への射影 $(X_0 : X_1 : \ldots : X_n) \mapsto (X_0 : X_i)$ と $(X_0 : X_1 : \ldots : X_n) \mapsto (X_0 : X_j)$ を考えるが，ここでは，記号が煩雑になるのを避けるために，新しい斉次座標を導入する代わりに射影は同じ方向にとっている．斉次座標 $(Y_0 : Y_1 : \ldots : Y_n)$ は，σ を $\{0, 1, \ldots, n\}$ の置換として $Y_i = X_{\sigma(i)}$ で与えれるものを念頭に置いている．

という形の N 次の斉次多項式で定義される．さて，$(X_0 : \ldots : X_n) \mapsto (X_0 : X_1)$ と $(Y_0 : \ldots : Y_n) \mapsto (Y_0 : Y_1)$ によって定まる射影が導く射 $C \to \mathbb{P}^1$ をそれぞれ f と f' で表し，$f \times f' : C \times C \to \mathbb{P}^1 \times \mathbb{P}^1$ を π で表す．f, f' はともに有限かつ平坦であるから，π も有限かつ平坦となる．さらに，$p_i : C \times C \to C$, $q_i : \mathbb{P}^1 \times \mathbb{P}^1 \to \mathbb{P}^1$ を i 番目の成分への射影とする．

$C \times C \subset \mathbb{P}^n \times \mathbb{P}^n$ の前の $\mathbb{P}^n$ の斉次座標を $(X_0 : \ldots : X_n)$ で，後ろの $\mathbb{P}^n$ の斉次座標を $(Y_0 : \ldots : Y_n)$ で表す．$X_i|_C$ と $Y_i|_C$ を，それぞれ，x_i と y_i で表すことにする．

両次数が (d, d') の両斉次多項式 $F \in K[X_0, \ldots, X_n, Y_0, \ldots, Y_n]$ は，$\mathbb{P}^n \times \mathbb{P}^n$ 上の直線束 $\mathcal{O}_{\mathbb{P}^n \times \mathbb{P}^n}(d, d')$ の大域切断とみなせる．したがって，$\mathcal{O}_{\mathbb{P}^n \times \mathbb{P}^n}(d, d')$ を $C \times C$ に引き戻した直線束を $\mathcal{O}_{C \times C}(d, d')$ で表せば，$F(x_0, \ldots, x_n, y_0, \ldots, y_n)$ は $H^0(C \times C, \mathcal{O}_{C \times C}(d, d'))$ の元を表す．3.6 節にしたがえば，

$$\mathrm{Norm}_\pi(F(x_0, \ldots, x_n, y_0, \ldots, y_n)) \in H^0(\mathbb{P}^1 \times \mathbb{P}^1, \mathrm{Norm}_\pi(\mathcal{O}_{C \times C}(d, d')))$$

である．以下では，$\mathrm{Norm}_\pi(\mathcal{O}_{C \times C}(d, d'))$ を決定し，

$$\mathrm{Norm}_\pi(F(x_0, \ldots, x_n, y_0, \ldots, y_n))$$

の高さを評価しよう．

命題 3.29. (1) $\mathrm{Norm}_\pi(\mathcal{O}_{C \times C}(d, d')) = \mathcal{O}_{\mathbb{P}^1 \times \mathbb{P}^1}(N^2 d, N^2 d')$.

(2) $F \in K[X_0, \ldots, X_n, Y_0, \ldots, Y_n]$ を両次数が (d, d') の両斉次多項式とする．このとき，$\mathrm{Norm}_\pi(F(x_0, \ldots, x_n, y_0, \ldots, y_n))$ は，(1) より，両次数が $(N^2 d, N^2 d')$ の $K[x_0, x_1, y_0, y_1]$ の両斉次多項式である．このとき，C と $a_0, \ldots, a_{N-1}, a'_0, \ldots, a'_{N-1}$ のみによる正の定数 M が存在して

$$h(\mathrm{Norm}_\pi(F(x_0, \ldots, x_n, y_0, \ldots, y_n))) \leq N^2 h(F) + M(d + d' + 1)$$

が成立する．

証明: (1) $i = 0, 1$, $j = 0, 1$ に対して，$\mathbb{P}^1 \times \mathbb{P}^1$ の開集合 $U_{(i,j)} = \{X_i \neq 0, Y_j \neq 0\}$ と定める．このとき，$\pi^{-1}(U_{(i,j)})$ 上で，$x_i^d y_j^{d'}$ は $\mathcal{O}_{C \times C}(d, d')$ の局所基底を与える．$\pi^{-1}(U_{(i,j)} \cap U_{(i',j')})$ 上で，

$$g_{(i,j)(i',j')} = \frac{x_i^d y_j^{d'}}{x_{i'}^d y_{j'}^{d'}} = (x_i/x_{i'})^d (y_j/y_{j'})^{d'}$$

とおくと，$\mathcal{O}_{C\times C}(d,d')$ は $\{g_{(i,j)(i',j')}\}$ で定まる．

$$\mathrm{Norm}_\pi(g_{(i,j)(i',j')}) = (x_i/x_{i'})^{N^2 d}(y_j/y_{j'})^{N^2 d'}$$

であるので，$\mathrm{Norm}_\pi(\mathcal{O}_{C\times C}(d,d'))$ は $\left\{(x_i/x_{i'})^{N^2 d}(y_j/y_{j'})^{N^2 d'}\right\}$ で定まる．したがって，(1) を得る．

(2) まず，

$$\begin{aligned} &h\left(\mathrm{Norm}_\pi\left(F(1, x_1/x_0, \ldots, x_n/x_0, \ldots, 1, y_1/y_0, \ldots, y_n/y_0\right)\right) \\ &\quad = h\left(\mathrm{Norm}_\pi\left(\frac{F}{x_0^d y_0^{d'}}\right)\right) = h\left(\frac{\mathrm{Norm}_\pi(F)}{x_0^{N^2 d} y_0^{N^2 d'}}\right) = h\left(\mathrm{Norm}_\pi(F)\right) \end{aligned}$$

であるので，$\pi^{-1}(U_{(0,0)})$ 上で評価を考えれば十分である．そこで，非斉次化して，$i = 1, \ldots, n$ について，X_i/X_0 を X_i, Y_i/Y_0 を Y_i, x_i/x_0 を x_i, y_i/y_0 を y_i に置き換えて考える．このとき，B は

$$X_2^N + a_{N-1}(1, X_1)X_2^{N-1} + \cdots + a_1(1, X_1)X_2 + a_0(1, X_1)$$

で，B' は

$$Y_2^N + a'_{N-1}(1, Y_1)Y_2^{N-1} + \cdots + a'_1(1, Y_1)Y_2 + a'_0(1, Y_1)$$

で定まっている．

C と B は双有理であるので，$K[x_1, \ldots, x_n]/K[x_1, x_2]$ の $K[x_1, x_2]$ 加群としての台は有限個の点であり，$K[x_1, x_2]$ は $K[x_1]$ 加群として有限生成である．したがって，0 でない多項式 $\gamma(S) \in K[S]$ が存在して，

$$\gamma(x_1)K[x_1, \ldots, x_n] \subseteq K[x_1, x_2]$$

となる[9]．特に，$i \geq 3$ に対して，$g_i(U, V) \in K[U, V]$ が存在して，$\gamma(x_1)x_i =$

---

[9] このことは次の事実からしたがう：A と B をネータ整域とし，$A \subseteq B$ であり，B は A 加群として有限生成と仮定する．M を有限生成 B 加群で，ある $b \in B \setminus \{0\}$ が存在して，$bM = \{0\}$ と仮定すると，ある $a \in A \setminus \{0\}$ が存在して，$aM = \{0\}$ となる．というのは B

$g_i(x_1, x_2)$ となる．同様に，0 でない多項式 $\gamma'(S) \in K[S]$ と 0 でない多項式 $g'_i \in K[U, V]$ $(i = 3, \ldots, n)$ が存在して，$\gamma'(y_1)y_i = g'_i(y_1, y_2)$ となる．

さて，

$$F(1, X_1, \ldots, X_n, 1, Y_1, \ldots, Y_n) = \sum_{i_3, \ldots, i_n, i'_3, \ldots, i'_n} F_{i_3, \ldots, i_n, i'_3, \ldots, i'_n}(X_1, X_2, Y_1, Y_2) X_3^{i_3} \cdots X_n^{i_n} {Y_3}^{i'_3} \cdots {Y_n}^{i'_n} \tag{3.21}$$

とおく．ここで，$F_{i_3, \ldots, i_n, i'_3, \ldots, i'_n}$ は両次数が高々 $(d - i_3 - \cdots - i_n,\ d' - i'_3 - \cdots - i'_n)$ の多項式である．このとき，

$$\begin{aligned} &\gamma(X_1)^d \gamma'(Y_1)^{d'} F(1, X_1, \ldots, X_n, 1, Y_1, \ldots, Y_n) \\ &\quad = \sum \gamma(X_1)^{d - (i_3 + \cdots + i_n)} \gamma'(Y_1)^{d' - (i'_3 + \cdots + i'_n)} F_{i_3, \ldots, i_n, i'_3, \ldots, i'_n} \times \\ &\qquad\qquad (\gamma(X_1)X_3)^{i_3} \cdots (\gamma(X_1)X_n)^{i_n} (\gamma'(Y_1)Y_3)^{i'_3} \cdots (\gamma'(Y_1)Y_n)^{i'_n} \end{aligned}$$

となる．さて，ここで，

$$\begin{aligned} T = \sum_{i_3, \ldots, i_n, i'_3, \ldots, i'_n} &\gamma(X_1)^{d - (i_3 + \cdots + i_n)} \gamma'(Y_1)^{d' - (i'_3 + \cdots + i'_n)} F_{i_3, \ldots, i_n, i'_3, \ldots, i'_n} \times \\ &g_3(X_1, X_2)^{i_3} \cdots g_n(X_1, X_2)^{i_n} g'_3(Y_1, Y_2)^{i'_3} \cdots g'_n(Y_1, Y_2)^{i'_n} \end{aligned}$$

の各素点 v における $|T|_v$ を評価しよう．式 (3.21) から T の式において，$d \geq i_3 + \cdots + i_n$, $d' \geq i'_3 + \cdots + i'_n$ であることに注意しておく．

$$\begin{cases} A_v = \max\{|\gamma|_v, |\gamma'|_v, |g_3|_v, |g'_3|_v, \ldots, |g_n|_v, |g'_n|_v\}, \\ s = \max\{\deg(\gamma), \deg(\gamma'), \deg(g_3), \deg(g'_3), \ldots, \deg(g_n), \deg(g'_n)\} \end{cases}$$

とおく．有限個の v を除いて $A_v = 1$ であることに注意しておく．

v が非アルキメデス的のときは，ガウスの補題（命題 3.7）と式 (3.5) より，

が A 加群として有限生成であるので，b は A 上整となり，$b^n + a_1 b^{n-1} + \cdots + a_n = 0$ となる $n \geq 1$ と $a_1, \ldots, a_n \in A$, $a_n \neq 0$ が存在する．$b' = b^{n-1} + a_1 b^{n-2} + \cdots + a_{n-1} \in B$ とおけば，$b'b = -a_n \in A \setminus \{0\}$ となるからである．

$$
\begin{aligned}
|T|_v &\le \max\left\{A_v^{d+d'-(i_3+\cdots+i_n+i'_3+\cdots+i'_n)}|F|_v A_v^{i_3}\cdots A_v^{i_n}\cdot A_v^{i'_3}\cdots A_v^{i'_n}\right\} \\
&= A_v^{d+d'}|F|_v
\end{aligned}
$$

である．v がアルキメデス的のときは，少し面倒である．まず，

$$
\Delta_{i_3,\ldots,i_n,i'_3,\ldots,i'_n} = \gamma(X_1)^{d-(i_3+\cdots+i_n)}\gamma'(Y_1)^{d'-(i'_3+\cdots+i'_n)}F_{i_3,\ldots,i_n,i'_3,\ldots,i'_n}\times \\
g_3(X_1,X_2)^{i_3}\cdots g_n(X_1,X_2)^{i_n}g'_3(Y_1,Y_2)^{i'_3}\cdots g'_n(Y_1,Y_2)^{i'_n}
$$

を考える．系 3.9 を用いて，$|\Delta_{i_3,\ldots,i_n,i'_3,\ldots,i'_n}|_v$ は $(1+s)^{2(d+d')}A_v^{d+d'}|F|_v$ でおさえられる[10)]．

$d \ge i_3+\cdots+i_n$ より，$i_3,\ldots,i_n$ はいずれも 0 以上 d 以下であり，$d' \ge i'_3+\cdots+i'_n$ より，$i'_3,\ldots,i'_n$ はいずれも 0 以上 d' 以下であることに注意して，式 (3.6) を用いると，

$$
\begin{aligned}
|T|_v &\le \sum_{i_3,\ldots,i_n,i'_3,\ldots,i'_n} \left|\Delta_{i_3,\ldots,i_n,i'_3,\ldots,i'_n}\right|_v \\
&\le \sum_{i_3,\ldots,i_n,i'_3,\ldots,i'_n} (1+s)^{2(d+d')}A_v^{d+d'}|F|_v \\
&\le (1+d)^{n-2}(1+d')^{n-2}\left((1+s)^{2(d+d')}A_v^{d+d'}|F|_v\right)
\end{aligned}
$$

である．

よって，非負整数 d,d' について $1+d\le 2^d$ と $1+d'\le 2^{d'}$ に注意すると，

$$
|T|_v \le (2^{n-2}(1+s)^2A_v)^{d+d'}|F|_v
$$

を得る．よって，v がアルキメデス的のとき，A_v を $2^{n-2}(1+s)^2A_v$ で置き換えると，

10) 実際，$\Delta_{i_3,\ldots,i_n,i'_3,\ldots,i'_n}$ は $d+d'+1$ 個の多項式の積である．$|\gamma|_v, |\gamma'|_v, |g_3|_v,\ldots,|g_n|_v$, $|g'_3|_v,\ldots,|g'_n|_v$ はいずれも A_v でおさえられている．$1+\deg_{X_1}(\gamma(X_1))\le 1+s\le(1+s)^2$, $(1+\deg_{X_1}(g_3(X_1,X_2)))(1+\deg_{X_2}(g_3(X_1,X_2)))\le(1+s)^2$ などに注意して，系 3.9 を用いれば，

$$
\left|\Delta_{i_3,\ldots,i_n,i'_3,\ldots,i'_n}\right|_v \le A_v^{d+d'}(1+s)^2|F_{i_3,\ldots,i_n,i'_3,\ldots,i'_n}|_v \le A_v^{d+d'}(1+s)^2|F|_v
$$

を得る．

$$|T|_v \le A_v^{d+d'}|F|_v$$

が成立する．

T は両次数が高々$(d+ds, d'+d's) = ((1+s)d, (1+s)d')$ の多項式であるので，命題 3.28 より各素点 v に対して，$a_0, \ldots, a_{N-1}, a'_0, \ldots, a'_{N-1}$ のみによる非負定数 c'_v であって有限個の v を除いて $c'_v = 0$ となるものが存在し，

$$\begin{aligned}&|\,\mathrm{Norm}(T(x_1, x_2, y_1, y_1))|_v \\ &\qquad\le |T|_v^{N^2}\exp(c'_v N^2((1+s)(d+d') + 2(N-1)))\end{aligned}$$

である．よって，

$$\begin{aligned}&|\,\mathrm{Norm}(T(x_1, x_2, y_1, y_1))|_v \\ &\qquad\le A_v^{N^2(d+d')}|F|_v^{N^2}\exp(c'_v N^2((1+s)(d+d') + 2(N-1)))\end{aligned}$$

である．これより，

$$M = \max\left\{\sum_v(\log(A_v) + (1+s)c'_v),\ 2(N-1)\sum_v c'_v\right\}$$

とおくと，

$$h(\mathrm{Norm}(T(x_1, x_2, y_1, y_1))) \le N^2(h(F) + M(d+d'+1))$$

が成立する．一方，

$$T(x_1, x_2, y_1, y_2) = \gamma(x_1)^d\gamma'(y_1)^{d'}F(1, x_1, \ldots, x_n, 1, y_1, \ldots, y_n)$$

であるので，

$$\begin{aligned}&\mathrm{Norm}(T(x_1, x_2, y_1, y_1)) \\ &\qquad= \gamma(x_1)^{N^2 d}\gamma'(y_1)^{N^2 d'}\,\mathrm{Norm}(F(1, x_1, \ldots, x_n, 1, y_1, \ldots, y_n))\end{aligned}$$

である．

よって，$\mathrm{Norm}(F(1, x_1, \ldots, x_n, 1, y_1, \ldots, y_n))$ は両次数が高々 (N^2d, N^2d') の 2 変数多項式環 $K[x_1, y_1]$ の元であるから，命題 2.5 の (3) と命題 3.11 の (2) により，

$$
\begin{aligned}
&h(\mathrm{Norm}(F(1, x_1, \ldots, x_n, 1, y_1, \ldots, y_n))) \\
&\quad \leq h(\mathrm{Norm}(F(1, x_1, \ldots, x_n, 1, y_1, \ldots, y_n))) + h(\gamma(x_1)^{N^2 d} \gamma'(y_1)^{N^2 d'}) \\
&\quad \leq h(\mathrm{Norm}(T(x_1, x_2, y_1, y_1))) \\
&\qquad\qquad + 2(N^2(d+d') \max\{\deg(\gamma), \deg(\gamma')\} + N^2(d+d')) \\
&\quad \leq N^2(h(F) + M(d+d'+1)) \\
&\qquad\qquad + 2(N^2(d+d') \max\{\deg(\gamma), \deg(\gamma')\} + N^2(d+d'))
\end{aligned}
$$

となる．M を $N^2(M + 2\max\{\deg(\gamma), \deg(\gamma')\} + 2)$ で置き換えると，

$$
h(\mathrm{Norm}(F(x_1, \ldots, x_n, y_1, \ldots, y_n))) \leq N^2 h(F) + M(d+d'+1)
$$

が成立する． □

3.8 アイゼンシュタインの定理

K を代数体，C を K 上定義された絶対既約非特異射影曲線とする．$\mathbb{P}^1$ への射 $\pi : C \to \mathbb{P}^1$ を固定する．ここで，$\mathbb{P}^1$ の有限集合 S を次のように定める．

$$
S = \{a \in \mathbb{P}^1 \mid \pi \text{ は } a \text{ 上エタールでない}\} \cup \{\infty\}.
$$

さらに，$C_0 = C \setminus \pi^{-1}(S)$ とおき，$\mathbb{P}^1 \setminus \{\infty\} = \mathbb{A}^1$ の座標関数を T とおく．す

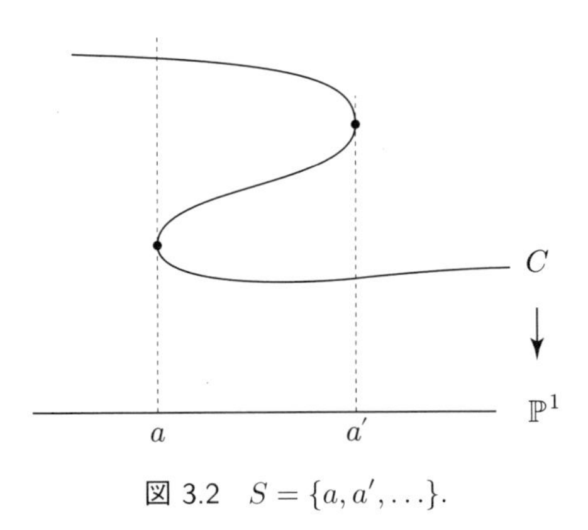

図 3.2　$S = \{a, a', \ldots\}$.

なわち，$\mathbb{P}^1 \setminus \{\infty\} = \mathrm{Spec}(K[T])$ である．$z \in C_0(K)$ に対して，$\pi(z) = a \in K$ のとき，$x = T - a$ は，C の z での局所座標関数を定める．y を C 上の K 上定義された有理関数とすると，y は $K(T)$ 上代数的であるので，ある多項式 $P(X, Y) \in K[X, Y]$ が存在して，$P(x, y) = 0$ をみたす．さらに，z は K 有理点であるので，$\mathcal{O}_{C,z}$ の完備化 $\widehat{\mathcal{O}}_{C,z}$ は $K[\![x]\!]$ と同型である（例えば, [10, 定理 29.7] または p.98 の脚注を参照）．したがって，$\mathcal{O}_{C,z}$ の元を x についてテイラー展開したときの係数はすべて K の元である．すなわち，y が z で極をもたない場合，すべての $l \geq 0$ について

$$\left(\left(\frac{d}{dx}\right)^l y\right)(0) \in K$$

である．ここで上式での (0) は $x = 0$ を代入することを意味する．

Gotthold Eisenstein

このとき，次の局所アイゼンシュタインの定理 (local Eisenstein theorem) が成立する．

補題 3.30（局所アイゼンシュタインの定理）．y は z で極をもたず，

$$(\partial P/\partial Y)(0, y(0)) \neq 0$$

と仮定する．さらに，v は K の素点で，$|y(0)|_v \leq 1$ であると仮定する．このとき，$l \geq 0$ に対して，v が非アルキメデス的なとき，

$$\left|\frac{1}{l!}\left(\left(\frac{d}{dx}\right)^l y\right)(0)\right|_v \leq \left(\frac{|P|_v}{|(\partial P/\partial Y)(0, y(0))|_v}\right)^{\max\{2l-1, 0\}}$$

が，v がアルキメデス的なとき，

$$\left|\frac{1}{l!}\left(\left(\frac{d}{dx}\right)^l y\right)(0)\right|_v \leq (2\deg(P))^{7l}\left(\frac{|P|_v}{|(\partial P/\partial Y)(0, y(0))|_v}\right)^{\max\{2l-1, 0\}}$$

が成り立つ．ここで，$|P|_v$ は多項式としての長さである．

証明: y の x についての l 階微分を $y^{(l)}$ で表すことにする．さらに，多項式 $F(X,Y) \in K[X,Y]$ に対して，$F_{X^iY^j}$ で X について i 階，Y について j 階の偏微分を表すことにする．まず始めに，次のことを示そう．

$$\begin{cases} Q_1 = P_X, \\ Q_{l+1} = (Q_l)_X(P_Y)^2 - (Q_l)_Y P_X P_Y + (2l-1)Q_l(P_{YY}P_X - P_{XY}P_Y) \end{cases} \tag{3.22}$$

という漸化式によって多項式 Q_l を定めると

$$Q_l(x,y) + (P_Y(x,y))^{2l-1}y^{(l)} = 0 \tag{3.23}$$

をみたす．

実際，$P(x,y) = 0$ を x で微分して，

$$P_X(x,y) + P_Y(x,y)y' = 0 \tag{3.24}$$

を得る．これは，$l = 1$ の場合である．

式 (3.23) を x で微分して，

$$\begin{aligned} &(Q_l)_X(x,y) + (Q_l)_Y(x,y)y' \\ &\quad + (2l-1)(P_Y(x,y))^{2l-2}(P_{XY}(x,y) + P_{YY}(x,y)y')y^{(l)} \\ &\qquad + (P_Y(x,y))^{2l-1}y^{(l+1)} = 0 \end{aligned}$$

を得る．上式に $P_Y(x,y)^2$ をかけ，$P_X(x,y) + P_Y(x,y)y' = 0$ と $Q_l(x,y) + (P_Y(x,y))^{2l-1}y^{(l)} = 0$ に注意して，変形すると，

$$Q_{l+1}(x,y) + (P_Y(x,y))^{2l+1}y^{(l+1)} = 0$$

を得る．よって，主張が証明できた．

$\deg(P) = n$ とおく．漸化式 (3.22) から，Q_l は，高々 $(2l-1)(n-1)$ 次の多項式であることがわかる．

v がアルキメデス的な場合を考えよう．$l = 0$ の場合は，仮定より $|y(0)|_v \leq 1$ であるので成立する．$l \geq 1$ と仮定する．

$$|P_X|_v \leq n|P|_v, \quad |P_Y|_v \leq n|P|_v, \quad |P_{XY}|_v \leq n^2|P|_v,$$

に注意しておく．まず，漸化式 (3.22) に系 3.9 と式 (3.6) を用いて，

$$\begin{aligned}
|Q_{l+1}|_v &\le |(Q_l)_X P_Y^2|_v + |(Q_l)_Y P_X P_Y|_v \\
&\qquad + (2l-1)|Q_l P_{YY} P_X|_v + (2l-1)|Q_l P_{XY} P_Y|_v \\
&\le n^4(|(Q_l)_X|_v |P_Y|_v^2 + |(Q_l)_Y|_v |P_X|_v |P_Y|_v \\
&\qquad + (2l-1)|Q_l|_v |P_{YY}|_v |P_X|_v + (2l-1)|Q_l|_v |P_{XY}|_v |P_Y|_v) \\
&\le n^4\{4(2l-1)n^3\}|P|_v^2 |Q_l|_v \le 8n^7 l |P|_v^2 |Q_l|_v
\end{aligned}$$

となる．ゆえに，帰納的に，

$$|Q_l|_v \le (8n^7)^{l-1}(l-1)!|Q_1|_v |P|_v^{2(l-1)} \le n(8n^7)^{l-1}(l-1)!|P|_v^{2l-1}$$

を得る．したがって，$Q_l(0,y)$ の 0 でない項は高々 $(2l-1)(n-1)+1$ 項あり，かつ，$|y(0)|_v \le 1$ に注意すると，

$$\begin{aligned}
|Q_l(0,y(0))|_v &\le ((2l-1)(n-1)+1)|Q_l|_v \\
&\le (2ln)n(8n^7)^{l-1}(l-1)!|P|_v^{2l-1} \\
&\le l!(2n)^{7l}|P|_v^{2l-1}
\end{aligned}$$

である．ここで，式 (3.23) より，

$$|Q_l(0,y(0))|_v = |P_Y(0,y(0))|_v^{2l-1}|y^{(l)}(0)|_v$$

であるので結論を得る．

v が非アルキメデス的なとき，上と同様の方法では，$l!$ の処理が難しいので別の方法をとる．$l \ge 0$ に対して，$\partial_l = \dfrac{1}{l!}\dfrac{d^l}{dx^l}$ とおく．∂_l の記法のよさは，ライプニッツの公式 が簡単に書けることである．すなわち，

$$\partial_l(f_1 \cdots f_r) = \sum_{a_1+\cdots+a_r=l} \partial_{a_1}(f_1)\cdots\partial_{a_r}(f_r)$$

が成立する．さて，$P(X,Y) = \sum_{ij} p_{ij}X^iY^j$ とおく．l に関する帰納法で証明する．$l=0$ のときは，仮定より $|y(0)|_v \le 1$ であるからよい．$l=1$ のとき，式 (3.24) より，

$$|P_Y(0,y(0))|_v |y'(0)|_v = |P_X(0,y(0))|_v \le |P|_v$$

ゆえ，成立する．そこで，$l \geq 2$ とする．ライプニッツの公式より，

$$
\begin{aligned}
0 &= \partial_l(P(x,y)) \\
&= \sum_{ij} p_{ij} \sum_{e_0+e_1+\cdots+e_j=l} \partial_{e_0}(x^i)\partial_{e_1}(y)\cdots\partial_{e_j}(y) \\
&= \sum_{ij} p_{ij} j x^i y^{j-1} \partial_l(y) + \sum_{ij} p_{ij} \sum_{\substack{e_0+e_1+\cdots+e_j=l \\ 0\leq e_1<l,\ldots,0\leq e_j<l}} \partial_{e_0}(x^i)\partial_{e_1}(y)\cdots\partial_{e_j}(y) \\
&= P_Y(x,y)\partial_l(y) + \sum_{ij} p_{ij} \sum_{\substack{e_0+e_1+\cdots+e_j=l \\ 0\leq e_1<l,\ldots,0\leq e_j<l}} \partial_{e_0}(x^i)\partial_{e_1}(y)\cdots\partial_{e_j}(y)
\end{aligned}
$$

である．ゆえに，

$$
\partial_{e_0}(x^i)(0) = \begin{cases} 1 & (e_0 = i \text{ のとき}) \\ 0 & (e_0 \neq i \text{ のとき}) \end{cases}
$$

に注意して，

$$
|P_Y(0,y(0))\partial_l(y)(0)|_v \leq |P|_v \max_{\substack{e_1+\cdots+e_j=l-i, \\ 0\leq i\leq l, \\ 0\leq e_1<l,\ldots,0\leq e_j<l}} \{|\partial_{e_1}(y)(0)|_v \cdots |\partial_{e_j}(y)(0)|_v\}
$$

となる．ここで，$e_1+\cdots+e_j = l-i$，$0 \leq i \leq l$，$0 \leq e_1 < l, \ldots, 0 \leq e_j < l$ の仮定のもとで

$$
\max\{2e_1-1,0\} + \cdots + \max\{2e_j-1,0\} \leq 2l-2
$$

である．$|P_Y(0,y(0))|_v \leq |P_Y|_v \leq |P|_v$ に注意して，帰納法の仮定を用いると，

$$
\begin{aligned}
|P_Y(0,y(0))|_v |\partial_l(y)(0)|_v &= |P_Y(0,y(0))\partial_l(y)(0)|_v \\
&\leq |P|_v \left(\frac{|P|_v}{|P_Y(0,y(0))|_v}\right)^{\max\{2e_1-1,0\}+\cdots+\max\{2e_j-1,0\}} \\
&\leq |P|_v \left(\frac{|P|_v}{|P_Y(0,y(0))|_v}\right)^{2l-2}
\end{aligned}
$$

である．両辺を $|P_Y(0,y(0))|_v$ で割って，v が非アルキメデス的な場合も証明できた． □

この補題をもう少し使いやすい形で書いておこう．前と同じ状況下で，$y_1,\ldots,y_e$ を K 上定義された C 上の有理関数とし，$P_i(X,Y) \in K[X,Y]$ を $P_i(x,y_i)=0$ となる多項式とする．さらに，$\partial_l = \dfrac{1}{l!}\dfrac{d^l}{dx^l}$ とおくことにする．このとき，以下が成立する．

系 3.31. v は K の素点とする．$y_1,\ldots,y_e$ は z で極をもたず，かつ，すべての i について，$|y_i(0)|_v \le 1$ であり，$(\partial P_i/\partial Y)(0,y_i(0)) \neq 0$ であると仮定する．このとき，$l \ge 0$ に対して，次が成り立つ．

(1) v が非アルキメデス的なとき，

$$\log^+(|\partial_l(y_1\cdots y_e)(0)|_v) \le 2l\max_i\left\{\log^+\left(\frac{|P_i|_v}{|(\partial P_i/\partial Y)(0,y_i(0))|_v}\right)\right\}$$

である．

(2) v がアルキメデス的なとき，

$$\begin{aligned}\log^+(|\partial_l(y_1\cdots y_e)(0)|_v) \le 2l\max_i&\left\{\log^+\left(\frac{|P_i|_v}{|(\partial P_i/\partial Y)(0,y_i(0))|_v}\right)\right\}\\&+7l\max_i\{\log(2\deg(P_i))\}+\log\binom{l+e-1}{l}\end{aligned}$$

である．

証明: $l=0$ の場合は，$|y_i(0)|_v \le 1$ より成り立つ．さらに，$e=1$ の場合は，$\max\{2l-1,0\} \le 2l$ であるから，補題 3.30 より成立する．$e>1$ の場合は，ライプニッツの公式を用いて，

$$\partial_l(y_1\cdots y_e) = \sum_{l_1+\cdots+l_e=l}\partial_{l_1}(y_1)\cdots\partial_{l_e}(y_e)$$

である．よって，v が非アルキメデス的なとき，

$$|\partial_l(y_1\cdots y_e)(0)|_v \le \max_{l_1+\cdots+l_e=l}\{|\partial_{l_1}(y_1)(0)|_v\cdots|\partial_{l_e}(y_e)(0)|_v\}$$

であるので，$e=1$ の場合を用いて，

$\log^+(|\partial_l(y_1\cdots y_e)(0)|_v)$

$$
\begin{aligned}
&\le \max_{l_1+\cdots+l_e=l}\{\log^+(|\partial_{l_1}(y_1)(0)|_v)+\cdots+\log^+(|\partial_{l_e}(y_e)(0)|_v)\} \\
&\le \max_{l_1+\cdots+l_e=l}\left\{\sum_{i=1}^{e} 2l_i \log^+\left(\frac{|P_i|_v}{|(\partial P_i/\partial Y)(0,y(0))|_v}\right)\right\} \\
&\le \max_{l_1+\cdots+l_e=l}\left\{\sum_{i=1}^{e} 2l_i \max_i\left\{\log^+\left(\frac{|P_i|_v}{|(\partial P_i/\partial Y)(0,y_i(0))|_v}\right)\right\}\right\} \\
&= 2l\max_i\left\{\log^+\left(\frac{|P_i|_v}{|(\partial P_i/\partial Y)(0,y_i(0))|_v}\right)\right\}
\end{aligned}
$$

となる.

v がアルキメデス的なとき,

$$
|\partial_l(y_1\cdots y_e)(0)|_v \le \binom{l+e-1}{l}\max_{l_1+\cdots+l_e=l}\{|\partial_{l_1}(y_1)(0)|_v\cdots|\partial_{l_e}(y_e)(0)|_v\}
$$

である. ここで, 前と同様にして, $e=1$ の場合を用いて,

$$
\begin{aligned}
&\log^+(|\partial_{l_1}(y_1)(0)|_v\cdots|\partial_{l_e}(y_e)(0)|_v) \\
&\le 7l\max_i\{\log(2\deg(P_i))\}+2l\max_i\left\{\log^+\left(\frac{|P_i|_v}{|(\partial P_i/\partial Y)(0,y_i(0))|_v}\right)\right\}
\end{aligned}
$$

となるので,

$$
\begin{aligned}
\log^+(|\partial_l(y_1\cdots y_e)(0)|_v) &\le 2l\max_i\left\{\log^+\left(\frac{|P_i|_v}{|(\partial P_i/\partial Y)(0,y_i(0))|_v}\right)\right\} \\
&\quad + 7l\max_i\{\log(2\deg(P_i))\}+\log\binom{l+e-1}{l}
\end{aligned}
$$

を得る. □

第 4 章 モーデル-ファルティングスの定理の証明

本章では，モーデル-ファルティングスの定理

「代数体上定義された種数が 2 以上の曲線の有理点は有限個である.」

の完全な証明を与える．これまでの結果の集大成となる本書の主定理である．証明は初等的であるが，決して簡単ではない．4.1 節で証明の大きな流れを示す．証明に必要な技術的設定を 4.2 節で行ったあと，4.3 節，4.4 節，4.5 節で，証明の鍵となる定理 4.4，定理 4.5，定理 4.6 の証明を与える．最後の節ではモーデル-ファルティングスの定理のフェルマー曲線への応用を考えよう．

4.1 モーデル-ファルティングスの定理の証明の鍵

モーデルの予想は，20 世紀中には証明は無理かもしれないといわれていたが，1983 年にファルティングス (Faltings) によって証明され，ファルティングスの定理 (Faltings's theorem) とよばれるようになった ([5])．この業績により彼がフィールズ賞を受賞したことは周知のことと思う．ファルティングスの定理とよんでよいファルティングスによる結果は数多く存在するので，本書では，他と区別するため，モーデル予想を証明したファルティングスの定理をモーデル-ファルティングスの定理 (Mordell–Faltings theorem) とよぶことにする．

当時の証明は，相当高度な数論幾何の手法によっていたが，ヴォイタ (Vojta)

によってなされた古典的なディオファントス近似の手法の高次元化によりかなり初等的になった（[16]）．この後，すぐにこの手法はファルティングスによりさらに一般化された（[6]）．しかし，彼らの方法には，一つだけ初等的でない箇所が含まれていた．それは，いわゆるアラケロフ幾何 (Arakelov geometry) を利用する部分で，例えば，ヴォイタは 3 次元の算術的多様体上の当時確立されたばかりの算術的リーマン-ロッホの定理を用いていた．その部分をジーゲルの補題（命題 3.3）に置き換えてさらに初等化したのがボンビエリ (Bombieri) で，つまるところ算術的リーマン-ロッホの定理はディリクレの部屋割り論法に置き換わった（[2]）．本章では，ボンビエリの証明をもとに，これまで準備して来たディオファントス幾何の基本事項を用いて，モーデル-ファルティングスの定理の完全な証明を与える．

Paul A. Vojta.
© 2008 MFO.
(Author: R. Schmid)

古典的なディオファントス近似について復習しておこう．というのは，そこで現れる証明のプロトタイプをいかにして高次元化するかというのが本書の主テーマであるからである．問題は，正の実数 μ と実の有理数でない代数的数 α が与えられたとき，不等式

$$\left|\alpha - \frac{x}{y}\right| < \frac{1}{y^{\mu}} \tag{4.1}$$

をみたす整数の組 (x, y) は有限個しかないかどうかということである．$\mu = 2$ のとき，任意の実の有理数でない代数的数 α に対して，(4.1) は無数の整数解をもつことがディリクレによって示された．$\mu > [\mathbb{Q}(\alpha) : \mathbb{Q}]$ のときは，リューヴィルによって，(4.1) は有限個の整数解しかないことが示され，その後，トゥエ，ジーゲル，ダイソンたちにより μ の改良がなされた．最終的にロスにより，$\mu > 2$ ならば，任意の実の有理数でない代数的数 α に対して，(4.1) は有限個の整数解しかもたないことが示され，ロスはこの業績

Enrico Bombieri

でフィールズ賞を受賞した．彼の証明は複雑だが初等的で，重要な鍵となるのがロスの補題（定理 3.19）とよばれるものである．この補題は，実際，モーデル-ファルティングスの定理の証明のために本章でも用いる（4.4 節を参照）．証明のプロトタイプをみるために，ここでリューヴィルの結果を証明してみよう．大きく 3 つの段階に分かれる．

(A) 何か良い多項式を見つけること．
(B) 見つけた多項式から決まるある種の量の上限を見つけること．
(C) 先の量の下限を見つけること．

以上の後，上限と下限を比較して結論を導くのである．実際にやってみよう．$d = [\mathbb{Q}(\alpha) : \mathbb{Q}] > 1$ とする．

(A) $P(T) \in \mathbb{Z}[T]$ を α の最小多項式で，係数が整数で互いに素であり，最高次の係数が正であるものとする．

(B) $x, y \in \mathbb{Z}$ で $|x/y - \alpha| \leq 1$ をみたすものとし，$|P(x/y)|$ を比較する量として選ぶ．

$$P(T) = \sum_{i=1}^{d} \frac{P^{(i)}(\alpha)}{i!}(T - \alpha)^i$$

を $P(T)$ の α でのテイラー展開とし，$M(\alpha) = d \max_{i \geq 1}\{|P^{(i)}(\alpha)/i!|\}$ とおくと，

$$|P(x/y)| = \left| \sum_{i=1}^{d} \frac{P^{(i)}(\alpha)}{i!}(x/y - \alpha)^i \right| \leq M(\alpha)|x/y - \alpha|$$

を得る．

(C) $P(x/y) \neq 0$ ゆえ，$|P(x/y)| \geq 1/y^d$ となる．

以上を組み合わせて，$|x/y - \alpha| \leq 1$ ならば，

$$\left| \frac{x}{y} - \alpha \right| \geq \frac{1/M(\alpha)}{y^d}$$

を得る．y が十分大きいとき，

$$\frac{1/M(\alpha)}{y^d} \geq \frac{1}{y^\mu}$$

となるので，後は容易にリューヴィルの結果が導き出せる．

高次元化のためには，(A)，(B)，(C) の多項式を直線束の大域切断に読み換え，比較する量として指数を用いればよいことになる．(A) は定理 4.4，(B) は定理 4.5，(C) は定理 4.6 に対応している．さらに勉強を進める人のためにそれぞれの (A)，(B)，(C) についてもう少し書いておく．以下述べることについては総合的な解説の [4] または [17] が参考になると思う．(A) はアラケロフ幾何と関係している箇所で，もっとも一般的なものはファルティングスによるものがある．彼はディリクレの部屋割り論法より精密なミンコフスキーの定理を用いて一般化した結果を導いている．(B) は比較的代数幾何学的な部分である．ファルティングスによる積定理（[6, 定理 3.1]）という形で一般化されている．(C) は，計算は複雑になるが技術的にはあまり難しくない部分である．

この節の目的は，次のモーデル-ファルティングスの定理を定理 4.4，定理 4.5，定理 4.6 に帰着することである．さて，K を代数体とし，$\overline{K}$ で K の代数的閉包を表す．C を K 上定義された種数 g が 2 以上の絶対既約な非特異射影曲線とする．

定理 4.1（モーデル-ファルティングスの定理）．C の K 有理点全体は有限集合である．

K を K の適当な有限次拡大で置き換えて，C 上の因子 θ で $(2g-2)\theta \sim \omega_C$ となるものを固定しておく．このような θ は存在する．実際，$\theta_0 \in C(\overline{K})$ を何でもよいので一つとり，$a = \omega_C - (2g-2)\theta_0 \in \mathrm{Pic}^0(C)(\overline{K})$ とおく．$\mathrm{Pic}^0(C)(\overline{K})$ は可除群であるから（系 2.24 を参照），$(2g-2)b = a$ となる $b \in \mathrm{Pic}^0(C)(\overline{K})$ が存在する．このとき，$\theta = b + \theta_0$ とおけば，$(2g-2)\theta$ は ω_C と線形同値になる．

J を C のヤコビ多様体とし，以後，$j(z) = z - \theta$ で定まる標準的な埋め込み

$$j : C \to J$$

を固定し，$C(\overline{K})$ の点は $J(\overline{K})$ の点と思う．また，

$$\langle\ ,\ \rangle : J(\overline{K}) \times J(\overline{K}) \to \mathbb{R}$$

を J のテータ因子 から定まるネロン-テイトの高さペアリングとする（式 (2.9) を参照）．さらに，$x \in J(\overline{K})$ に対して，

$$|x| = \sqrt{\langle x, x\rangle}$$

とおく．モーデル-ファルティングスの定理は，次のヴォイタの不等式 (Vojta's inequality) の帰結である．

定理 4.2（ヴォイタの不等式）．$g\cos(\alpha) > \sqrt{g}$ となる $0 \leq \alpha < \pi/2$ を固定する．このとき，次をみたす正の定数 γ, γ' が存在する：任意の $z, z' \in C(K)$ に対して，$|z| \geq \gamma$，$|z'| \geq |z|\gamma'$ ならば，

$$\langle z, z'\rangle < \cos(\alpha)|z||z'|$$

が成立する．

定理 4.2 から定理 4.1 が導かれることをみてみよう．$g \geq 2$ のとき $g > \sqrt{g}$ であるので，$g\cos(\alpha) > \sqrt{g}$ となる $0 < \alpha < \pi/2$ をとることができる（例えば $0 < \alpha < \pi/4$ ならば，$g \geq 2$ のとき $\cos(\alpha) > 1/\sqrt{2} \geq 1/\sqrt{g}$ であるから，α は $0 < \alpha < \pi/4$ をみたす任意の数でよい）．$L = J(K) \otimes_{\mathbb{Z}} \mathbb{R}$ とおくと，モーデル-ヴェイユの定理（定理 2.40）により，L は $\mathbb{R}$ 上の有限次元ベクトル空間である．さらに，命題 2.31 より，$\langle\ ,\ \rangle$ は L の内積を与える．

合成写像

$$C(K) \xrightarrow{j} J(K) \longrightarrow J(K) \otimes \mathbb{R}$$

の各ファイバーは有限である．実際，$j : C(K) \to J(K)$ はアーベル-ヤコビ写像の単射性（定理 2.32）から単射であるので，$J(K) \to J(K) \otimes \mathbb{R}$ の各ファイバーが有限であることをいえばよい．$J(K) \to J(K) \otimes \mathbb{R}$ の核は $J(K)$ の有限位数の元からなる捩れ群 $J(K)_{tor}$ である．$J(K)_{tor}$ の元の高さは 0 であるので，ノースコットの定理より，$J(K)_{tor}$ は有限群である．これは主張を示している．

$S = \{x \in L \mid |x| = 1\}$ とおく．$s \in S$ に対して，

$$\Sigma_s = \{x \in L \mid \langle x, s\rangle \geq \cos(\alpha/2)|x|\}$$

とおくと，s は Σ_s の内点である．さらに，$x, x' \in \Sigma_s \setminus \{0\}$ に対して，x と x'

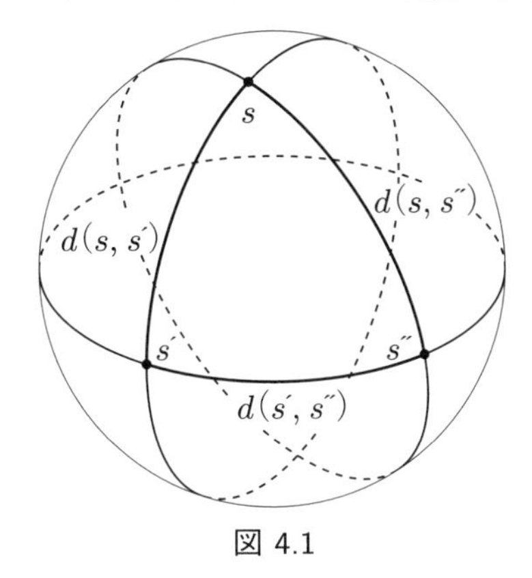

図 4.1

のなす角度は α 以下である，つまり，$\langle x, x' \rangle \geq \cos(\alpha)|x||x'|$ が成り立つ．このことを示すためには，$s, s' \in S$ に対して，$d(s, s') = \cos^{-1}(\langle s, s' \rangle) \in [0, \pi]$ と定めると，これが S 上の距離，すなわち，三角不等式：

$$d(s, s') \leq d(s, s'') + d(s'', s') \qquad (\forall s, s', s'' \in S) \tag{4.2}$$

をみたすこと示せばよい．というのは，式 (4.2) から，

$$\begin{aligned} d(x/|x|, x'/|x'|) &\leq d(x/|x|, s) + d(s, x'/|x'|) \\ &\leq \alpha/2 + \alpha/2 = \alpha \end{aligned}$$

となるからである．

式 (4.2) の証明を与えよう．$\mathbb{R}^3$ 上の 2 次形式

$$Q(x_1, x_2, x_3) = \langle x_1 s + x_2 s' + x_3 s'', x_1 s + x_2 s' + x_3 s'' \rangle$$

を考える．Q に対応する対称行列は，

$$\langle s, s' \rangle = \cos(\vartheta_1),\ \langle s, s'' \rangle = \cos(\vartheta_2),\ \langle s', s'' \rangle = \cos(\vartheta_3)\ (\vartheta_1, \vartheta_2, \vartheta_3 \in [0, \pi])$$

とおくと，

$$A_Q = \begin{pmatrix} \langle s, s \rangle & \langle s, s' \rangle & \langle s, s'' \rangle \\ \langle s', s \rangle & \langle s', s' \rangle & \langle s', s'' \rangle \\ \langle s'', s \rangle & \langle s'', s' \rangle & \langle s'', s'' \rangle \end{pmatrix} = \begin{pmatrix} 1 & \cos(\vartheta_1) & \cos(\vartheta_2) \\ \cos(\vartheta_1) & 1 & \cos(\vartheta_3) \\ \cos(\vartheta_2) & \cos(\vartheta_3) & 1 \end{pmatrix}$$

で与えられる．任意の $(x_1, x_2, x_3) \in \mathbb{R}^3$ に対して，$Q(x_1, x_2, x_3) \geq 0$ であるので，A_Q の固有値はすべて非負である．特に，$\det(A_Q) \geq 0$ である．一方，

$$\det(A_Q) = 1 + 2\cos(\vartheta_1)\cos(\vartheta_2)\cos(\vartheta_3) - \cos^2(\vartheta_1) - \cos^2(\vartheta_2) - \cos^2(\vartheta_3)$$

となるので，

$$\begin{aligned}
&(\sin(\vartheta_2)\sin(\vartheta_3))^2 - (\cos(\vartheta_2)\cos(\vartheta_3) - \cos(\vartheta_1))^2 \\
&\quad = (1 - \cos^2(\vartheta_2))(1 - \cos^2(\vartheta_3)) - (\cos(\vartheta_2)\cos(\vartheta_3) - \cos(\vartheta_1))^2 \\
&\qquad = \det(A_Q) \geq 0
\end{aligned}$$

を得る．したがって，$\sin(\vartheta_2)\sin(\vartheta_3) \geq 0$ であるので，

$$\sin(\vartheta_2)\sin(\vartheta_3) \geq |\cos(\vartheta_2)\cos(\vartheta_3) - \cos(\vartheta_1)| \geq \cos(\vartheta_2)\cos(\vartheta_3) - \cos(\vartheta_1),$$

すなわち，$\cos(\vartheta_1) \geq \cos(\vartheta_2 + \vartheta_3)$ となる．求める三角不等式は $\vartheta_1 \leq \vartheta_2 + \vartheta_3$ を意味するが，これは，$\vartheta_2 + \vartheta_3 \leq \pi$ なら前式からしたがう．$\vartheta_2 + \vartheta_3 > \pi$ であるなら，三角不等式は自明である．

Σ_s° で Σ_s の内点全体を表すことにすると，$\bigcup_{s \in S}(\Sigma_s^\circ \cap S) = S$ である．S はコンパクトであるので，有限個の $s_1, \ldots, s_l \in S$ が存在して，$(\Sigma_{s_1}^\circ \cup \cdots \cup \Sigma_{s_l}^\circ) \cap S = S$ となる．よって，$\Sigma_{s_1} \cup \cdots \cup \Sigma_{s_l} = L$ を得る．ここで，もし $C(K)$ が無限集合であるならば，$j(C(K))$ も無限集合であるので，いわゆるディリクレの部屋割り論法により，ある Σ_{s_i} が存在して，$\Sigma_{s_i} \cap j(C(K))$ は無限集合になる．すなわち，$\Sigma = \Sigma_{s_i}$ とおくと，Σ は $C(K)$ から与えられる元を無限個含み，任意の $x, x' \in \Sigma \setminus \{0\}$ に対して，$\langle x, x' \rangle \geq \cos(\alpha)|x||x'|$ となる．

Σ は $C(K)$ から与えられる元を無限個含むので，ノースコットの定理より，L における像が Σ に含まれる $z \in C(K)$ で $|z| \geq \gamma$ となるものが存在し，この z に対して，L における像が Σ に含まれる $z' \in C(K)$ で $|z'| \geq |z|\gamma'$ となるものが存在する．したがって，ヴォイタ不等式（定理 4.2）より，$\langle z, z' \rangle < \cos(\alpha)|z||z'|$ である．これは，$j(z), j(z') \in \Sigma$ ゆえ，$\langle z, z' \rangle \geq \cos(\alpha)|z||z'|$ となることに矛盾する．

さらに，定理 4.2 は次の 3 つの定理（定理 4.4，定理 4.5，定理 4.6）の帰結である．これを述べる前に少し言葉を準備しよう．$C \times C$ を考え，$i = 1, 2$ に

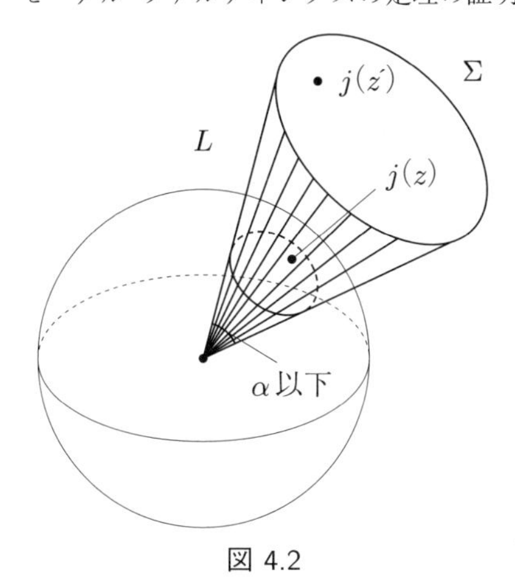

図 4.2

対し，$p_i : C \times C \to C$ を i 成分への射影とする．$C \times C$ の対角成分を Δ で表し，

$$\Delta' = \Delta - p_1^*(\theta) - p_2^*(\theta)$$

とおく．正の整数 d_1, d_2, d に次の仮定をおく．

仮定 4.3. $gd^2 < d_1 d_2 < g^2 d^2$.

仮定 4.3 をみたす d_1, d_2, d に対して定まる $C \times C$ 上の因子

$$V(d_1, d_2, d) = d_1 p_1^*(\theta) + d_2 p_2^*(\theta) + d\Delta'$$

を**ヴォイタ因子** (Vojta divisor) とよぶ．$V(d_1, d_2, d)$ の 0 でない大域切断 s，すなわち

$$s \in H^0\left(C \times C, \mathcal{O}_{C \times C}(V(d_1, d_2, d))\right) \setminus \{0\}$$

に対して，s の高さ $h(s)$ が定義できる．$h(s)$ をいかに定義するかは，4.2.2 項で論ずることにする．さらに，$z, z' \in C(K)$ とし，s の点 $(z, z') \in C \times C$ での (d_1, d_2) に関する指数を定義する．ζ，ζ' を C の z，z' での局所座標とする（ζ，ζ' は，完備化 $\widehat{\mathcal{O}}_{C,z}, \widehat{\mathcal{O}}_{C,z'}$ の元であってもかまわない．3.4 節を参照されたい）．s_0 を (z, z') での $\mathcal{O}_{C \times C}(V(d_1, d_2, d))$ の局所底とする．このとき，(z, z') で極をもたないある局所的な有理関数 $f(\zeta, \zeta') \neq 0$ が存在して，$s = fs_0$

と書ける．$f(\zeta, \zeta')$ を形式的べき級数展開して，

$$f(\zeta, \zeta') = \sum_{i,j} a_{ij} \zeta^i \zeta'^j$$

とおく．このとき，

$$\min \left\{ \frac{i}{d_1} + \frac{j}{d_2} \;\middle|\; a_{ij} \neq 0 \right\}$$

は，ζ，ζ'，s_0 の取り方によらないことがわかる（命題 3.16 を参照）．そこで，これを

$$\mathrm{ind}_{(z,z')}(s; (d_1, d_2))$$

で表し，s の点 $(z, z') \in C \times C$ での (d_1, d_2) に関する**指数** (index) とよぶ．

以上の準備で，正の定数 c_1，c_2，c_3，c_4，c_5，c_6 と $C(\overline{K})$ の有限集合 Z で，次の定理 4.4，定理 4.5，定理 4.6 をみたすものが存在する．

以下において，$V(d_1, d_2, d)$ はヴォイタ因子である．すなわち，d_1, d_2, d は仮定 4.3 をみたしている．また，d_1, d_2, d は 4.2 節で述べる仮定 4.9 と仮定 4.10 もみたしているとする．

定理 4.4（高さの小さい切断の存在）．正の数 λ_0 を固定する．このとき，仮定 4.3，仮定 4.9，仮定 4.10，および，$d_1 d_2 - g d^2 \geq \lambda_0 d_1 d_2$ をみたす，十分大きな任意の d_1, d_2, d に対して，0 でない切断 $s \in H^0(C \times C, \mathcal{O}_{C \times C}(V(d_1, d_2, d)))$ が存在して，

$$h(s) \leq \frac{c_1}{\lambda_0} \left(1 + \frac{\log(d_1 + d_2 + d)}{d} \right) (d_1 + d_2 + d)$$

をみたす．ここで，c_1 は d_1, d_2, d によらない．

定理 4.5（切断の指数の上限）．$0 < \epsilon < 1$ となる ϵ を固定する．ここで，以下の (i), (ii), (iii) をみたす d_1, d_2, d, s, z, z' を与える．

(i) 仮定 4.3，仮定 4.9，仮定 4.10，および，$d_2/d_1 \leq \epsilon^2$ をみたす任意の正の整数 d_1, d_2, d.

(ii) 0 でない任意の切断 $s \in H^0(C \times C, \mathcal{O}_{C \times C}(V(d_1, d_2, d)))$.

(iii) $\epsilon^2 \min\{d_1 |z|^2, d_2 |z'|^2\} \geq c_2 h(s) + c_3 (d_1 + d_2 + d)$ をみたす任意の $z, z' \in C(K) \setminus Z$（$s$ は (ii) で与えられている切断である）.

このとき,

$$\mathrm{ind}_{(z,z')}(s;(d_1,d_2)) \le c_4\epsilon$$

が成り立つ．ここで，正の定数 c_2, c_3, c_4 と有限集合 $Z \subset C(\overline{K})$ は d_1, d_2, d, s, z, z' によらない.

定理 4.6（切断の指数の下限）. d_1, d_2, d は仮定 4.3，仮定 4.9，仮定 4.10 をみたす任意の正の整数とする．このとき，0 でない任意の切断

$$s \in H^0(C \times C, \mathcal{O}_{C\times C}(V(d_1, d_2, d))) \setminus \{0\}$$

と，任意の $z, z' \in C(K) \setminus Z$ に対して，

$$\begin{aligned}&\mathrm{ind}_{(z,z')}(s;(d_1,d_2))\\ &\qquad \ge \frac{2gd\langle z, z'\rangle - d_1|z|^2 - d_2|z'|^2 - 2gh(s) - c_5(d_1+d_2+d)}{c_6 \max\{d_1(1+|z|^2), d_2(1+|z'|^2)\}}\end{aligned}$$

が成立する．ここで，正の定数 c_5, c_6 と有限集合 $Z \subset C(\overline{K})$ は d_1, d_2, d, s, z, z' によらない.

定理 4.4，定理 4.5，定理 4.6 から定理 4.2 を導く鍵は，本章の最初でも少し述べたように，高さの小さい切断に対してその指数の上限と下限を上手に比較することにある．少し複雑になるがやってみよう.

証明を 5 つのステップにわけて示そう.

ステップ 1: 定理 4.2 の α に対し，γ, γ' を次のように定める．まず，$g\cos(\alpha) - \sqrt{g+\lambda} > 0$ となる $\lambda > 0$ と，$g^2\lambda_0 < \lambda$ となる $\lambda_0 > 0$ を固定し，

$$f(t) = \frac{g\cos(\alpha) - \sqrt{g+\lambda}}{c_6\sqrt{g+\lambda}} - \frac{3}{2}\frac{4gc_1 + c_5 g^2\lambda_0}{c_6\lambda_0}\frac{1}{t^2}$$

とおく．さらに，十分大きな正の数 c_0 を $f(c_0) > 0$ となるようにとって固定する．さて，γ' を

$$\gamma' > 1, \quad \gamma' > \frac{c_4}{f(c_0)}$$

をみたすようにとって固定する．さらに，この γ' に対して，γ を

$$\begin{cases} \gamma > 1, \quad \gamma > c_0, \\ \gamma > (1+\lambda)\gamma' \sqrt{3\left(\dfrac{2c_1c_2}{\lambda_0} + c_3\right)}, \\ \gamma > \max\limits_{x \in Z}\{|x|\} \end{cases}$$

をみたすようにとる．以上のように定めた γ, γ' に対して，定理 4.2 が成り立つことをみよう．

ステップ 2: $z, z' \in C(K)$ を $|z| \geq \gamma$ かつ $|z'| \geq \gamma'|z|$ をみたす任意の K 有理点とする．このとき，結論を否定して，

$$\langle z, z' \rangle \geq \cos(\alpha)|z||z'|$$

であると仮定する．これから矛盾を導くために，まず適切なヴォイタ因子とその大域切断を構成しよう．$\lambda_1 > 0$ を $\sqrt{g+\lambda_1}\frac{|z'|}{|z|}$ が有理数になり，$g^2\lambda_0 < \lambda_1 < \lambda$ となるようにとる．さらに，$\lambda_2 > 0$ を $\sqrt{g+\lambda_2}\frac{|z|}{|z'|}$ が有理数になり，$g^2\lambda_0 < \lambda_2 < \lambda_1$ であり，$\sqrt{\frac{g+\lambda_1}{g+\lambda_2}} \leq (1+\lambda)^2$ となるようにとる．ここで，

$$a_1 = \sqrt{g+\lambda_1}\frac{|z'|}{|z|}, \qquad a_2 = \sqrt{g+\lambda_2}\frac{|z|}{|z'|}$$

とおく．4.2.1 項にあるように正の定数 N を固定する．さらに，aa_1，aa_2 が整数になるような正の整数 a を固定する．このとき，十分大きな整数 m に対して，

$$d_1 = Naa_1m, \quad d_2 = Naa_2m, \quad d = Nam$$

とおく．

$$g < \sqrt{g+\lambda_1}\sqrt{g+\lambda_2} = a_1a_2$$

より，$gd^2 < d_1d_2$ である．また，

$$a_1a_2 = \sqrt{g+\lambda_1}\sqrt{g+\lambda_2} < g+\lambda < g^2\cos(\alpha)^2 \leq g^2$$

であることより，$d_1d_2 < g^2d^2$ が成り立つ．よって，d_1, d_2, d は仮定 4.3 をみたし，d_1, d_2, d の定める因子はヴォイタ因子である．また，

$$\sqrt{g+\lambda_1}\sqrt{g+\lambda_2} - g \geq g + g^2\lambda_0 - g = g^2\lambda_0$$

であるので，$d_1d_2 - gd^2 \geq g^2\lambda_0 d^2 \geq \lambda_0 d_1 d_2$ である．つまり，定理 4.4 の条件をみたす．

さらに，d_1, d_2, d は N の倍数であるので，仮定 4.9 はみたされる．また，m を十分大きくとれば，仮定 4.10 もみたされることに注意しておく．

以上のことにより，m を十分大きくとれば，

$$\frac{\log(d_1 + d_2 + d)}{d} < 1$$

であることにも注意すれば，定理 4.4 より，

$$h(s) \leq \frac{2c_1}{\lambda_0}(d_1 + d_2 + d)$$

となる 0 でない切断 $s \in H^0(C \times C, \mathcal{O}_{C\times C}(V(d_1, d_2, d)))$ が存在する．

ステップ 3: 定理 4.5 を利用して，$\mathrm{ind}_{(z,z')}(s; (d_1, d_2))$ の上限を調べよう．$\epsilon = 1/\gamma'$ とおく．γ は $\gamma > \max_{x\in Z}\{|x|\}$ をみたし，$z, z' \in C(K)$ は $|z| \geq \gamma$，$|z'| \geq |z|\gamma'$ をみたしていたので，$z, z' \notin Z$ である．さらに，

$$\frac{d_2}{d_1} = \frac{\sqrt{g + \lambda_2}}{\sqrt{g + \lambda_1}} \frac{|z|^2}{|z'|^2} \leq \frac{|z|^2}{|z'|^2} \leq (1/\gamma')^2$$

となる．そこで，定理 4.5 を適用するために，

$$(1/\gamma')^2 \min\{d_1|z|^2, d_2|z'|^2\} \geq c_2 h(s) + c_3(d_1 + d_2 + d) \tag{4.3}$$

を示す．まず，$d_2/d_1 \leq (1/\gamma')^2 < 1$ より，$d_1 > d_2$ であり，ヴォイタ因子の仮定 $d_1d_2 > gd^2$ より $d_1 > d$ であるから，$d_1 = \max\{d_1, d_2, d\}$ であることに注意しておく．

ここで，

$$u = (1/\gamma')^2 \min\{d_1|z|^2, d_2|z'|^2\} - c_2 h(s) - c_3(d_1 + d_2 + d)$$

とおけば，

$$\begin{aligned}
u &\geq (1/\gamma')^2 \min\{d\sqrt{g + \lambda_1}|z||z'|, d\sqrt{g + \lambda_2}|z||z'|\} \\
&\qquad\qquad - \left(\frac{2c_2c_1}{\lambda_0} + c_3\right)(d_1 + d_2 + d) \\
&\geq (1/\gamma')^2 d\sqrt{g + \lambda_2}|z||z'| - 3\left(\frac{2c_2c_1}{\lambda_0} + c_3\right) d_1
\end{aligned}$$

$$= \frac{d\sqrt{g+\lambda_2}|z'|}{|z|{\gamma'}^2}\left(|z|^2 - 3\left(\frac{2c_2c_1}{\lambda_0}+c_3\right){\gamma'}^2\frac{\sqrt{g+\lambda_1}}{\sqrt{g+\lambda_2}}\right)$$
$$\geq \frac{d\sqrt{g+\lambda_2}|z'|}{|z|{\gamma'}^2}\left(|z|^2 - 3\left(\frac{2c_2c_1}{\lambda_0}+c_3\right)(\gamma'(1+\lambda))^2\right)$$
$$\geq \frac{d\sqrt{g+\lambda_2}|z'|}{|z|{\gamma'}^2}\left(\gamma^2 - 3\left(\frac{2c_2c_1}{\lambda_0}+c_3\right)(\gamma'(1+\lambda))^2\right) > 0$$

となり，式 (4.3) が成立する．よって，定理 4.5 より，

$$\mathrm{ind}_{(z,z')}(s;(d_1,d_2)) \leq \frac{c_4}{\gamma'} \tag{4.4}$$

である．

ステップ 4: 次に，$\mathrm{ind}_{(z,z')}(s;(d_1,d_2))$ の下限を求めよう．そこで，定理 4.6 に現れる

$$\frac{2gd\langle z,z'\rangle - d_1|z|^2 - d_2|z'|^2 - 2g\,h(s) - c_5(d_1+d_2+d)}{c_6\max\{d_1(1+|z|^2), d_2(1+|z'|^2)\}}$$

を評価しよう．まず，分子から考える．$d_1 > d_2$，$d_1 > d$ に注意して，

$$\text{分子} \geq 2gd\langle z,z'\rangle - d_1|z|^2 - d_2|z'|^2 - \frac{4gc_1}{\lambda_0}(d_1+d_2+d) - c_5(d_1+d_2+d)$$
$$\geq 2gd\langle z,z'\rangle - d_1|z|^2 - d_2|z'|^2 - 3\frac{4gc_1+\lambda_0c_5}{\lambda_0}d_1$$
$$= 2gd\cos(\alpha)|z||z'| - d\sqrt{g+\lambda_1}|z||z'| - d\sqrt{g+\lambda_2}|z||z'|$$
$$- 3\frac{4gc_1+\lambda_0c_5}{\lambda_0}d\sqrt{g+\lambda_1}\frac{|z'|}{|z|}$$
$$\geq 2d(g\cos(\alpha) - \sqrt{g+\lambda})|z||z'| - 3\frac{4gc_1+\lambda_0c_5}{\lambda_0}d\sqrt{g+\lambda}\frac{|z'|}{|z|}$$
$$= 2d\sqrt{g+\lambda}c_6|z||z'|f(|z|)$$

を得る．さらに，

$$\text{分母} \leq 2c_6\max\{d_1|z|^2, d_2|z'|^2\}$$
$$= 2c_6\max\{d\sqrt{g+\lambda_1}|z||z'|, d\sqrt{g+\lambda_2}|z||z'|\}$$
$$\leq 2d\sqrt{g+\lambda}c_6|z||z'|$$

である．よって，

$$\mathrm{ind}_{(z,z')}(s;(d_1,d_2)) \geq f(|z|) \tag{4.5}$$

となる．

ステップ 5: $f(t)$ は $t>0$ で単調増加で，$|z|$ と γ の取り方より $|z| \geq \gamma > c_0$ であるから，$f(|z|) > f(c_0)$ である．上限の評価式 (4.4) と下限の評価式 (4.5) を合わせて，

$$f(c_0) < \mathrm{ind}_{(z,z')}(s;(d_1,d_2)) \leq \frac{c_4}{\gamma'}$$

を得る．すなわち，$\gamma' f(c_0) < c_4$ となり，γ' の取り方に矛盾する．

以上により，モーデル-ファルティングスの定理を証明するには，定理 4.4, 定理 4.5, 定理 4.6 を証明すればよいことがわかった．

4.2 定理 4.4, 定理 4.5, 定理 4.6 の証明に必要な技術的設定

C を代数体 K 上定義された種数 g が 2 以上の絶対既約な非特異射影曲線とする．以後，必要ならば順次 K の有限次拡大を考えることにする．

4.2.1 C の射影空間への埋め込み

θ は C 上の因子で，$(2g-2)\theta$ が C の標準因子 ω_C と線形同値であるものとする．4.1 節で述べたように，このような因子は，K の適当な有限次拡大を考えることで存在する．$(2g-2)\theta \sim \omega_C$ ゆえ，$\deg(\theta)=1$ であり，C 上の豊富な因子である．ゆえに，$N \geq 2g+1$ のとき，$N\theta$ は非常に豊富となる（[7, 第 IV 章, Corollary 3.2] を参照）．すなわち，$\{\phi_0,\ldots,\phi_n\}$ を $H^0(C,\mathcal{O}_C(N\theta))$ を基底とすると，$\Phi_{N\theta}(x)=(\phi_0(x):\cdots:\phi_n(x))$ で定まる射

$$\Phi_{N\theta}: C \to \mathbb{P}^n$$

は埋め込みになる．以下では，このような N を一つとり固定する（例えば，$N=2g+1$ ととればよい）．δ が整数であるとき，$\Phi_{N\theta}: C \to \mathbb{P}^n$ による $\mathbb{P}^n$ の直線束 $\mathcal{O}_{\mathbb{P}^n}(\delta)$ の引戻しを $\mathcal{O}_C(\delta)$ で表す．つまり，$\mathcal{O}_C(\delta)=\mathcal{O}_C(\delta N\theta)$ である．また，δ,δ' が整数のとき，$\Phi_{N\theta}\times\Phi_{N\theta}: C\times C \to \mathbb{P}^n\times\mathbb{P}^n$ による $\mathbb{P}^n\times\mathbb{P}^n$ の直線束 $\mathcal{O}_{\mathbb{P}^n\times\mathbb{P}^n}(\delta,\delta')$ の引戻しを $\mathcal{O}_{C\times C}(\delta,\delta')$ で表す．$p_i: C\times C \to C$ を

i 成分への射影とすれば，$\mathcal{O}_{C\times C}(\delta,\delta') = p_1^*(\mathcal{O}_C(\delta)) \otimes p_2^*(\mathcal{O}_C(\delta'))$ である．

$\mathbb{P}^n$ の斉次座標系 $\{X_0,\dots,X_n\}$（言い換えれば，$H^0(C,\mathcal{O}_C(N\theta))$ の基底 $\{\phi_0,\dots,\phi_n\}$）を十分一般にとれば，次を仮定してよい（詳しくは，[7, 第 IV 章, 3 節] を参考のこと）．

仮定 4.7. 任意の $i \neq j$ に対して，C と 線形空間 $\{X_i = X_j = 0\}$ は，共通部分をもたない．さらに，任意の相異なる i,j,k に対して，$(X_0:\cdots:X_n) \mapsto (X_i:X_j:X_k)$ によって決まる射影 $\mathbb{P}^n \dashrightarrow \mathbb{P}^2$ による C の像と C は双有理である．

任意の $i \neq j$ に対して，

$$(X_0:\cdots:X_n) \mapsto (X_i:X_j)$$

によって定まる射影 $\mathbb{P}^n \dashrightarrow \mathbb{P}^1$ から導かれる射 $C \to \mathbb{P}^1$ を $\Phi_{N\theta}^{ij}$ で表し，さらに，相異なる i,j,k について，

$$(X_0:\cdots:X_n) \mapsto (X_i:X_j:X_k)$$

によって定まる射影 $\mathbb{P}^n \dashrightarrow \mathbb{P}^2$ から導かれる射 $C \to \mathbb{P}^2$ を $\Phi_{N\theta}^{ijk}$ で表す．また，$\Phi_{N\theta}^{ijk}(C)$ を C_{ijk} で表す．このとき，

$$(\Phi_{N\theta}^{ij})^*(\mathcal{O}_{\mathbb{P}^1}(1)) = (\Phi_{N\theta}^{ijk})^*(\mathcal{O}_{\mathbb{P}^2}(1)) = \mathcal{O}_C(N\theta)$$

である．特に，$\deg(\Phi_{N\theta}^{ij}) = N$ で，C_{ijk} の $\mathbb{P}^2$ の中での次数は N である．C は $\{X_0 = X_1 = 0\}$ と交わらないので，C_{012} は $(0:0:1)$ を通らない．よって，C_{012} は

$$X_2^N + a_{N-1}(X_0,X_1)X_2^{N-1} + \cdots + a_1(X_0,X_1)X_2 + a_0(X_0,X_1)$$

という形の N 次の斉次多項式で定義される．$c \in O_K \setminus \{0\}$ を，すべての i について $ca_i(X_0,X_1) \in O_K[X_0,X_1]$ となるようにとる．このとき，上の多項式に c^N をかけて，

$$\begin{aligned}(cX_2)^N + ca_{N-1}(X_0,X_1)(cX_2)^{N-1} + \cdots \\ + c^{N-1}a_1(X_0,X_1)(cX_2) + c^N a_0(X_0,X_1)\end{aligned}$$

となる．ゆえに，X_2 を cX_2 に置き換えて次を仮定してよい．

仮定 4.8. C_{012} の定義方程式

$$X_2^N + a_{N-1}(X_0, X_1)X_2^{N-1} + \cdots + a_1(X_0, X_1)X_2 + a_0(X_0, X_1) = 0$$

において，すべての i について $a_i(X_0, X_1) \in O_K[X_0, X_1]$ である．

4.2.2 ヴォイタ因子

$C \times C$ を考える．$p_i : C \times C \to C$ を i 成分への射影とする．$C \times C$ の対角成分を Δ で表し，$\Delta' = \Delta - p_1^*(\theta) - p_2^*(\theta)$ とおく．4.1 節で述べたように，$gd^2 < d_1 d_2 < g^2 d^2$ をみたす正の整数 d_1, d_2, d に対して，因子

$$V(d_1, d_2, d) = d_1 p_1^*(\theta) + d_2 p_2^*(\theta) + d\Delta'$$

をヴォイタ因子とよぶ．$p_1^*(\theta) + p_2^*(\theta)$ は $C \times C$ の豊富な因子であることに注意して，十分大きな整数 t を

$$B = tp_1^*(\theta) + tp_2^*(\theta) - \Delta'$$

が非常に豊富な因子になるようにとる．以下では，このような t を一つとり固定する．

$H^0(C \times C, \mathcal{O}_{C \times C}(B))$ の基底 $\{y_0, \ldots, y_m\}$ をとり，この基底に関する埋め込みを $\Phi_{|B|} : C \times C \to \mathbb{P}^m$ で表す．$\mathbb{P}^m$ の斉次座標を $(Y_0 : \cdots : Y_m)$ とおけば，

$$y_i = Y_i|_{C \times C}$$

である．

d_1, d_2, d について，次の仮定をおく．

仮定 4.9. $N \mid (d_1 + td)$ かつ $N \mid (d_2 + td)$ が成り立つ．

d_1, d_2, d が N の倍数であれば，仮定 4.9 はみたされることに注意しよう．このとき，

$$\delta_1 = \frac{d_1 + td}{N}, \qquad \delta_2 = \frac{d_2 + td}{N} \tag{4.6}$$

とおくと，δ_1, δ_2 は正の整数であり，ヴォイタ因子は

$$V(d_1, d_2, d) = \delta_1 p_1^*(N\theta) + \delta_2 p_2^*(N\theta) - dB \tag{4.7}$$

と，2つの非常に豊富な因子 $\delta_1 p_1^*(N\theta)+\delta_2 p_2^*(N\theta)$ と dB の差として表される．

埋め込み

$$\Phi_{N\theta}\times\Phi_{N\theta}: C\times C\to\mathbb{P}^n\times\mathbb{P}^n$$

から定まる自然な準同型写像

$$H^0(\mathbb{P}^n\times\mathbb{P}^n,\mathcal{O}_{\mathbb{P}^n\times\mathbb{P}^n}(\delta_1,\delta_2))\longrightarrow H^0\left(C\times C,\mathcal{O}_{C\times C}(\delta_1,\delta_2)\right) \tag{4.8}$$

を考える．

さらに，d_1,d_2,d について，次の仮定をおく．

仮定 4.10. 式 (4.8) は全射である．

仮定 4.10 は, d_1,d_2,d が十分大きければ，みたされることに注意しよう．

$(X_0:\cdots:X_n)$ は 4.2.1 項にある $\mathbb{P}^n$ の斉次座標とする．$\mathbb{P}^n\times\mathbb{P}^n$ の第 1 成分の斉次座標と第 2 成分の斉次座標は同じ斉次座標 $(X_0:\cdots:X_n)$ を用いるが，第 1 成分の斉次座標と第 2 成分の斉次座標を区別するため，第 2 成分の斉次座標はプライムをつけて，$(X_0':\cdots:X_n')$ と表すことにする．このとき，$H^0(\mathbb{P}^n\times\mathbb{P}^n,\mathcal{O}_{\mathbb{P}^n\times\mathbb{P}^n}(\delta_1,\delta_2))$ は，$K[X_0,\ldots,X_n,X_0',\ldots,X_n']$ の両次数が (δ_1,δ_2) の両斉次多項式全体である．これを

$$K[X_0,\ldots,X_n,X_0',\ldots,X_n']_{(\delta_1,\delta_2)}$$

で表すことにする．さらに，

$$x_i=X_i|_{C\times C},\quad x_i'=X_i'|_{C\times C}$$

とおく．以後，$K[X_0,\ldots,X_n,X_0',\ldots,X_n']$ を

$$K[\boldsymbol{X},\boldsymbol{X'}]$$

で略記する．また，$(x_0,\ldots,x_n),(x_0',\ldots,x_n')$ を $\boldsymbol{x},\boldsymbol{x'}$ で略記する．

命題 4.11. $\left(K[\boldsymbol{X},\boldsymbol{X'}]_{(\delta_1,\delta_2)}\right)^{m+1}$ の部分空間 U を

$$U=\left\{(F_0,\ldots,F_m)\mid F_0(\boldsymbol{x},\boldsymbol{x'})/y_0^d=\cdots=F_m(\boldsymbol{x},\boldsymbol{x'})/y_m^d\right\}$$

とおくと，自然な準同型写像

$$R : U \longrightarrow H^0(C \times C, \mathcal{O}_{C\times C}(V(d_1, d_2, d)))$$

が存在し，R は全射である．

証明: $(F_0, \ldots, F_m) \in U$ とする．$i = 0, \ldots, m$ に対して，

$$\begin{cases} F_i(\boldsymbol{x}, \boldsymbol{x'}) \in H^0\left(C \times C, \mathcal{O}_{C\times C}(\delta_1, \delta_2)\right), \\ y_i^d \in H^0(C \times C, \mathcal{O}_{C\times C}(dB)) \end{cases}$$

であるので，式 (4.7) より，$F_i(\boldsymbol{x}, \boldsymbol{x'})/y_i^d$ は $\mathcal{O}_{C\times C}(V(d_1, d_2, d))$ の有理切断である．U の定義から $C \times C$ 上で

$$F_0(\boldsymbol{x}, \boldsymbol{x'})/y_0^d = \cdots = F_m(\boldsymbol{x}, \boldsymbol{x'})/y_m^d$$

が成り立つので，$F_i(\boldsymbol{x}, \boldsymbol{x'})/y_i^d$ は i によらない．また $F_i(\boldsymbol{x}, \boldsymbol{x'})/y_i^d$ の極は $y_i = 0$ に含まれる．$y_0, \ldots, y_m$ は共通の零点をもたない．したがって，$s = F_i(\boldsymbol{x}, \boldsymbol{x'})/y_i^d$ は $\mathcal{O}_{C\times C}(V(d_1, d_2, d))$ の大域切断を与える．よって，$R(F_0, \ldots, F_m) = s$ で写像 R が定義できる．

逆に，$s \in H^0(C \times C, \mathcal{O}_{C\times C}(V(d_1, d_2, d)))$ とする．sy_i^d を考えると，これは

$$H^0\left(C \times C, \mathcal{O}_{C\times C}(\delta_1, \delta_2)\right)$$

の元である．仮定 4.10 より，$F_i(\boldsymbol{X}, \boldsymbol{X'}) \in K[\boldsymbol{X}, \boldsymbol{X'}]_{(\delta_1, \delta_2)}$ が存在して，$F_i(\boldsymbol{x}, \boldsymbol{x'}) = sy_i^d$ となる．

$$s = F_0(\boldsymbol{x}, \boldsymbol{x'})/y_0^d = \cdots = F_m(\boldsymbol{x}, \boldsymbol{x'})/y_m^d$$

であるので，$(F_0, \ldots, F_m) \in U$ となる．すなわち，R は全射である．　□

$\mathcal{O}_{C\times C}(V(d_1, d_2, d))$ の大域切断 $s \neq 0$ に対して，$R(F_0, \ldots, F_m) = s$ となる多項式の列 $(F_0, \ldots, F_m) \in U$ を s **を表現する多項式列**とよぶことにする．$h(F_0, \ldots, F_m)$ で F_i のすべての係数からなるベクトルの高さを表すことにする．すなわち，$F_i = \sum a_{i,I,I'} \boldsymbol{X}^I \boldsymbol{X'}^{I'}$ とおくと，

$$h(F_0, \ldots, F_m) = \frac{1}{[K : \mathbb{Q}]} \sum_v \log \max_{i,I,I'} \{|a_{i,I,I'}|_v\}$$

と定める．さらに，s の高さ $h(s)$ を

$$h(s) = \inf_{\substack{(F_0,\ldots,F_m)\in U,\\ R(F_0,\ldots,F_m)=s}} h(F_0, \ldots, F_m)$$

で定義する.

4.2.3 いくつかのコホモロジーの評価

あとで必要になる $C \times C$ 上のいくつかの直線束の大域切断の次元を評価しよう.

補題 4.12.

$$\begin{aligned}\dim_K H^0(C \times C, \mathcal{O}_{C\times C}(\delta_1, \delta_2)) &= (N\delta_1 + 1 - g)(N\delta_2 + 1 - g)\\ &= N^2\delta_1\delta_2 - N(g-1)(\delta_1 + \delta_2) + (g-1)^2.\end{aligned}$$

証明: $N \geq 2g+1$ で $\delta_1 \geq 1$ であったから, $\deg(\mathcal{O}_C(\delta_1)) = N\delta_1 \geq 2g+1$ である. よって, $H^1(C, \mathcal{O}_C(\delta_1)) = 0$ となる. C 上のリーマン-ロッホの定理を用いれば,

$$\dim_K H^0(C, \mathcal{O}_C(\delta_1)) = 1 - g + \deg(\mathcal{O}_C(\delta_1)) = N\delta_1 + 1 - g$$

となる. $\mathcal{O}_C(\delta_2)$ についても同様である. 射影公式を用いて,

$$p_{1*}(p_1^*(\mathcal{O}_C(\delta_1)) \otimes p_2^*(\mathcal{O}_C(\delta_2))) = \mathcal{O}_C(\delta_1) \otimes H^0(C, \mathcal{O}_C(\delta_2))$$

となるので,

$$H^0(C \times C, \mathcal{O}_{C\times C}(\delta_1, \delta_2)) = H^0(C, \mathcal{O}_C(\delta_1)) \otimes H^0(C, \mathcal{O}_C(\delta_2))$$

であるので, 求める等式を得る. □

補題 4.13. $V = V(d_1, d_2, d)$ をヴォイタ因子とする.

(1) $d_1 + d_2 > 4g - 4$ ならば, $H^2(C \times C, \mathcal{O}_{C\times C}(V)) = 0$ である.

(2) $d_1 + d_2 > 4g - 4$ ならば

$$\dim_K H^0(C\times C, \mathcal{O}_{C\times C}(V)) \geq (d_1d_2 - gd^2) - 2(g-1)(d_1+d_2) + \chi(\mathcal{O}_{C\times C})$$

である.

証明: (1) $\omega_{C\times C}$ を $C\times C$ 上の標準因子，すなわち，$\omega_{C\times C}=p_1^*(\omega_C)+p_2^*(\omega_C)$ とする．$D:=p_1^*(\theta)+p_2^*(\theta)$ とおく．

$$p_1^*(\theta)\cdot p_1^*(\theta)=p_2^*(\theta)\cdot p_2^*(\theta)=0,\quad p_1^*(\theta)\cdot p_2^*(\theta)=1,\quad \Delta\cdot p_1^*(\theta)=\Delta\cdot p_2^*(\theta)=1$$

を用いれば，$(\omega_{C\times C}-V)\cdot D=(4g-4)-d_1-d_2<0$ となる．D は豊富な因子であるから，セールの双対定理より，$H^2(C\times C,\mathcal{O}_{C\times C}(V))=0$ である．

(2) $\Delta\cdot\Delta=2-2g$ であるから，$V\cdot V=2d_1d_2-2gd^2$ となる．また，$\omega_{C\times C}\cdot\Delta=4g-4$ であるから，$V\cdot\omega_{C\times C}=2(g-1)(d_1+d_2)$ となる．したがって，(1) と $C\times C$ 上のリーマン-ロッホの定理により，

$$\begin{aligned}\dim_K H^0&(C\times C,\mathcal{O}_{C\times C}(V))\\&\geq\chi(\mathcal{O}_{C\times C}(V))\\&=\frac{(V\cdot(V-\omega_{C\times C}))}{2}+\chi(\mathcal{O}_{C\times C})\\&=(d_1d_2-gd^2)-2(g-1)(d_1+d_2)+\chi(\mathcal{O}_{C\times C})\end{aligned}$$

を得る．□

4.2.4　除外集合 Z について

定理 4.5 と定理 4.6 がそれぞれ証明できたと仮定し，定理 4.5 に表れる除外集合を Z_1，定理 4.6 に現れる除外集合を Z_2 とする．このとき，$Z=Z_1\cup Z_2$ とおいて，Z_1,Z_2 を Z に置き換えることにより，定理 4.5 と定理 4.6 に表れる除外集合は同一にすることができる．

4.3　高さの小さい切断の存在（定理 4.4 の証明）

本章の最初でも少し述べたように，ヴォイタ [16] によるモーデル-ファルティングスの定理の別証明では，高さの小さい切断の存在をいうために，アラケロフ幾何の算術的リーマン-ロッホの定理が用いられていた．ボンビエリは，高さの小さい切断の存在の証明をジーゲルの補題を用いる議論に置き換えた．この節で行う定理 4.4 の証明は，このボンビエリによるジーゲルの補題を用いるも

のである．

命題 4.11 より，$\left(K[\boldsymbol{X},\boldsymbol{X'}]_{(\delta_1,\delta_2)}\right)^{m+1}$ の部分空間 U を

$$U=\left\{(F_0,\dots,F_m)\mid F_0(\boldsymbol{x},\boldsymbol{x'})/y_0^d=\cdots=F_m(\boldsymbol{x},\boldsymbol{x'})/y_m^d\right\}$$

とおくと，自然な準同型写像

$$R:U\longrightarrow H^0(C\times C,\mathcal{O}_{C\times C}(V(d_1,d_2,d)))$$

は全射である．$H^0(C\times C,\mathcal{O}_{C\times C}(V(d_1,d_2,d)))$ の元を構成するには，U の元を構成すればよい．そのためには，方程式 $F_i(\boldsymbol{x},\boldsymbol{x'})y_j^d=F_j(\boldsymbol{x},\boldsymbol{x'})y_i^d$ を解けばよい．これを，O_K を係数とする連立1次方程式を解くことに帰着させて，ジーゲルの補題を用いるという方針である．

以下，証明を6つのステップにわけよう．

ステップ 1: まず最初の準備として y_i を単純化しよう．t' を，$t+1+t'$ が N の倍数になる十分大きな整数とする．$t+1+t'=Nr$ とおくと，r は十分大きな整数であるので，

$$\begin{aligned}&H^0(\mathbb{P}^n\times\mathbb{P}^n,\mathcal{O}_{\mathbb{P}^n\times\mathbb{P}^n}(r,r))\longrightarrow\\&\quad H^0(C\times C,\mathcal{O}_{C\times C}(r,r))=H^0(C\times C,\mathcal{O}_{C\times C}(Nr(p_1^*(\theta)+p_2^*(\theta))))\end{aligned}$$

は全射である．

主張 1. ある正の整数 r' と O_K 係数の両次数が (r',r') である 0 でない両斉次多項式 $P_0,\dots,P_m,Q\in O_K[X_0,X_1,X_2,X_0',X_1',X_2']$ が存在して，任意の $0\le i\le m,\ 0\le j\le m$ に対して，

$$\begin{aligned}F_i(\boldsymbol{x},\boldsymbol{x'})y_j^d=F_j(\boldsymbol{x},\boldsymbol{x'})y_i^d\quad\Longleftrightarrow&\\ F_i(\boldsymbol{x},\boldsymbol{x'})(P_j(\boldsymbol{x}_{012},\boldsymbol{x'}_{012})&Q(\boldsymbol{x}_{012},\boldsymbol{x'}_{012}))^d\\&=F_j(\boldsymbol{x},\boldsymbol{x'})(P_i(\boldsymbol{x}_{012},\boldsymbol{x'}_{012})Q(\boldsymbol{x}_{012},\boldsymbol{x'}_{012}))^d\end{aligned}$$

が成り立つ．ここで，$\boldsymbol{x}_{012}=(x_0,x_1,x_2)$，$\boldsymbol{x'}_{012}=(x_0',x_1',x_2')$ である．

証明: ϕ を $H^0(C\times C,\mathcal{O}_{C\times C}(\Delta))$ の標準元（すなわち，$\mathrm{div}(\phi)=\Delta$ となるもの）とする．$B=tp_1^*(\theta)+tp_2^*(\theta)-\Delta'=(t+1)p_1^*(\theta)+(t+1)p_2^*(\theta)-\Delta$

であり，かつ，$y_i \in H^0(C \times C, \mathcal{O}_{C\times C}(B))$ であるので，ϕy_i は，

$$H^0(C \times C, \mathcal{O}_{C\times C}((t+1)(p_1^*(\theta) + p_2^*(\theta))))$$

の元である．ϕ' を $H^0(C, \mathcal{O}_C(t'\theta))$ の 0 でない元とする．このとき，$\phi y_i p_1^*(\phi')p_2^*(\phi')$ は，$H^0(C \times C, \mathcal{O}_{C\times C}(r,r))$ の元である．よって，上の準同型の全射性より，両次数が (r,r) の両斉次多項式 $L_i(\boldsymbol{X}, \boldsymbol{X'})$ が存在して，$L_i(\boldsymbol{x}, \boldsymbol{x'}) = \phi y_i p_1^*(\phi')p_2^*(\phi')$ となる．このとき，

$$F_i(\boldsymbol{x}, \boldsymbol{x'})y_j^d = F_j(\boldsymbol{x}, \boldsymbol{x'})y_i^d \iff F_i(\boldsymbol{x}, \boldsymbol{x'})L_j(\boldsymbol{x}, \boldsymbol{x'})^d = F_j(\boldsymbol{x}, \boldsymbol{x'})L_i(\boldsymbol{x}, \boldsymbol{x'})^d$$

である．さらに，$(X_0 : \cdots : X_n) \mapsto (X_0 : X_1 : X_2)$ で定まる射影 $\mathbb{P}^n \dashrightarrow \mathbb{P}^2$ による C の像を C'（4.2.1 項では C_{012} で表されていた）とすると，仮定 4.7 より C と C' は双有理である．一方，

$$\begin{aligned} &L_i(1, x_1/x_0, \ldots, x_n/x_0, 1, x_1'/x_0', \ldots, x_n'/x_0') \\ &\quad \in K(C \times C) = K(C' \times C') = K(x_1/x_0, x_2/x_0, x_1'/x_0', x_2'/x_0'), \end{aligned}$$

つまり，ある $p_i, q_i \in K[X_1/X_0, X_2/X_0, X_1'/X_0', X_2'/X_0']$ が存在して，

$$\begin{aligned} &L_i(1, x_1/x_0, \ldots, x_n/x_0, 1, x_1'/x_0', \ldots, x_n'/x_0') \\ &\qquad = \frac{p_i(x_1/x_0, x_2/x_0, x_1'/x_0', x_2'/x_0')}{q_i(x_1/x_0, x_2/x_0, x_1'/x_0', x_2'/x_0')} \end{aligned}$$

と書ける．q_i $(i = 0, \ldots, m)$ を $q_0 \cdots q_m$ に，p_i $(i = 0, \ldots, m)$ を $p_i q_0 \cdots q_{i-1} q_{i+1} \cdots q_m$ に置き換えることで，$q_0 = \cdots = q_m$ と仮定してよい．q_0 を q で表す．したがって，正の整数 r' と両次数が (r', r') である両斉次多項式 $P_0, \ldots, P_m, Q \in K[X_0, X_1, X_2, X_0', X_1', X_2']$ が存在して，

$$\begin{aligned} &L_i(1, x_1/x_0, \ldots, x_n/x_0, 1, x_1'/x_0', \ldots, x_n'/x_0') \\ &\qquad = \frac{P_i(1, x_1/x_0, x_2/x_0, 1, x_1'/x_0', x_2'/x_0')}{Q(1, x_1/x_0, x_2/x_0, 1, x_1'/x_0', x_2'/x_0')} \end{aligned}$$

となる．r' が共通にとれるのは，$P_i' = X_0^e {X_0'}^{e'} P_i$，$Q' = X_0^f {X_0'}^{f'} Q$ とおくと，

$$\begin{cases} P_i'(1, x_1/x_0, x_2/x_0, 1, x_1'/x_0', x_2'/x_0') \\ \qquad\qquad = P_i(1, x_1/x_0, x_2/x_0, 1, x_1'/x_0', x_2'/x_0'), \\ Q'(1, x_1/x_0, x_2/x_0, 1, x_1'/x_0', x_2'/x_0') \\ \qquad\qquad = Q(1, x_1/x_0, x_2/x_0, 1, x_1'/x_0', x_2'/x_0') \end{cases}$$

が成り立つので，適当に e, e', f, f' を選べば，P_i, Q の両次数を調整できるからである．必要なら，$a \in O_K \setminus \{0\}$ を用いて，$P_0, \dots, P_m, Q$ を

$$aP_0, \dots, aP_m, aQ$$

と置き換えて，$P_0, \dots, P_m, Q \in O_K[X_0, X_1, X_2, X_0', X_1', X_2']$ と仮定してよいので，主張がしたがう．　□

ステップ **2:** 準同型写像

$$\alpha : H^0(C \times C, \mathcal{O}_{C\times C}(\delta_1, \delta_2))^{m+1} \\ \longrightarrow H^0(C \times C, \mathcal{O}_{C\times C}(\delta_1 + 2r'd, \delta_2 + 2r'd))^{m(m+1)/2}$$

を

$$(f_0, \dots, f_m) \mapsto \bigl(f_i(Q(\boldsymbol{x}_{012}, \boldsymbol{x'}_{012})P_j(\boldsymbol{x}_{012}, \boldsymbol{x'}_{012}))^d \\ -f_j(Q(\boldsymbol{x}_{012}, \boldsymbol{x'}_{012})P_i(\boldsymbol{x}_{012}, \boldsymbol{x'}_{012}))^d\bigr)_{i<j}$$

によって定義する．

命題 4.11 と主張 1 より，$H^0(C\times C, \mathcal{O}_{C\times C}(V(d_1, d_2, d))) = \mathrm{Ker}(\alpha)$ である．

$$H^0(C \times C, \mathcal{O}_{C\times C}(\delta_1, \delta_2))$$

の基底を具体的に計算することは難しいので, 部分空間

$$K[x_0, x_1, x_2, x_0', x_1', x_2']_{(\delta_1,\delta_2)},$$

すなわち，両次数が (δ_1, δ_2) である両斉次多項式全体

$$K[X_0, X_1, X_2, X_0', X_1', X_2']_{(\delta_1,\delta_2)}$$

から $K[x_0, x_1, x_2, x_0', x_1', x_2']$ への像を考える．α の定義域を

$$K[x_0, x_1, x_2, x'_0, x'_1, x'_2]_{(\delta_1,\delta_2)}$$

に制限すれば，準同型写像

$$\alpha' : K[x_0, x_1, x_2, x'_0, x'_1, x'_2]^{m+1}_{(\delta_1,\delta_2)} \longrightarrow K[x_0, x_1, x_2, x'_0, x'_1, x'_2]^{m(m+1)/2}_{(\delta_1+2r'd,\delta_2+2r'd)}$$

が導かれる．今後，$\mathrm{Ker}(\alpha')$ の元を求めることを考える．

ステップ **3:** まず $K[x_0, x_1, x_2, x'_0, x'_1, x'_2]_{(\delta_1,\delta_2)}$ の基底を求めよう．

主張 2. $H(\delta_1, \delta_2)$ を

$$\sum_{\substack{0\le c<N \\ 0\le c'<N}} q_{cc'}(X_0, X_1, X'_0, X'_1) X_2^c {X'_2}^{c'}$$

の形で表せる両次数が (δ_1, δ_2) の $K[X_0, X_1, X_2, X'_0, X'_1, X'_2]$ の両斉次多項式全体とする．このとき，$P(X_0, X_1, X_2, X'_0, X'_1, X'_2) \mapsto P(x_0, x_1, x_2, x'_0, x'_1, x'_2)$ で定まる

$$H(\delta_1, \delta_2) \to K[x_0, x_1, x_2, x'_0, x'_1, x'_2]_{(\delta_1,\delta_2)}$$

は同型である．

証明: 仮定 4.8 により，C' は

$$X_2^N + a_{N-1}(X_0, X_1) X_2^{N-1} + \cdots + a_1(X_0, X_1) X_2 + a_0(X_0, X_1) = 0$$

で定義されているのでこの主張は明らかである． □

したがって，$\delta_1 \ge N, \delta_2 \ge N$ のとき

$$\left\{ x_0^a x_1^b x_2^c {x'_0}^{a'} {x'_1}^{b'} {x'_2}^{c'} \right\}_{\substack{0\le c<N \\ a+b=\delta_1-c \\ 0\le c'<N \\ a'+b'=\delta_2-c'}}$$

が $K[x_0, x_1, x_2, x'_0, x'_1, x'_2]_{(\delta_1,\delta_2)}$ の基底となる．ここで，

$$\#\{(a, b, c) \in \mathbb{Z}^3_{\ge 0} \mid 0 \le c < N,\ a + b = \delta_1 - c\}$$

$$= \sum_{c=0}^{N-1} (\delta_1 - c + 1) = N\delta_1 - \frac{N(N-3)}{2}$$

であり，(a', b', c') についても同様であることに注意すると，

$$\begin{aligned}
&\dim_K K[x_0, x_1, x_2, x'_0, x'_1, x'_2]_{(\delta_1,\delta_2)} \\
&\qquad = \left(N\delta_1 - \frac{N(N-3)}{2}\right)\left(N\delta_2 - \frac{N(N-3)}{2}\right) \\
&\qquad = N^2\delta_1\delta_2 - \frac{N^2(N-3)}{2}(\delta_1 + \delta_2) + \left(\frac{N(N-3)}{2}\right)^2 \qquad (4.9)
\end{aligned}$$

となる．

ステップ 4: 次に $\dim_K \mathrm{Ker}(\alpha')$ が比較的大きいことをみよう．K 上のベクトル空間として，

$$\mathrm{Ker}(\alpha') = \mathrm{Ker}(\alpha) \cap K[x_0, x_1, x_2, x'_0, x'_1, x'_2]^{m+1}_{(\delta_1,\delta_2)}$$

であるから，ベクトル空間の 2 つの部分空間の和の次元と共通部分の次元の関係から，

$$\begin{aligned}
&\dim_K \mathrm{Ker}(\alpha') \\
&\quad = \dim_K \mathrm{Ker}(\alpha) + \dim_K K[x_0, x_1, x_2, x'_0, x'_1, x'_2]^{m+1}_{(\delta_1,\delta_2)} \\
&\qquad\qquad - \dim_K \left(\mathrm{Ker}(\alpha) + K[x_0, x_1, x_2, x'_0, x'_1, x'_2]^{m+1}_{(\delta_1,\delta_2)}\right) \\
&\quad \geq \dim_K \mathrm{Ker}(\alpha) - \Big(\dim_K H^0(C \times C, \mathcal{O}_{C\times C'}(\delta_1, \delta_2))^{m+1} \\
&\qquad\qquad\qquad - \dim_K K[x_0, x_1, x_2, x'_0, x'_1, x'_2]^{m+1}_{(\delta_1,\delta_2)}\Big)
\end{aligned}$$

がわかる．

$\dim_K \mathrm{Ker}(\alpha)$ については，補題 4.13 と定理 4.4 の仮定より，ここで，d, d_1, d_2 によらない正の定数 B_1 が存在して，d_1, d_2, d が十分大きいとき，

$$\begin{aligned}
\dim_K \mathrm{Ker}(\alpha) &= \dim_K H^0(C \times C, \mathcal{O}_{C\times C}(V(d_1, d_2, d))) \\
&\geq (d_1 d_2 - g d^2) - 2(g-1)(d_1 + d_2) + \chi(\mathcal{O}_{C\times C}) \\
&\geq \lambda_0 d_1 d_2 - B_1(d_1 + d_2)
\end{aligned}$$

となる．また，補題 4.12 と式 (4.9) から，d, d_1, d_2 によらない正の定数 B_2 が存在して，

$$\begin{aligned}&\dim_K H^0(C\times C, \mathcal{O}_{C\times C}(\delta_1,\delta_2))^{m+1}\\&\qquad -\dim_K K[x_0,x_1,x_2,x'_0,x'_1,x'_2]^{m+1}_{(\delta_1,\delta_2)} \le B_2(d_1+d_2+d)\end{aligned}$$

となる．したがって，$d_1d_2 > gd^2$ に注意すれば，d_1, d_2, d が十分大きいとき，

$$\dim_K \mathrm{Ker}(\alpha') \ge \frac{\lambda_0 d_1 d_2}{2} \tag{4.10}$$

となる．実際，

$$\begin{aligned}&\dim_K \mathrm{Ker}(\alpha')\\&\ge \lambda_0 d_1 d_2 - B_1(d_1+d_2) - B_2(d_1+d_2+d)\\&> \frac{\lambda_0 d_1 d_2}{2} + \left(\frac{\lambda_0 g d^2}{4} - B_2 d\right) + \left(\frac{\lambda_0 d_1 d_2}{4} - (B_1+B_2)(d_1+d_2)\right)\\&= \frac{\lambda_0 d_1 d_2}{2} + \frac{\lambda_0 g d}{4}\left(d - \frac{4B_2}{\lambda_0 g}\right)\\&\quad + \frac{\lambda_0}{4}\left\{\left(d_1 - \frac{4(B_1+B_2)}{\lambda_0}\right)\left(d_2 - \frac{4(B_1+B_2)}{\lambda_0}\right) - \left(\frac{4(B_1+B_2)}{\lambda_0}\right)^2\right\}\end{aligned}$$

であるからである．

ステップ 5: 次に，

$$K[x_0,x_1,x_2,x'_0,x'_1,x'_2]_{(\delta_1,\delta_2)} \quad \text{と} \quad K[x_0,x_1,x_2,x'_0,x'_1,x'_2]_{(\delta_1+2r'd,\delta_2+2r'd)}$$

のそれぞれの基底

$$\left\{x_0^a x_1^b x_2^c {x'_0}^{a'} {x'_1}^{b'} {x'_2}^{c'}\right\}_{\substack{0\le c<N\\ a+b=\delta_1-c\\ 0\le c'<N\\ a'+b'=\delta_2-c'}}, \quad \left\{x_0^a x_1^b x_2^c {x'_0}^{a'} {x'_1}^{b'} {x'_2}^{c'}\right\}_{\substack{0\le c<N\\ a+b=\delta_1+2r'd-c\\ 0\le c'<N\\ a'+b'=\delta_2+2r'd-c'}}$$

で α' を表現したときの行列の成分を評価しよう．まず

$$F_i(X_0,X_1,X_2,X'_0,X'_1,X'_2) = \sum_{\substack{0\le c<N\\ a+b=\delta_1-c\\ 0\le c'<N\\ a'+b'=\delta_2-c'}} T_{i,abca'b'c'} X_0^a X_1^b X_2^c {X'_0}^{a'} {X'_1}^{b'} {X'_2}^{c'}$$

とおく．$T_{i,abca'b'c'}$ は求める未知数である．上記のような限られた多項式のみを考えて高さの低い小さな切断を求めるわけである．

このとき，

$$\begin{aligned}
&F_i(\boldsymbol{x}_{012}, \boldsymbol{x'}_{012})(Q(\boldsymbol{x}_{012}, \boldsymbol{x'}_{012})P_j(\boldsymbol{x}_{012}, \boldsymbol{x'}_{012}))^d \\
&\quad = \sum_{\substack{0 \le c < N \\ a+b=\delta_1-c \\ 0 \le c' < N \\ a'+b'=\delta_2-c'}} T_{i,abca'b'c'} x_0^a x_1^b {x'_0}^{a'} {x'_1}^{b'} \times \\
&\qquad\qquad \left(x_2^c {x'_2}^{c'} (Q(\boldsymbol{x}_{012}, \boldsymbol{x'}_{012})P_j(\boldsymbol{x}_{012}, \boldsymbol{x'}_{012}))^d \right)
\end{aligned}$$

となる．$a_0, \ldots, a_{N-1} \in O_K[X_0, X_1]$ ゆえ，命題 3.28 より，両次数が高々

$$(c + 2dr' - l, c' + 2dr' - l')$$

の $h_{ll'}^{jcc'}(S, S') \in O_K[S, S']$ が存在して，$\boldsymbol{x}_{012}/x_0 = (1, x_1/x_0, x_2/x_0)$, $\boldsymbol{x'}_{012}/x'_0 = (1, x'_1/x'_0, x'_2/x'_0)$ とおけば，

$$\begin{aligned}
&(x_2/x_0)^c (x'_2/x'_0)^{c'} (Q(\boldsymbol{x}_{012}/x_0, \boldsymbol{x'}_{012}/x'_0)P_j(\boldsymbol{x}_{012}/x_0, \boldsymbol{x'}_{012}/x'_0))^d \\
&\qquad = \sum_{\substack{0 \le l < N \\ 0 \le l' < N}} h_{ll'}^{jcc'}(x_1/x_0, x'_1/x_0)(x_2/x_0)^l (x'_2/x'_0)^{l'} \qquad (4.11)
\end{aligned}$$

が成り立つ．さらに，各素点 v に対して，$a_0, \ldots, a_{N-1}$ にのみ依存する定数 c_v が存在して，

$$\begin{aligned}
&|h_{ll'}^{jcc'}(S, S')|_v \\
&\qquad \le |T^c {T'}^{c'} (Q(1, S, T, 1, S', T')P_j(1, S, T, 1, S', T'))^d|_v \\
&\qquad\qquad\qquad \times \exp(c_v(c + c' + 4dr')) \qquad (4.12)
\end{aligned}$$

が成立する．ここで

$$H_{ll'}^{jcc'}(X_0, X_1, X'_0, X'_1) = X_0^{c+2dr'-l} {X'_0}^{c'+2dr'-l'} h_{ll'}^{jcc'}(X_1/X_0, X'_1/X'_0)$$

とおくと，$H_{ll'}^{jcc'}(X_0, X_1, X'_0, X'_1) \in O_K[X_0, X_1, X'_0, X'_1]$ であり，0 でなければ，両次数が $(c + 2dr' - l, c' + 2dr' - l')$ の両斉次多項式となる．さらに，

式 (4.11) に $x_0^{c+2dr'}{x'_0}^{c'+2dr'}$ をかけて，

$$x_2^c {x'_2}^{c'} (Q(\boldsymbol{x}_{012}, \boldsymbol{x'}_{012}) P_j(\boldsymbol{x}_{012}, \boldsymbol{x'}_{012}))^d \\ = \sum_{\substack{0 \le l < N \\ 0 \le l' < N}} H_{ll'}^{jcc'}(x_0, x_1, x'_0, x'_1) x_2^l {x'_2}^{l'} \tag{4.13}$$

が成り立つ．したがって，$H_{ll'}^{jcc'}$ と $H_{ll'}^{icc'}$ の係数の差が α' の表現行列の成分である．さらに，式 (4.12) より，

$$\begin{aligned} &|H_{ll'}^{jcc'}(X_0, X_1, X'_0, X'_1)|_v \\ &\quad = |H_{ll'}^{jcc'}(1, X_1, 1, X'_1)|_v = |h_{ll'}^{jcc'}(S, S')|_v \\ &\quad \le |T^c {T'}^{c'} (Q(1, S, T, 1, S', T') P_j(1, S, T, 1, S', T'))^d|_v \\ &\qquad\qquad \times \exp(c_v(c + c' + 4dr')) \\ &\quad = |(Q(1, S, T, 1, S', T') P_j(1, S, T, 1, S', T'))^d|_v \\ &\qquad\qquad \times \exp(c_v(c + c' + 4dr')) \\ &\quad \le |(Q(1, S, T, 1, S', T') P_j(1, S, T, 1, S', T'))^d|_v \\ &\qquad\qquad \times \exp(c_v(4dr' + 2(N - 1))) \end{aligned}$$

となる．ここで v がアルキメデス的な場合のみを考えると，

$$Q(1, S, T, 1, S', T') P_j(1, S, T, 1, S', T')$$

は両次数が高々 $(2r', 2r')$ の 4 変数多項式だから，系 3.9 から，

$$\begin{aligned} &|(Q(1, S, T, 1, S', T') P_j(1, S, T, 1, S', T'))^d|_v \\ &\qquad \le (1 + 2r')^{4(d-1)} |Q(1, S, T, 1, S', T') P_j(1, S, T, 1, S', T')|_v^d \end{aligned}$$

である．したがって，d_1, d_2, d に無関係なある定数 A_1 が存在して，すべての i, j, c, c', l, l' とアルキメデス的な素点 v に対して

$$|H_{ll'}^{jcc'}|_v \le \exp(A_1 d)$$

が成立する．まとめると，α' の表現行列の任意の要素 e に対して，$e \in O_K$ で

あり，

$$\|e\|_K \le 2\exp(A_1 d)$$

となる．ここで，式 (3.1) で定義したように，$\|e\|_K$ は，v をすべての K のアルキメデス的な素点を走らせたときの $|e|_v$ の最大値である．

ステップ 6: ジーゲルの補題（命題 3.3）より，K および O_K の $\mathbb{Z}$ 上の自由基底の取り方のみによる定数 A_2，A_3 が存在して，未知数 $T_{i,abca'b'c'}$ の自明でない解 $t_{i,abca'b'c'} \in O_K$ を

$$\begin{aligned}&\max_{i,a,b,c,a',b',c'} \log \|t_{i,abca'b'c'}\|_K \\ &\quad\le \frac{\operatorname{rk}\alpha'}{\dim \operatorname{Ker}(\alpha')}\Bigg(A_1 d \\ &\qquad\qquad + \log\left(\dim_K K[x_0,x_1,x_2,x_0',x_1',x_2']^{m+1}_{(\delta_1,\delta_2)}\right) + A_2\Bigg) + A_3\end{aligned}$$

をみたすようにとれる．

式 (4.9) と $\delta_1 = \frac{d_1+dt}{N}$, $\delta_2 = \frac{d_2+dt}{N}$ であったことを用いると，d_1, d_2, d が十分大きければ，

$$\dim_K K[x_0,x_1,x_2,x_0',x_1',x_2']^{m+1}_{(\delta_1,\delta_2)} \le (m+1)(d_1+dt)(d_2+dt)$$

である．よって，d_1, d_2, d に無関係な定数 A_4 を適当にとると，

$$\begin{aligned}A_1 d + \log\left(\dim_K K[x_0,x_1,x_2,x_0',x_1',x_2']^{m+1}_{(\delta_1,\delta_2)}\right) + A_2 \\ \le A_4 d\left(1 + \frac{\log(d_1+d_2+d)}{d}\right)\end{aligned}$$

となる．さて，$\dfrac{\operatorname{rk}\alpha'}{\dim \operatorname{Ker}(\alpha')}d$ を評価しよう．仮定 4.3 より $gd^2 < d_1 d_2$ だから，$d^2 < g^2 d_1 d_2$ である．このことと (4.10) に注意して，

$$\begin{aligned}\frac{\operatorname{rk}\alpha'}{\dim \operatorname{Ker}(\alpha')}d &\le \frac{\dim_K K[x_0,x_1,x_2,x_0',x_1',x_2']^{m+1}_{(\delta_1,\delta_2)}}{\dim \operatorname{Ker}(\alpha')}d \\ &\le \frac{(m+1)(d_1+td)(d_2+td)}{\lambda_0 d_1 d_2/2}d\end{aligned}$$

$$
\begin{aligned}
&= \frac{2(m+1)}{\lambda_0}\left\{d + t(d_1+d_2)\frac{d^2}{d_1d_2} + t^2 d\frac{d^2}{d_1d_2}\right\} \\
&\le \frac{2(m+1)}{\lambda_0}\left\{d + t(d_1+d_2)g^2 + t^2dg^2\right\} \\
&\le \frac{2(m+1)}{\lambda_0}(1+tg^2+t^2g^2)(d_1+d_2+d)
\end{aligned}
$$

を得る．よって，$A_5 = 2(m+1)(1+tg^2+t^2g^2)$ とおくと，

$$
\frac{\operatorname{rk}\alpha'}{\dim \operatorname{Ker}(\alpha')} d \le \frac{A_5}{\lambda_0}(d_1+d_2+d)
$$

である．ゆえに，

$$
\begin{aligned}
&\max_{i,a,b,c,a',b',c'} \log \|t_{i,abca'b'c'}\|_K \\
&\qquad \le \frac{\operatorname{rk}\alpha'}{\dim \operatorname{Ker}(\alpha')} dA_4\left(1+\frac{\log(d_1+d_2+d)}{d}\right) + A_3 \\
&\qquad \le \frac{A_4A_5}{\lambda_0}(d_1+d_2+d)\left(1+\frac{\log(d_1+d_2+d)}{d}\right) + A_3,
\end{aligned}
$$

よって，c_1 を A_4A_5 より少し大きくとれば，d_1, d_2, d が十分大きいとき，

$$
\max_{i,a,b,c,a',b',c'} \log \|t_{i,abca'b'c'}\|_K \le \frac{c_1}{\lambda_0}\left(1+\frac{\log(d_1+d_2+d)}{d}\right)(d_1+d_2+d)
$$

となる．ここで，$t_{i,abca'b'c'} \in O_K$ であるので，任意の非アルキメデス的な素点 v に対して，$|t_{i,abca'b'c'}|_v \le 1$ である．また，任意のアルキメデス的な素点 v に対して，

$$
\log |t_{i,abca'b'c'}|_v \le \log \|t_{i,abca'b'c'}\|_K \le \max_{i,a,b,c,a',b',c'} \log \|t_{i,abca'b'c'}\|_K
$$

である．よって，$t_{i,abca'b'c'}$ で作った多項式列 $(F_0, \ldots, F_m)$ について，

$$
h(F_0, \ldots, F_m) \le \frac{c_1}{\lambda_0}\left(1+\frac{\log(d_1+d_2+d)}{d}\right)(d_1+d_2+d)
$$

が成り立つ．

$(F_0, \ldots, F_m)$ は U の元になるように構成したので，命題 4.11 によって，$(F_0, \ldots, F_m)$ はヴォイタ因子 $V(d_1, d_2, d)$ の大域切断 $s \in H^0(C \times C, \mathcal{O}_{C\times C}(V(d_1, d_2, d)))$ を与える．また，

$$h(s) \leq h(F_0, \ldots, F_m) \leq \frac{c_1}{\lambda_0}\left(1 + \frac{\log(d_1 + d_2 + d)}{d}\right)(d_1 + d_2 + d)$$

であるから，証明が完成した． □

4.4 指数の上限（定理 4.5 の証明）

この節では，ロスの補題を用いて，切断 s の指数の上限を与える．なお，このような手法は，ファルティングスによって積定理（[6, 定理 3.1]）として一般化されている．

$1 \leq i, j \leq n$ に対して，$\pi_{ij} = \Phi_{N\theta}^{0i} \times \Phi_{N\theta}^{0j} : C \times C \to \mathbb{P}^1 \times \mathbb{P}^1$ を考える．このとき，命題 3.29 より，$F \in K[\boldsymbol{X}, \boldsymbol{X'}]_{(\delta_1, \delta_2)}$ に対して，$\mathrm{Norm}_{\pi_{ij}}(F(\boldsymbol{x}, \boldsymbol{x'}))$ は，$K[X_0, X_i, X_0', X_j']$ の両次数が $(N^2\delta_1, N^2\delta_2)$ の両斉次多項式である．さらに，命題 3.29 の (2) より，C, N, $\Phi_{N\theta}$, i, j のみに依存する定数 M が存在して，

$$h(\mathrm{Norm}_{\pi_{ij}}(F(\boldsymbol{x}, \boldsymbol{x'}))) \leq N^2 h(F) + M(\delta_1 + \delta_2 + 1) \tag{4.14}$$

が成立する．M は一応 i, j によるが，i, j についての最大値を考えれば，i, j によらないとしてよい．さらに，$C(\overline{K})$ の有限集合 Z_1 が存在して，$z \notin Z_1$ ならば，すべての i $(1 \leq i \leq n)$ について，$\Phi_{N\theta}^{0i} : C \to \mathbb{P}^1$ は $\Phi_{N\theta}^{0i}(z)$ 上エタールとなる．さらに，Z_1 に $x_0 = 0$ となる点を加えて，$z \notin Z_1$ ならば $x_0(z) \neq 0$ としてよい．

さて，多項式列 $(F_0, \ldots, F_m)$ で表現される切断 s を考える（命題 4.11 を参照）．ここで，$(F_0, \ldots, F_m)$ をうまくとって，$h(F_0, \ldots, F_m) \leq h(s) + 1/2$ とする．このような $(F_0, \ldots, F_m)$ は $h(s)$ の定義から存在する．

E を s の零点集合とする．$(\pi_{ij})_*(E)$ は，両次数が (Nd_1, Nd_2) の $\mathbb{P}^1 \times \mathbb{P}^1$ の因子であることを示そう．このためには，

$$((\pi_{ij})_*(E) \cdot \mathcal{O}_{\mathbb{P}^1 \times \mathbb{P}^1}(0,1)) = Nd_1, \qquad ((\pi_{ij})_*(E) \cdot \mathcal{O}_{\mathbb{P}^1 \times \mathbb{P}^1}(1,0)) = Nd_2$$

を調べればよい．射影公式を用いて，

$$((\pi_{ij})_*(E) \cdot \mathcal{O}_{\mathbb{P}^1 \times \mathbb{P}^1}(0,1))$$

$$
\begin{aligned}
&= (E \cdot (\pi_{ij})^*(\mathcal{O}_{\mathbb{P}^1\times\mathbb{P}^1}(0,1))) \\
&= (((d_1-d)p_1^*(\theta) + (d_2-d)p_2^*(\theta) + d\Delta) \cdot Np_2^*(\theta)) \\
&= Nd_1
\end{aligned}
$$

となる．同様に，$((\pi_{ij})_*(E) \cdot \mathcal{O}_{\mathbb{P}^1\times\mathbb{P}^1}(1,0)) = Nd_2$ である．したがって，$\mathrm{Norm}_{\pi_{ij}}(s)$ は両次数が (Nd_1, Nd_2) の両斉次多項式であるので，多項式としての高さ $h(\mathrm{Norm}_{\pi_{ij}}(s))$ を考える．$s = F_0/y_0^d$ ゆえ，命題 3.26 の (1) により，

$$
\mathrm{Norm}_{\pi_{ij}}(F_0(\boldsymbol{x}, \boldsymbol{x'})) = \mathrm{Norm}_{\pi_{ij}}(s)\,\mathrm{Norm}_{\pi_{ij}}(y_0^d)
$$

である．

したがって，$\deg(\mathrm{Norm}_{\pi_{ij}}(F_0(\boldsymbol{x}, \boldsymbol{x'}))) = N^2(\delta_1+\delta_2)$ であり，

$$
h(\mathrm{Norm}_{\pi_{ij}}(y_0^d)) \geq 0
$$

であることに注意して，命題 3.11 の (2) と上の評価式 (4.14) より，

$$
\begin{aligned}
h(\mathrm{Norm}_{\pi_{ij}}(s)) &\leq h(\mathrm{Norm}_{\pi_{ij}}(s)) + h(\mathrm{Norm}_{\pi_{ij}}(y_0^d)) \\
&\leq h(\mathrm{Norm}_{\pi_{ij}}(F_0(\boldsymbol{x}, \boldsymbol{x'}))) + 4N^2(\delta_1+\delta_2) \\
&\leq N^2 h(F_0) + (M+4N^2)(\delta_1+\delta_2+1) \\
&\leq N^2 h(F_0, \ldots, F_m) + (M+4N^2)(\delta_1+\delta_2+1) \\
&\leq N^2 h(s) + N^2/2 + (M+4N^2)(\delta_1+\delta_2+1)
\end{aligned}
$$

となる．ここで，$\delta_1 = \frac{d_1+td}{N}, \delta_2 = \frac{d_2+td}{N}$ であったから，$C, N, t, \Phi_{N\theta}$ のみに依存する定数 M' が存在して，

$$
h(\mathrm{Norm}_{\pi_{ij}}(s)) + 4Nd_1 \leq N^2 h(s) + M'(d_1+d_2+d) \tag{4.15}
$$

が任意の i, j と 0 でない任意の切断 s で成立する．ここで，左辺の $4Nd_1$ は後の都合で入れている．

また，系 2.35 の (2) より $H^0(C, \mathcal{O}_C(N\theta))$ の基底 $\phi_0, \ldots, \phi_n$ の選び方のみに依存する正の定数 A が存在して，

$$
\frac{N}{2g}|z|^2 \leq h_{N\theta}(z) + A \tag{4.16}
$$

が任意の $z \in C(\overline{K})$ で成立する.

以上の準備のもと,

$$c_2 = 2ng, \qquad c_3 = \frac{2gn}{N^2}M' + \frac{2g}{N}A, \qquad c_4 = 4N \tag{4.17}$$

とおいて, 定理 4.5 を示そう. $z, z' \notin Z_1$ とする. このとき, $h_{N\theta}(z) \le \sum_{\nu=1}^{n} h^+((x_\nu/x_0)(z))$ である (補題 2.12 の (3) 参照). i を $h^+((x_i/x_0)(z))$ が

$$\{h^+((x_\nu/x_0)(z))\}_{1\le\nu\le n}$$

の最大値を与えるように選ぶと, $h_{N\theta}(z) \le nh^+((x_i/x_0)(z))$ である. 同様にして, $h_{N\theta}(z') \le nh^+((x_j/x_0)(z'))$ となる j を選ぶ. まとめると,

$$h_{N\theta}(z) \le nh^+((x_i/x_0)(z)), \quad h_{N\theta}(z') \le nh^+((x_j/x_0)(z')) \tag{4.18}$$

となるように i, j を定める. $\mathrm{Norm}_{\pi_{ij}}(s)$ を x_0, x_0' について非斉次化して得られる多項式を P とし, $a = (x_i/x_0)(z)$, $b = (x_j/x_0)(z')$ とおく. P は両次数が高々 (Nd_1, Nd_2) の多項式である. P と (a, b) に ロスの補題 (定理 3.19) を適用しよう.

命題 3.26 の (2) により, s は $\pi_{ij}^*(\mathrm{Norm}_{\pi_{ij}}(s))$ の約元であるので,

$$\mathrm{ind}_{(z,z')}(s; (d_1, d_2)) \le \mathrm{ind}_{(z,z')}(\pi_{ij}^*(\mathrm{Norm}_{\pi_{ij}}(s)); (d_1, d_2))$$

である. さらに, $z, z' \notin Z_1$ ゆえ, $\overline{\mathbb{Q}}$ 上で考えた場合, (z, z') での局所環の完備化と (a, b) での局所環の完備化は同型である. よって,

$$\begin{aligned}\mathrm{ind}_{(z,z')}(\pi_{ij}^*(\mathrm{Norm}_{\pi_{ij}}(s)); (d_1, d_2)) &= \mathrm{ind}_{(a,b)}(P; (d_1, d_2)) \\ &= N\,\mathrm{ind}_{(a,b)}(P; (Nd_1, Nd_2))\end{aligned}$$

である. まとめると

$$\mathrm{ind}_{(z,z')}(s; (d_1, d_2)) \le N\,\mathrm{ind}_{(a,b)}(P; (Nd_1, Nd_2))$$

となる. ロスの補題を適用して結論を得るためには,

$$h(P) + 4Nd_1 \le \epsilon^2 \min\{Nd_1h^+(a), Nd_2h^+(b)\}$$

を確かめる必要がある．実際，

$$
\begin{aligned}
&h(P) + 4Nd_1 \\
&\qquad \le N^2 h(s) + M'(d_1 + d_2 + d) && (\because \text{式 } (4.15)) \\
&\qquad \le \frac{N}{n}\left(\epsilon^2 \min\left\{d_1 \frac{N}{2g}|z|^2, d_2 \frac{N}{2g}|z'|^2\right\} - A(d_1 + d_2 + d)\right) \\
&\qquad\qquad && (\because \text{定理 4.5 の仮定と式 } (4.17)) \\
&\qquad \le \frac{N}{n}\left(\epsilon^2 \min\{d_1 h_{N\theta}(z), d_2 h_{N\theta}(z)\} - (1-\epsilon^2)A(d_1 + d_2) - Ad\right) \\
&\qquad\qquad && (\because \text{式 } (4.16)) \\
&\qquad \le \epsilon^2 \frac{N}{n} \min\{d_1 h_{N\theta}(z), d_1 h_{N\theta}(z)\} && (\because \epsilon < 1) \\
&\qquad \le \epsilon^2 \min\{Nd_1 h^+(a), Nd_2 h^+(b)\} && (\because \text{式 } (4.18))
\end{aligned}
$$

となる．よって，ロスの補題（定理 3.19）から

$$
\mathrm{ind}_{(a,b)}(P; (Nd_1, Nd_2)) \le 4\epsilon
$$

である．これは，結論を導く．

4.5　指数の下限（定理 4.6 の証明）

本節では，指数の下限（定理 4.6）の証明を与える．計算は複雑になるが，技術的にはアイゼンシュタインの定理の局所版（補題 3.30）を用いるぐらいで難しくはない．

まず次の主張から始めよう．

主張 3. $0 \le \nu \le n$，$0 \le \mu \le n$，$\nu \ne \mu$ に対して，高々 $2N$ 次の多項式 $P_{\nu,\mu}(U,V) \in K[U,V]$ が存在して，$P_{\nu,\mu}(x_1/x_0, x_\nu/x_\mu) = 0$ であり，$(\partial P_{\nu,\mu}/\partial V)(x_1/x_0, x_\nu/x_\mu)$ は恒等的に 0 ではない．さらに，$x_0(z) \ne 0$ となる $z \in C(K)$ に対して，$P'_{\nu,\mu}(U,V) = P_{\nu,\mu}(U + (x_1/x_0)(z), V)$ とおくと，次が成立する．

(1) $h^+(P'_{\nu,\mu}) \le h^+(P_{\nu,\mu}) + \log(2N+1) + 2N\log(2) + 2Nh_{N\theta}(z)$ である．

(2) $x_\mu(z) \neq 0$ のとき,

$$\begin{aligned} &h^+((\partial P'_{\nu,\mu}/\partial V)(0,(x_\nu/x_\mu)(z))) \\ &\qquad \le h^+(P'_{\nu,\mu}) + 2\log(2N) + (2N-1)h_{N\theta}(z) \end{aligned}$$

が成立する.

証明: $w \mapsto (x_0(w) : x_1(w))$ によって定義される $C \to \mathbb{P}^1$ を π, $w \mapsto (x_\nu(w) : x_\mu(w))$ によって定義される $C \to \mathbb{P}^1$ を π' で表す. ここで, $\Pi = \pi \times \pi' : C \to \mathbb{P}^1 \times \mathbb{P}^1$ を考える. $\Pi(C)$ は絶対既約[1]で, $\mathbb{P}^1 \times \mathbb{P}^1$ の中で両次数は, $C \to \Pi(C)$ の次数を $\deg(\Pi)$ で表すと, $(N/\deg(\Pi), N/\deg(\Pi))$ である. というのは, $\Pi(C)$ の両次数を (a,b) とし, $p_i : \mathbb{P}^1 \times \mathbb{P}^1 \to \mathbb{P}^1$ を i 成分への射影とすると,

$$\begin{aligned} N &= \deg(\pi'^*(\mathcal{O}_{\mathbb{P}^1}(1))) = \deg(\Pi^* p_2^*(\mathcal{O}_{\mathbb{P}^1}(1))) \\ &= \deg(\Pi)\deg(p_2^*(\mathcal{O}_{\mathbb{P}^1}(1))|_{\Pi(C)}) = \deg(\Pi)\,(\mathcal{O}_{\mathbb{P}^1\times\mathbb{P}^1}(0,1)\cdot \Pi(C)) \\ &= \deg(\Pi)a, \end{aligned}$$

つまり, $a = N/\deg(\Pi)$, 同様にして, $b = N/\deg(\Pi)$ となるからである. よって, $\Pi(C)$ の定義多項式を考えれば, 高々$2N$ 次の絶対既約な多項式 $P_{\nu,\mu} \in K[U,V]$ が存在して, $P_{\nu,\mu}(x_1/x_0, x_\nu/x_\mu) = 0$ となる. K の標数が 0 であるので, $p_1 : \Pi(C) \to \mathbb{P}^1$ は, $\mathbb{P}^1$ の開集合の上でエタールである. これは, $(\partial P_{\nu,\mu}/\partial V)(x_1/x_0, x_\nu/x_\mu)$ は恒等的に 0 ではないことを示している.

次に, (1) の不等式を考える.

$$P_{\nu,\mu} = \sum_{i,j} p_{ij} U^i V^j$$

$(p_{ij} \in K)$ とおく. このとき,

$$P'_{\nu,\mu} = \sum_{i,j} p_{ij}(U + (x_1/x_0)(z))^i V^j$$

---

[1]標数 0 の体上の絶対既約な代数多様体の像は絶対既約である. これは次の事実からしたがう：$k \subseteq F \subseteq E$ を体の列で, $\bar{k}$ が k の代数的閉包であるとき, $E \otimes_k \bar{k}$ が整域であるなら, $F \otimes_k \bar{k}$ も整域である. ($\because$ $\bar{k}$ は k 上平坦であるので, $F \otimes_k \bar{k} \to E \otimes_k \bar{k}$ は単射.)

$$= \sum_{l,j} \left(\sum_{i \geq l} \binom{i}{l} p_{ij} (x_1/x_0)^{i-l}(z) \right) U^l V^j$$

であるので，v が非アルキメデス的なとき，

$$\begin{aligned} |P'_{\nu,\mu}|_v &\leq \max_{i,j}\{|p_{ij}|_v\} \max\{1, |(x_1/x_0)(z)|_v\}^{2N} \\ &\leq |P_{\nu,\mu}|_v \max\{1, |(x_1/x_0)(z)|_v\}^{2N} \end{aligned}$$

である．さらに，v がアルキメデス的なとき，

$$\begin{aligned} |P'_{\nu,\mu}|_v &\leq (2N+1) \max_{i,j}\{|p_{ij}|_v\} \cdot 2^{2N} \cdot \max\{1, |(x_1/x_0)(z)|_v\}^{2N} \\ &\leq (2N+1)|P_{\nu,\mu}|_v 2^{2N} \max\{1, |(x_1/x_0)(z)|_v\}^{2N} \end{aligned}$$

である．よって，

$$h^+(P'_{\nu,\mu}) \leq h^+(P_{\nu,\mu}) + \log(2N+1) + 2N\log(2) + 2Nh^+((x_1/x_0)(z)),$$

したがって，

$$\begin{aligned} h^+((x_1/x_0)(z)) &= h(x_0(z) : x_1(z)) \\ &\leq h(x_0(z) : x_1(z) : \cdots : x_n(z)) = h_{N\theta}(z) \end{aligned}$$

に注意すれば不等式を得る．

最後に，(2) の不等式について考えよう．$P'_{\nu,\mu} = \sum_{ij} p'_{ij} U^i V^j$ ($p'_{ij} \in K$) とおく．このとき，

$$(\partial P'_{\nu,\mu}/\partial V)(0, (x_\nu/x_\mu)(z)) = \sum_{j=1}^{2N} j p'_{0j} (x_\nu/x_\mu)^{j-1}(z)$$

である．ゆえに，v が非アルキメデス的な素点のとき，

$$\begin{aligned} |(\partial P'_{\nu,\mu}/\partial V)(0, (x_\nu/x_\mu)(z))|_v &\leq \max_{i,j} |p'_{ij}|_v \max_{0 \leq j \leq 2N-1} \{|(x_\nu/x_\mu)^j(z)|_v\} \\ &\leq \max_{i,j} |p'_{ij}|_v \max\{1, |(x_\nu/x_\mu)(z)|_v\}^{2N-1} \end{aligned}$$

である．したがって，

$$\log^+(|(\partial P'_{\nu,\mu}/\partial V)(0,(x_\nu/x_\mu)(z))|_v)$$
$$\leq \max_{i,j} \log^+(|p'_{ij}|_v) + (2N-1)\log^+(|(x_\nu/x_\mu)(z)|_v)$$

を得る．v がアルキメデス的な素点のとき，

$$|(\partial P'_{\nu,\mu}/\partial V)(0,(x_\nu/x_\mu)(z))|_v$$
$$\leq (2N)^2 \max_{i,j} |p'_{ij}|_v \max_{0\leq j\leq 2N-1} \{|(x_\nu/x_\mu)^j(z)|_v\}$$
$$\leq (2N)^2 \max_{i,j} |p'_{ij}|_v \max\{1, |(x_\nu/x_\mu)(z)|_v\}^{2N-1}$$

である．したがって，

$$\log^+(|(\partial P'_{\nu,\mu}/\partial V)(0,(x_\nu/x_\mu)(z))|_v)$$
$$\leq 2\log(2N) + \max_{i,j} \log^+(|p'_{ij}|_v) + (2N-1)\log^+(|(x_\nu/x_\mu)(z)|_v)$$

を得る．よって，

$$h^+((\partial P'_{\nu,\mu}/\partial V)(0,(x_\nu/x_\mu)(z)))$$
$$\leq 2\log(2N) + h^+(P'_{\nu,\mu}) + (2N-1)h^+((x_\nu/x_\mu)(z))$$
$$\leq 2\log(2N) + h^+(P'_{\nu,\mu}) + (2N-1)h_{N\theta}(z)$$

となり証明できた． □

主張3の証明でも述べたように，$w \mapsto (x_0(w) : x_1(w))$ によって定義される射影 $C \to \mathbb{P}^1$ を π で表す．$T = x_1/x_0$ とすると，T は $\mathbb{P}^1 \setminus \{\infty\}$ の座標関数を与える．

$$Z' = \{\infty\} \cup \{\zeta \in \mathbb{P}^1 \mid \pi \text{ は } \zeta \text{ 上エタールでない}\}$$

とおく．ここで，定理4.6にとっての除外集合を

$$Z_2 = \pi^{-1}(Z') \cup \bigcup_j \{w \in C(\overline{K}) \mid x_j(w) = 0\} \cup$$
$$\bigcup_{\nu\neq\mu} \{w \in C(\overline{K}) \mid (\partial P_{\nu,\mu}/\partial V)((x_1/x_0)(w), (x_\nu/x_\mu)(w)) = 0\}$$

とおく．以後，$z, z' \in C(K)$ は $z, z' \notin Z_2$ をみたすとする．$t = T - x_1(z)/x_0(z)$

とおくと，t は z のまわりでの局所座標関数となる．同様にして，z' のまわりでの局所座標関数 $t' = T - x_1(z')/x_0(z')$ を用意する．以後，

$$\partial_i = \frac{1}{i!}\left(\frac{\partial}{\partial t}\right)^i, \qquad \partial'_{i'} = \frac{1}{i'!}\left(\frac{\partial}{\partial t'}\right)^{i'}$$

とおく．

さて，多項式列 $(F_0(\boldsymbol{X}, \boldsymbol{X'}), \ldots, F_m(\boldsymbol{X}, \boldsymbol{X'}))$ で表現される切断

$$s \in H^0(C \times C, \mathcal{O}_{C\times C}(V(d_1, d_2, d)))$$

の指数 $\mathrm{ind}_{(z,z')}(s; (d_1, d_2))$ の下限を評価しよう．

まず，ヴォイタ因子 $V(d_1, d_2, d)$ に付随する高さ $h_{V(d_1,d_2,d)} : (C \times C)(\overline{K}) \to \mathbb{R}$ を考えよう．式 (4.7) より，$V(d_1, d_2, d) = \delta_1 p_1^*(N\theta) + \delta_2 p_2^*(N\theta) - dB$ であり，

$$\begin{aligned}
&\Phi_{N\theta} : C \to \mathbb{P}^n, \quad w \mapsto (x_0(w) : \cdots : x_n(w)),\\
&\Phi_{|B|} : C \times C \to \mathbb{P}^m, \quad (w, w') \mapsto (y_0(w, w') : \cdots : y_m(w, w'))
\end{aligned}$$

であった．よって，h で射影空間の素朴な高さを表すとき，

$$\begin{cases}
h_{N\theta}(w) = h(x_0(w) : \cdots : x_n(w)),\\
h_B(w, w') = h\left(y_0(w, w') : \cdots : y_m(w, w')\right)
\end{cases}$$

と定め，

$$h_{V(d_1,d_2,d)}(w, w') = \delta_1 h_{N\theta}(w) + \delta_2 h_{N\theta}(w') - d h_B(w, w')$$

とおけば，$h_{V(d_1,d_2,d)}$ は $C \times C$ 上のヴォイタ因子 $V(d_1, d_2, d)$ に付随する高さ関数を与える．

$h_{V(d_1,d_2,d)}(z, z')$ を考える．$a_j = x_j(z)$，$a'_{j'} = x_{j'}(z')$，$b_i = y_i(z, z')$ とおく．$z, z' \notin Z_2$ という仮定より，$a_j, a'_{j'}$ はいずれも 0 ではない．各素点 $v \in M_K$ に対して，$|a_{j(v)}|_v = \max_j\{|a_j|_v\}$，$|a'_{j'(v)}|_v = \max_{j'}\{|a'_{j'}|_v\}$，$|b_{i(v)}|_v = \max_i\{|b_i|_v\}$ となる $j(v)$，$j'(v)$，$i(v)$ を選んでおく．$b_{i(v)} \neq 0$ であることを注意しておく．このとき，

$$
\begin{aligned}
&[K:\mathbb{Q}]h_{V(d_1,d_2,d)}(z,z') \\
&\quad = \delta_1 \sum_v \max_j \log(|a_j|_v) + \delta_2 \sum_v \max_{j'} \log(|a'_{j'}|_v) - d \sum_v \max_i \log(|b_i|_v) \\
&\qquad\qquad\qquad\qquad\qquad\qquad = \sum_v \log \left| \frac{{a_{j(v)}}^{\delta_1} {a'_{j'(v)}}^{\delta_2}}{b^d_{i(v)}} \right|_v \qquad (4.19)
\end{aligned}
$$

となる．

ここで，$y_\tau(z,z') \neq 0$ となる τ を一つ固定し，有理型関数 g を

$$
g = \frac{s}{x_0^{\delta_1} {x'_0}^{\delta_2} y_\tau^{-d}} \left(= \frac{F_i(\boldsymbol{x}/x_0, \boldsymbol{x'}/x'_0)}{(y_i/y_\tau)^d} \right)
$$

とおく．(l,l') を

$$
\mathrm{ind}_{(z,z')}(s;(d_1,d_2)) = \frac{l}{d_1} + \frac{l'}{d_2}
$$

となるものとする．このとき指数の定義から，任意の $(\alpha,\alpha') \in \mathbb{Z}^2_{\geq 0}$ で，$\alpha \leq l$, $\alpha' \leq l'$，$(\alpha,\alpha') \neq (l,l')$ となるものについて

$$
(\partial_\alpha \partial'_{\alpha'} g)(z,z') = 0 \tag{4.20}
$$

である．ここで，$f = (\partial_l \partial'_{l'} g)(z,z')$ とおく．このとき，次が成立することをみよう．

主張 4. $f \neq 0$ であり，任意の i,j,j' について，

$$
f = (b_i/b_\tau)^{-d} (a_j/a_0)^{\delta_1} (a'_{j'}/a'_0)^{\delta_2} \partial_l \partial'_{l'} F_i(\boldsymbol{x}/x_j, \boldsymbol{x'}/x'_{j'})(z,z')
$$

が成立する．

証明: $f \neq 0$ は，指数の定義より明らかである．一方，g の定義より

$$
\begin{aligned}
g &= (y_i/y_\tau)^{-d} F_i(\boldsymbol{x}/x_0, \boldsymbol{x'}/x'_0) \\
&= (y_i/y_\tau)^{-d} (x_j/x_0)^{\delta_1} (x'_{j'}/x'_0)^{\delta_2} F_i(\boldsymbol{x}/x_j, \boldsymbol{x'}/x'_{j'})
\end{aligned}
$$

である．すなわち，

$$
F_i(\boldsymbol{x}/x_j, \boldsymbol{x'}/x'_{j'}) = (y_i/y_\tau)^d (x_j/x_0)^{-\delta_1} (x'_{j'}/x'_0)^{-\delta_2} g
$$

である．ライプニッツの公式より，

$$\begin{aligned}&\partial_l \partial'_{l'}(F_i(\boldsymbol{x}/x_j, \boldsymbol{x'}/x'_{j'})) \\ &\qquad = \sum_{\substack{e_1+e_2=l \\ e'_1+e'_2=l'}} \partial_{e_1}\partial'_{e'_1}((y_i/y_\tau)^d (x_j/x_0)^{-\delta_1}(x'_{j'}/x'_0)^{-\delta_2})\partial_{e_2}\partial'_{e'_2}(g)\end{aligned}$$

となる．よって，式 (4.20) を用いて，

$$\begin{aligned}\partial_l \partial'_{l'}(F_i(\boldsymbol{x}/x_j, \boldsymbol{x'}/x'_{j'}))(z,z') &= (b_i/b_\tau)^d (a_j/a_0)^{-\delta_1}(a'_{j'}/a'_0)^{-\delta_2}(\partial_l\partial'_{l'}g)(z,z') \\ &= (b_i/b_\tau)^d (a_j/a_0)^{-\delta_1}(a'_{j'}/a'_0)^{-\delta_2} f\end{aligned}$$

を得るので，主張が証明できた．　□

さて，式 (4.19)

$$[K:\mathbb{Q}]h_{V(d_1,d_2,d)}(z,z') = \sum_v \log\left|\frac{{a_{j(v)}}^{\delta_1}{a'_{j'(v)}}^{\delta_2}}{b^d_{i(v)}}\right|_v$$

にもどる．積公式と主張 4 より上式は，以下のように変形できる．

$$\begin{aligned}&[K:\mathbb{Q}]h_{V(d_1,d_2,d)}(z,z') \\ &\qquad = \sum_v \log\left|\frac{{a_{j(v)}}^{\delta_1}{a'_{j'(v)}}^{\delta_2}}{f b^d_{i(v)}}\right|_v \\ &\qquad = -\sum_v \log\left|\partial_l\partial'_{l'}F_{i(v)}(\boldsymbol{x}/x_{j(v)}, \boldsymbol{x'}/x'_{j'(v)})(z,z')\frac{b^d_\tau}{{a_0}^{\delta_1}{a'_0}^{\delta_2}}\right|_v \\ &\qquad = -\sum_v \log\left|\partial_l\partial'_{l'}F_{i(v)}(\boldsymbol{x}/x_{j(v)}, \boldsymbol{x'}/x'_{j'(v)})(z,z')\right|_v.\end{aligned}$$

ここで，

$$F_i(\boldsymbol{X}, \boldsymbol{X'}) = \sum_{\substack{I, I' \in \mathbb{Z}^{n+1}_{\geq 0} \\ |I|=\delta_1, |I'|=\delta_2}} p_{i,I,I'} \boldsymbol{X}^I \boldsymbol{X'}^{I'}$$

とおくと，

$$\partial_l\partial'_{l'}F_{i(v)}(\boldsymbol{x}/x_{j(v)}, \boldsymbol{x'}/x'_{j'(v)})(z,z')$$

$$= \sum_{\substack{I,I' \in \mathbb{Z}_{\geq 0}^{n+1} \\ |I|=\delta_1, |I'|=\delta_2}} p_{i(v),I,I'} \partial_l((\boldsymbol{x}/x_{j(v)})^I)(z) \partial'_{l'}((\boldsymbol{x'}/x'_{j'(v)})^{I'})(z')$$

である．v が非アルキメデス的であるときは，

$$\begin{aligned}
&|\partial_l \partial'_{l'} F_{i(v)}(\boldsymbol{x}/x_{j(v)}, \boldsymbol{x'}/x'_{j'(v)})(z, z')|_v \\
&\quad \leq \max_{I,I'} \left\{ |p_{i(v),I,I'} \partial_l((\boldsymbol{x}/x_{j(v)})^I)(z) \partial'_{l'}((\boldsymbol{x'}/x'_{j'(v)})^{I'})(z')|_v \right\} \\
&\quad \leq \max_{i,I,I'} \{|p_{i,I,I'}|_v\} \max_I \left\{ |\partial_l((\boldsymbol{x}/x_{j(v)})^I)(z)|_v \right\} \max_{I'} \left\{ |\partial'_{l'}((\boldsymbol{x'}/x'_{j'(v)})^{I'})(z')|_v \right\}
\end{aligned}$$

であり，v がアルキメデス的であるときは，

$$\begin{aligned}
&|\partial_l \partial'_{l'} F_{i(v)}(\boldsymbol{x}/x_{j(v)}, \boldsymbol{x'}/x'_{j'(v)})(z, z')|_v \\
&\quad \leq \binom{\delta_1 + n}{n} \binom{\delta_2 + n}{n} \max_{I,I'} \left\{ |p_{i(v),I,I'} \partial_l((\boldsymbol{x}/x_{j(v)})^I)(z) \partial'_{l'}((\boldsymbol{x'}/x'_{j'(v)})^{I'})(z')|_v \right\} \\
&\quad \leq \binom{\delta_1 + n}{n} \binom{\delta_2 + n}{n} \max_{i,I,I'} \{|p_{i,I,I'}|_v\} \times \\
&\qquad\qquad \max_I \left\{ |\partial_l((\boldsymbol{x}/x_{j(v)})^I)(z)|_v \right\} \max_{I'} \left\{ |\partial'_{l'}((\boldsymbol{x'}/x'_{j'(v)})^{I'})(z')|_v \right\}
\end{aligned}$$

である．よって，$\binom{\delta_1+n}{n}\binom{\delta_2+n}{n} \leq 2^{\delta_1+n} 2^{\delta_2+n}$ に注意すると，

$$\begin{aligned}
&[K:\mathbb{Q}] h_{V(d_1,d_2,d)}(z, z') \\
&\quad \geq -[K:\mathbb{Q}] h(F_0, \ldots, F_m) - [K:\mathbb{Q}] \log(2)(\delta_1 + \delta_2 + 2n) \\
&\qquad\qquad - \sum_v \max_{\substack{I \in \mathbb{Z}_{\geq 0}^{n+1} \\ |I|=\delta_1}} \left\{ \log^+ |\partial_l((\boldsymbol{x}/x_{j(v)})^I)(z)|_v \right\} \\
&\qquad\qquad - \sum_v \max_{\substack{I' \in \mathbb{Z}_{\geq 0}^{n+1} \\ |I'|=\delta_2}} \left\{ \log^+ |\partial'_{l'}((\boldsymbol{x'}/x'_{j'(v)})^{I'})(z')|_v \right\}
\end{aligned} \tag{4.21}$$

となる．

主張 5. $C, N, \Phi_{N\theta}$ と $1 \leq \nu \leq n$，$1 \leq \mu \leq n$，$\nu \neq \mu$ に対する $h^+(P_{\nu,\mu})$ のみに依存する正の定数 A_1 が存在して，

$$\sum_v \max_{\substack{I \in \mathbb{Z}_{\geq 0}^{n+1} \\ |I|=\delta_1}} \left\{ \log^+ |\partial_l((\boldsymbol{x}/x_{j(v)})^I)(z)|_v \right\}$$

$$\leq [K:\mathbb{Q}](\delta_1 \log(2) + A_1(1+|z|^2)l)$$

と

$$\sum_v \max_{\substack{I' \in \mathbb{Z}_{\geq 0}^{n+1} \\ |I'|=\delta_2}} \left\{ \log^+ |\partial'_{l'}((\boldsymbol{x'}/x'_{j'(v)})^{I'})(z')|_v \right\}$$
$$\leq [K:\mathbb{Q}](\delta_2 \log(2) + A_1(1+|z'|^2)l')$$

が成立する．

証明: $I = (e_0, \ldots, e_n) \in \mathbb{Z}_{\geq 0}^{n+1}$ に対して，成分 e_j を $I(j)$ で表す．ここで $J \in \mathbb{Z}_{\geq 0}^{n+1}$ を

$$J(j) = \begin{cases} \delta_1 & (j = j(v) \text{ のとき}) \\ 0 & (j \neq j(v) \text{ のとき}) \end{cases}$$

と定める．このとき，$(\boldsymbol{x}/x_{j(v)})^J = 1$ であるので，

$$\sum_v \max_{\substack{I \in \mathbb{Z}_{\geq 0}^{n+1} \\ |I|=\delta_1}} \left\{ \log^+ |\partial_l((\boldsymbol{x}/x_{j(v)})^I)(z)|_v \right\}$$
$$= \sum_v \max_{\substack{I \in \mathbb{Z}_{\geq 0}^{n+1} \setminus \{J\} \\ |I|=\delta_1}} \left\{ \log^+ |\partial_l((\boldsymbol{x}/x_{j(v)})^I)(z)|_v \right\}$$

となる．$I \in \mathbb{Z}_{\geq 0}^{n+1} \setminus \{J\}$ で $|I| = \delta_1$ となる I に対して，

$$\log^+(|\partial_l((\boldsymbol{x}/x_{j(v)})^I)(z)|_v)$$

の評価を考えよう．

$$P'_{\nu,\mu}(X, Y) = P_{\nu,\mu}(X + (x_0/x_1)(z), Y)$$

とおいて，アイゼンシュタインの定理の局所版（系 3.31）を用いよう．

$$(\boldsymbol{x}/x_{j(v)})^I = (x_0/x_{j(v)})^{I(0)} \cdots (x_{j(v)-1}/x_{j(v)})^{I(j(v)-1)}$$
$$\times (x_{j(v)+1}/x_{j(v)})^{I(j(v)+1)} \cdots (x_n/x_{j(v)})^{I(n)}$$

であるので，系 3.31 における e は $|I| - I(j(v))$ である．$j(v)$ の取り方より，

$|(x_\nu/x_{j(v)})(z)|_v \leq 1$ であり，また，除外集合 Z_2 の定義より，

$$(\partial P'_{\nu,j(v)}/\partial Y)(0,(x_\nu/x_{j(v)})(z)) \neq 0$$

である．

よって，系 3.31 から次を得る．v が非アルキメデス的なとき，

$$\begin{aligned}&\log^+(|\partial_l((\boldsymbol{x}/x_{j(v)})^I)(z)|_v)\\ &\qquad\leq 2l\max_{\nu\neq j(v)}\left\{\log^+\left(\frac{|P'_{\nu,j(v)}|_v}{|(\partial P'_{\nu,j(v)}/\partial Y)(0,(x_\nu/x_{j(v)})(z))|_v}\right)\right\}\end{aligned}$$

であり，v がアルキメデス的なとき，

$$\binom{l+|I|-I(j(v))-1}{l} \leq 2^{l+|I|-I(j(v))-1} \leq 2^{l+\delta_1}$$

に注意すると，

$$\begin{aligned}\log^+(|\partial_l((\boldsymbol{x}/x_{j(v)})^I)(z)|_v) &\leq (l+\delta_1)\log(2)+7l\log(4N)\\ &\quad+2l\max_{\nu\neq j(v)}\left\{\log^+\left(\frac{|P'_{\nu,j(v)}|_v}{|(\partial P'_{\nu,j(v)}/\partial Y)(0,(x_\nu/x_{j(v)})(z))|_v}\right)\right\}\end{aligned}$$

となる．

以上より，

$$\begin{aligned}&\sum_v \max_{\substack{I\in\mathbb{Z}^{n+1}_{\geq 0}\\ |I|=\delta_1}}\left\{\log^+|\partial_l((\boldsymbol{x}/x_{j(v)})^I)(z)|_v\right\}\\ &\quad\leq(\delta_1\log(2)+l(\log(2)+7\log(4N)))\,[K:\mathbb{Q}]\\ &\qquad+2l\sum_v\max_{\nu\neq j(v)}\left\{\log^+\left(\frac{|P'_{\nu,j(v)}|_v}{|(\partial P'_{\nu,j(v)}/\partial Y)(0,(x_\nu/x_{j(v)})(z))|_v}\right)\right\}\end{aligned}$$

が成り立つ．

さらに，上式の最後の項

$$H=\sum_v\max_{\nu\neq j(v)}\left\{\log^+\left(\frac{|P'_{\nu,j(v)}|_v}{|(\partial P'_{\nu,j(v)}/\partial Y)(0,(x_\nu/x_{j(v)})(z))|_v}\right)\right\}$$

を評価しよう．

$$
\begin{aligned}
H &\leq \sum_v \max_{\nu\neq\mu}\left\{\log^+\left(\frac{|P'_{\nu,\mu}|_v}{|(\partial P'_{\nu,\mu}/\partial Y)(0,(x_\nu/x_\mu)(z))|_v}\right)\right\}\\
&\leq \sum_v \sum_{\nu\neq\mu}\log^+\left(\frac{|P'_{\nu,\mu}|_v}{|(\partial P'_{\nu,\mu}/\partial Y)(0,(x_\nu/x_\mu)(z))|_v}\right)\\
&= \sum_{\nu\neq\mu}\sum_v\log^+\left(\frac{|P'_{\nu,\mu}|_v}{|(\partial P'_{\nu,\mu}/\partial Y)(0,(x_\nu/x_\mu)(z))|_v}\right)\\
&\leq \sum_{\nu\neq\mu}\sum_v\left\{\log^+(|P'_{\nu,\mu}|_v)+\log^+\left(\frac{1}{|(\partial P'_{\nu,\mu}/\partial Y)(0,(x_\nu/x_\mu)(z))|_v}\right)\right\}\\
&= [K:\mathbb{Q}]\sum_{\nu\neq\mu}\left(h^+(P'_{\nu,\mu})+h^+\left(\frac{1}{(\partial P'_{\nu,\mu}/\partial Y)(0,(x_\nu/x_\mu)(z))}\right)\right)\\
&= [K:\mathbb{Q}]\sum_{\nu\neq\mu}\left(h^+(P'_{\nu,\mu})+h^+\left((\partial P'_{\nu,\mu}/\partial Y)(0,(x_\nu/x_\mu)(z))\right)\right)
\end{aligned}
$$

である．ここで，最後の等式には，命題 2.5 の (4) を用いた．

したがって，主張 3 より，N，n と $1\leq\nu\leq n$，$1\leq\mu\leq n$，$\nu\neq\mu$ に対する $h^+(P_{\nu,\mu})$ のみに依存する定数 B_1, B_2 がとれて，

$$H\leq[K:\mathbb{Q}](B_1+B_2h_{N\theta}(z))$$

となる．よって，定数 B_1, B_2 を適当に取り替えると，

$$
\begin{aligned}
\frac{1}{[K:\mathbb{Q}]}\sum_v \max_{\substack{I\in\mathbb{Z}_{\geq 0}^{n+1}\\ |I|=\delta_1}}&\left\{\log^+|\partial_l((\boldsymbol{x}/x_{j(v)})^I)(z)|_v\right\}\\
&\leq \delta_1\log(2)+(B_1+B_2h_{N\theta}(z))l
\end{aligned}
$$

となる．さらに，系 2.35 の (2) より，$h_{N\theta}(\cdot)=\frac{N}{2g}|\cdot|^2+O(1)$ であるので，最初の主張を得る．z' の場合も同様である． □

式 (4.21) と主張 5 により，

$$
\begin{aligned}
h_{V(d_1,d_2,d)}(z,z')\geq -h(F_0,\ldots,F_m)&-2\log(2)(\delta_1+\delta_2+n)\\
&-A_1((1+|z|^2)l+(1+|z'|^2)l')
\end{aligned}
$$

が示せた．したがって，

$$\begin{aligned}
&h_{V(d_1,d_2,d)}(z,z') \\
&\quad\geq -h(F_0,\dots,F_m) - 2\log(2)(\delta_1+\delta_2+n) \\
&\qquad\qquad - A_1\left(d_1(1+|z|^2)\frac{l}{d_1} + d_2(1+|z'|^2)\frac{l'}{d_2}\right) \\
&\quad\geq -h(F_0,\dots,F_m) - 2\log(2)(\delta_1+\delta_2+n) \\
&\qquad\qquad - A_1\max\{d_1(1+|z|^2), d_2(1+|z'|^2)\}\operatorname{ind}_{(z,z')}(s;(d_1,d_2))
\end{aligned}$$

が成立する．一方，系 2.35 により，正の定数 α_1, α_2 が存在して

$$h_{N\theta}(w) \leq \frac{N}{2g}|w|^2 + \alpha_1, \quad h_B(w,w') \geq \frac{t}{2g}(|w|^2+|w'|^2) + \langle w, w'\rangle - \alpha_2$$

が任意の $w, w' \in C(\overline{K})$ で成り立つ．よって，

$$\begin{aligned}
h_{V(d_1,d_2,d)}(z,z') &\leq \delta_1\left(\frac{N}{2g}|z|^2+\alpha_1\right) + \delta_2\left(\frac{N}{2g}|z'|^2+\alpha_1\right) \\
&\qquad\qquad - d\left(\frac{t}{2g}(|z|^2+|z'|^2) + \langle z, z'\rangle - \alpha_2\right) \\
&= \frac{d_1}{2g}|z|^2 + \frac{d_2}{2g}|z'|^2 - d\langle z, z'\rangle + \alpha_1(\delta_1+\delta_2) + \alpha_2 d
\end{aligned}$$

となる．ここで，$\alpha_1, \alpha_2, t, N, n$ のみによる定数 A_2 を，

$$\alpha_1(\delta_1+\delta_2) + \alpha_2 d + 2\log(2)(\delta_1+\delta_2+n) \leq A_2(d_1+d_2+d)$$

が成り立つようにとる（例えば，$A_2 = \frac{2t(\alpha_1+2\log(2))}{N} + 2n\log(2) + \alpha_2$ とおけばよい）．このとき，

$$\begin{aligned}
&\operatorname{ind}_{(z,z')}(s;(d_1,d_2)) \\
&\quad\geq \frac{d\langle z, z'\rangle - \frac{d_1}{2g}|z|^2 - \frac{d_2}{2g}|z'|^2 - h(F_0,\dots,F_m) - A_2(d_1+d_2+d)}{A_1\max\{d_1(1+|z|^2), d_2(1+|z'|^2)\}}
\end{aligned}$$

が成立する．ここで，切断 s を定める多項式列 $(F_0,\dots,F_m)$ を走らせて，上式の右辺の上限をとれば，

$$\operatorname{ind}_{(z,z')}(s;(d_1,d_2))$$

$$\geq \frac{2gd\langle z, z'\rangle - d_1|z|^2 - d_2|z'|^2 - 2g\ h(s) - 2gA_2(d_1 + d_2 + d)}{2gA_1 \max\{d_1(1 + |z|^2), d_2(1 + |z'|^2)\}}$$

が成立する．よって，$c_5 = 2gA_2$，$c_6 = 2gA_1$ とおけば，定理 4.6 を得る．

4.6 フェルマー曲線への応用

本節では，モーデル-ファルティングスの定理のフェルマー曲線への簡単な応用を考えよう．これまではかなり重い主菜であったので，この節の内容は軽いデザートと考えてもらえばよい．以下では，K を代数体とし，$h : \mathbb{P}^n(K) \to \mathbb{R}$ を 2.3 節で定義した（素朴な）高さ関数とする．すなわち，$x = (x_0 : \cdots : x_n) \in \mathbb{P}^n(K)$ に対して，

$$h(x) = \frac{1}{[K : \mathbb{Q}]} \sum_{v \in M_K} \log \left(\max_{0 \leq i \leq n} \{|x_i|_v\} \right) \tag{4.22}$$

である．

$\mathbb{P}^2$ の斉次座標を X, Y, Z とする．正の整数 n に対して，n 次のフェルマー曲線 F_n は $\mathbb{P}^2$ の中で

$$X^n + Y^n - Z^n = 0$$

で定義された射影代数多様体である．F_n が K 上でフェルマー性をもつとは，$F_n(K)$ が高さが 0 となる点からなるときにいう．すなわち，

$$F_n(K) \subseteq \{x \in \mathbb{P}^2(K) \mid h(x) = 0\}$$

となることである．

Pierre de Fermat

補題 2.15 より，$x = (x_0 : x_1 : x_2) \in \mathbb{P}^2(K)$ が $h(x) = 0$ をみたせば，ある $\lambda \in K^{\times}$ と 0 または 1 のべき根である y_i が存在して $(x_0, x_1, x_2) = \lambda(y_0, y_1, y_2)$ が成り立つ．したがって，F_n が K 上でフェルマー性をもつとは $F_n(K)$ のすべての点の座標が斉次座標を取り直すと 0 または 1 のべき根からなることである．ワイルズ-テイラーの定理（フェルマー予想）により，$n \geq 3$ なら，F_n は $\mathbb{Q}$ 上

でフェルマー性をもつ．$\mathbb{Q}$ 上の場合，有理点の x 座標，y 座標，z 座標のいずれかは 0 であるが，代数体一般では，そうとは限らない．ω を 1 の原始 3 乗根とすると，$\omega^2+\omega=-1$ であるので，$x^n=\omega^2$，$y^n=\omega$，$z^n=-1$ となる 1 のべき根 x,y,z を考えれば，$x^n+y^n=z^n$ となり，$(x,y,z)\in F_n(\mathbb{Q}(x,y,z))$ となる．

Leonhard Euler

$K=\mathbb{Q}$ の場合，ワイルズ-テイラーによるフェルマー予想の証明よりも前に，グランヴィル (Granville) とヒース-ブラウン (Heath-Brown) によって，F_n はほとんどの n で K 上フェルマー性をもつことが示されていた（詳しくは [15] を参照されたい）．この節では，モーデル-ファルティングスの定理の応用として，一般の代数体の上でも，F_n はほとんどの n でフェルマー性をもつことを示そう．

命題 4.14. 代数体 K を固定する．正の整数 u に対し，$T(u)$ で，$1\le n\le u$ であり，F_n が K 上でフェルマー性もつような正の整数 n の個数とする．このとき，

$$\lim_{u\to\infty}\frac{T(u)}{u}=1 \tag{4.23}$$

である．すなわち，式 (4.23) の意味で，ほとんどの n に対して，F_n は K 上でフェルマー性をもつ．

鍵となるのは，モーデル-ファルティングスの定理の応用である次の補題である（$K=\mathbb{Q}$ の場合は，フィラセタ (Filaseta) による．詳しくは [15] を参照されたい）．

補題 4.15. $n\ge 4$ とする．このとき，ある m_0 が存在し，$m\ge m_0$ ならば，F_{mn} は K 上でフェルマー性をもつ．

証明: $n\ge 4$ であるので F_n の種数は 2 以上であるので，モーデル-ファルティングスの定理より，$F_n(K)$ は有限個の点のみからなる．$H=\max_{x\in F_n(K)}\{h(x)\}$ とおく．補題 2.15 より $h(\mathbb{P}^2(K))$ は離散的であるので，

$$a = \inf\{h(x) \mid x \in \mathbb{P}^2(K),\ h(x) > 0\}$$

とおくと，$a > 0$ である．ここで，正の整数 m_0 を

$$m_0 \geq \exp(H/a)$$

となるようにとる．$m \geq m_0$ について，$F_{mn}(K)$ は高さ 0 の点のみからなることをみよう．$x = (x_0 : x_1 : x_2) \in F_{mn}(K)$ で，$h(x) > 0$ となるものが存在したとする．このとき，$h(x) \geq a$ であり，$y = (x_0^m : x_1^m : x_2^m) \in F_n(K)$ である．よって，

$$H \geq h(y) = mh(x) \geq ma,$$

すなわち，$\exp(H/a) \geq \exp(m)$ である．したがって，$m \geq \exp(m)$ を得る．これは矛盾である． □

したがって，命題 4.14 を示すためには次の補題を示せば十分である．実際，

$$\Sigma = \{n \mid F_n \text{ は } K \text{ 上でフェルマー性をもつ}\}$$

とおくと，補題 4.15 より Σ は次の補題の仮定をみたし，命題 4.14 を得る．

補題 4.16. Σ を $\mathbb{Z}_{\geq 1} = \{x \in \mathbb{Z} \mid x \geq 1\}$ の部分集合とする．任意の 5 以上の素数 p に対して，ある m_0 が存在して，$m \geq m_0$ なら $mp \in \Sigma$ であると仮定する．このとき，

$$\lim_{u \to \infty} \frac{\Sigma \cap [1, u]}{u} = 1$$

である．

証明: 明らかに，u は整数と仮定してよい．そこで，

$$T(u) = \Sigma \cap [1, u], \quad N(u) = (\mathbb{Z}_{\geq 1} \setminus \Sigma) \cap [1, u]$$

とおく．ゼータ関数のオイラー積表示と $\zeta(1) = \infty$ であることより，

$$\prod_{p \text{ は素数}} (1 - 1/p) = 0$$

である．よって，任意の $0 < \epsilon < 1$ に対して，5 以上の素数の列 $p_1, \ldots, p_s$ が存在して，

$$(1-1/p_1)\cdots(1-1/p_s) \le \epsilon/4$$

となる．仮定より，各 p_i に対して，m_i が存在して，$m \ge m_i$ ならば $p_i m \in \Sigma$ である．ここで，$P = p_1 \cdots p_s$，$M = \max\{p_i m_i\}$ とおく．さて，$M < n \le u$ で，$\mathrm{GCD}(n, P) \ne 1$ ならば，$n \in \Sigma$ あるので

$$N(u) \le M + \#\{1 \le n \le u \mid \mathrm{GCD}(n,P) = 1\}$$

である．n を P で割った余りを r とすると，$\mathrm{GCD}(n,P) = \mathrm{GCD}(r,P)$ であるので，

$$\begin{aligned}\#\{1 \le n \le u \mid \mathrm{GCD}(n,P) = 1\} &\le (u/P+1)\varphi(P) \\ &= (u+P)(1-1/p_1)\cdots(1-1/p_s)\end{aligned}$$

となる．ただし，

$$\varphi(P) = \#\{1 \le n \le P \mid \mathrm{GCD}(n,P) = 1\} = P(1-1/p_1)\cdots(1-1/p_s)$$

である．したがって，

$$N(u) \le M + (u+P)(1-1/p_1)\cdots(1-1/p_s)$$

を得る．ここで，$u_0 = \max\{2M/\epsilon, 2P/\epsilon\}$ とおくと，$u \ge u_0$ について，

$$\begin{aligned}\frac{N(u)}{u} &\le \frac{M}{u} + \left(1 + \frac{P}{u}\right)(1-1/p_1)\cdots(1-1/p_s) \\ &\le \frac{\epsilon}{2} + \left(1+\frac{\epsilon}{2}\right)\frac{\epsilon}{4} \le \frac{\epsilon}{2} + \frac{\epsilon}{2} = \epsilon\end{aligned}$$

である．したがって，$\lim_{u\to\infty} N(u)/u = 0$，すなわち，

$$\lim_{u\to\infty} \frac{T(u)}{u} = 1$$

である．　□

参考文献

[1] Lars V. Ahlfors. *Complex analysis*. McGraw-Hill Book Co., New York, third edition, 1978.（邦訳：L.V. アールフォルス. 複素解析. 現代数学社, 1982. 笠原乾吉訳）.

[2] Enrico Bombieri. The Mordell conjecture revisited. *Ann. Scuola Norm. Sup. Pisa Cl. Sci. (4)*, Vol. 17, pp. 615–640, 1990.

[3] Enrico Bombieri and Walter Gubler. *Heights in Diophantine geometry*, New Mathematical Monographs, Vol. 4. Cambridge University Press, Cambridge, 2006.

[4] B. Edixhoven and J.-H. Evertse, editors. *Diophantine approximation and abelian varieties*. Lecture Notes in Mathematics, Vol. 1566. Springer-Verlag, 1993.

[5] Gerd Faltings. Finiteness theorems for abelian varieties over number fields. *Arithmetic geometry (Storrs, Conn., 1984)*, pp. 9–27, Springer, 1986.

[6] Gerd Faltings. Diophantine approximation on abelian varieties. *Ann. of Math. (2)*, Vol. 133, pp. 549–576, 1991.

[7] Robin Hartshorne. *Algebraic geometry*. Graduate Texts in Mathematics, No. 52. Springer-Verlag, 1977.（邦訳：R. ハーツホーン. 代数幾何学 第 1–3 巻. シュプリンガーフェアラーク東京, 2004–2005. 高橋宣能, 松下大介訳）.

[8] Marc Hindry and Joseph H. Silverman. *Diophantine geometry: An introduction*, Graduate Texts in Mathematics, No. 201. Springer-Verlag, 2000.

[9] Serge Lang. *Fundamentals of Diophantine geometry*. Springer-Verlag, 1983.

[10] 松村英之. 可換環論. 共立出版, 2000.

[11] Louis J. Mordell. On the rational solutions of the indeterminate equations of the third and fourth degrees. *Proceedings of the Cambridge Philosophical Society*, Vol. 21, pp. 179–192, 1922–23.

[12] 森脇淳. アラケロフ幾何. 岩波数学叢書. 岩波書店, 2008.

[13] David Mumford. *Abelian varieties.* Tata Institute of Fundamental Research.

[14] Jürgen Neukirch. *Algebraic number theory.* Grundlehren der Mathematischen Wissenschaften, Vol. 322. Springer-Verlag, 1999.（邦訳：J. ノイキルヒ. 代数的整数論. シュプリンガーフェアラーク東京, 2003. 足立恒雄監修, 梅垣敦紀訳）.

[15] Paulo Ribenboim. Recent results about Fermat's last theorem. *Exposition. Math.*, Vol. 5, pp. 75–90, 1987.

[16] Paul Vojta. Siegel's theorem in the compact case. *Ann. of Math. (2)*, Vol. 133, pp. 509–548, 1991.

[17] Paul Vojta. Applications of arithmetic algebraic geometry to Diophantine approximations. *Arithmetic algebraic geometry (Trento, 1991)*, Lecture Notes in Mathematics, Vol. 1553, pp.164–208, Springer, 1993.

記号索引

用語索引

ナ行

ハ行

マ行

ラ行

著者略歴

森脇　淳（もりわき あつし）

1986年　京都大学大学院理学研究科修士課程修了
1991年　理学博士（京都大学）
2001年　日本数学会秋季賞
2003年　京都大学大学院理学研究科教授
　　　　専門は代数幾何学

主要著書　『アラケロフ幾何』岩波数学叢書（岩波書店，2008）
（“Arakelov geometry” アメリカ数学会から英訳）

川口　周（かわぐち しゅう）

1999年　京都大学大学院理学研究科博士課程修了　博士（理学）
2008年　日本数学会・建部賢弘特別賞
2010年　科学技術分野の文部科学大臣表彰・若手科学者賞
2015年　同志社大学理工学部教授
　　　　専門は代数幾何学

生駒英晃（いこま ひであき）

2008年　京都大学大学院理学研究科博士課程修了　博士（理学）
2019年　四天王寺大学教育学部講師
　　　　専門は代数幾何学

ライブラリ数理科学のための数学とその展開＝AL1
モーデル-ファルティングスの定理
ディオファントス幾何からの完全証明

2017年 4月25日 ©　初　版　発　行
2019年 5月10日　初版第2刷発行

著　者　森脇　淳　　　発行者　森平敏孝
　　　　川口　周　　　印刷者　馬場信幸
　　　　生駒英晃　　　製本者　米良孝司

発行所　株式会社　サ イ エ ン ス 社
〒151–0051　東京都渋谷区千駄ヶ谷1丁目3番25号
営業　☎（03）5474–8500（代）　FAX（03）5474–8900
編集　☎（03）5474–8600（代）　振替 00170–7–2387

印刷　三美印刷（株）　　製本　ブックアート

ISBN978-4-7819-1402-2

PRINTED IN JAPAN

サイエンス社のホームページのご案内
http://www.saiensu.co.jp
ご意見・ご要望は
rikei@saiensu.co.jp まで．